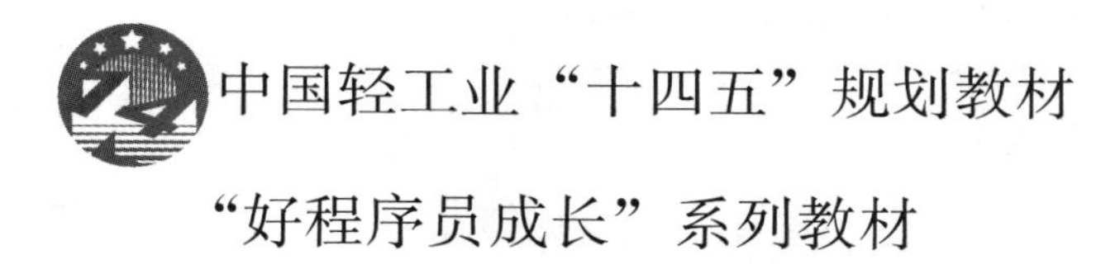

中国轻工业“十四五”规划教材

“好程序员成长”系列教材

C语言程序设计

千锋教育 · 组织编写

罗哲　郭小琛　袁怀民　李志强 · 主　编

中国轻工业出版社

图书在版编目（CIP）数据

C语言程序设计/千锋教育组织编写；罗哲等主编. —北京：中国轻工业出版社，2024.8

ISBN 978-7-5184-3739-9

Ⅰ.①C… Ⅱ.①千…②罗… Ⅲ.①C语言-程序设计-高等学校-教材 Ⅳ.①TP312.8

中国版本图书馆CIP数据核字（2021）第230755号

责任编辑：王　淳　　文字编辑：宋　博
策划编辑：宋　博　　责任终审：简延荣　　封面设计：锋尚设计
版式设计：霸　州　　责任校对：吴大朋　　责任监印：张京华

出版发行：中国轻工业出版社（北京鲁谷东街5号，邮编：100040）
印　　刷：北京君升印刷有限公司
经　　销：各地新华书店
版　　次：2024年8月第1版第4次印刷
开　　本：787×1092　1/16　印张：19
字　　数：420千字
书　　号：ISBN 978-7-5184-3739-9　定价：49.00元
邮购电话：010-85119873
发行电话：010-85119832　　010-85119912
网　　址：http：//www.chlip.com.cn
Email：club@chlip.com.cn

241424J4C104ZBW

前言

PREFACE

如今，科学技术与信息技术快速发展，IT 行业需要的不只是理论知识丰富的人才，更需要技术过硬，综合能力强的实用型人才。高校毕业生求职面临的第一道门槛就是技能与经验，教科书也应紧随时代的变化及时更新。

本书倡导快乐学习，实战就业，在语言描述上力求准确、通俗易懂。针对重要知识点，精心挑选案例，促进隐性知识与显性知识的转化。案例讲解包含运行效果、实现思路、代码详解。引入企业项目案例，从动手实践的角度，帮助读者逐步掌握前沿技术，为高质量就业赋能。

在章节编排上循序渐进，在语法阐述中尽量避免使用生硬的术语和枯燥的公式，从项目开发的实际需求入手，将理论知识与实际应用相结合，促进学习和成长，快速积累项目开发经验，从而在职场中拥有较高起点。

本书特点

C 语言是一门重要的基础课程，由于 C 语言的语法规则较多，在实际应用时相对灵活，对很多初学者来说容易产生畏难情绪。本书尽可能地从初学者的角度出发构建知识体系，结合通俗易懂的语言和生活中的案例，逐步培养读者编程的兴趣和能力。

通过本书你将学习到以下内容。

第 1 章：C 语言的历史和发展现状，编写自己的第一个 C 语言程序。

第 2 章：C 语言中关键字、标识符、常量、变量的概念和基本用法。

第 3 章：如何操作第 2 章中所提到的这些数据的方法，即运算符以及表达式的应用。

第 4 章：如何通过条件判断语句来实现选择结构程序，增强程序的逻辑性与灵活性。

第 5 章：学习 while，do... while，break，continue，goto 循环控制语句的用法。

第 6 章：学习函数的概念，掌握函数的定义以及调用方法。

第 7 章：学习一维数组、二维数组和字符数组的使用，并通过数组了解一些基础的排序算法，以及与字符串相关的操作函数。

第 8 章：学习 C 语言的核心知识——指针。提高对内存中数据的访问效率，使数据操作变得更加灵活。

第 9 章：了解结构体以及共用体的概念，掌握它们的使用方法。同时，根据结构体特性讨论更加深入的概念，如结构体数组及指针、顺序表、链表等。

第 10 章：学习动态内存管理的函数以及与内存相关的关键字。

第 11 章：学习预处理技术，使你的程序易于修改、阅读以及调试。

第12章：学习与文件处理相关的标准库函数，掌握对文件数据的处理方法。

第13章：通过一个实际的项目案例来梳理各个模块的知识，将这些知识与实际开发结合加深对C语言程序设计的认知。

资源获取

本书配套资源可添加QQ号2133320438索取。

致谢

本书的编写和整理工作由北京千锋互联科技有限公司（简称：千锋教育）完成，其中主要的参与人员有吕春林、徐子惠、安东等。除此之外，千锋教育的500多名学员参与了教材的试读工作，他们站在初学者的角度对教材提出了许多宝贵的修改意见，在此一并表示衷心的感谢。

编者

目录

CONTENTS

第1章 C语言概述

1.1 计算机语言概述 …… 1
1.1.1 机器语言 …… 1
1.1.2 汇编语言 …… 2
1.1.3 高级语言 …… 2
1.2 C语言概述 …… 2
1.2.1 C语言的起源与发展 …… 2
1.2.2 C语言标准 …… 3
1.2.3 C语言的优点 …… 3
1.2.4 C语言的使用 …… 4
1.3 C语言开发环境 …… 5
1.3.1 主流开发环境 …… 5
1.3.2 安装虚拟机 …… 6
1.3.3 安装 Ubuntu 系统 …… 13
1.3.4 安装虚拟机工具 …… 20
1.3.5 Vim 编辑器的使用 …… 26
1.3.6 GCC 编译器 …… 36
1.4 编写第一个C语言程序 …… 36
1.5 本章小结 …… 38
1.6 习题 …… 38

第2章 数据类型

2.1 关键字与标识符 …… 40
2.1.1 关键字 …… 40
2.1.2 标识符的使用 …… 41
2.2 数据类型概述 …… 41
2.2.1 数据类型的由来 …… 41
2.2.2 数据类型简介 …… 42
2.3 常量 …… 42

2.3.1 整型常量……43
2.3.2 实型常量……44
2.3.3 字符型常量……44
2.3.4 转义字符……46
2.3.5 枚举型常量……46
2.4 变量的通用原则……46
2.4.1 变量的声明……47
2.4.2 变量的命名……47
2.4.3 变量的定义……47
2.4.4 变量的赋值与初始化……48
2.4.5 变量在内存中的排列……48
2.5 变量……48
2.5.1 整型变量……48
2.5.2 实型变量……50
2.5.3 字符型变量……51
2.6 类型转换……52
2.7 本章小结……53
2.8 习题……53

第3章 运算符与表达式

3.1 表达式……54
3.2 表达式语句……56
3.3 运算符……56
3.4 赋值运算符……57
3.5 算术运算符与表达式……57
3.5.1 算术运算符……57
3.5.2 算术表达式……58
3.5.3 优先级与结合性……59
3.6 自增、自减运算符……59
3.7 关系运算符与表达式……62
3.7.1 关系运算符……62
3.7.2 关系表达式……62
3.7.3 优先级与结合性……63
3.8 复合赋值运算符与表达式……63
3.8.1 复合赋值运算符……63
3.8.2 复合赋值表达式……64
3.9 逻辑运算符与表达式……65
3.9.1 逻辑运算符……65
3.9.2 逻辑表达式……66

3.9.3 优先级与结合性 …… 66
3.10 位逻辑运算符与表达式 …… 67
3.10.1 位逻辑运算符 …… 67
3.10.2 位逻辑表达式 …… 67
3.11 运算符的优先级 …… 68
3.12 本章小结 …… 70
3.13 习题 …… 70

第4章 选择条件语句

4.1 if 语句 …… 72
4.1.1 if 语句形式 …… 72
4.1.2 if...else 语句形式 …… 74
4.1.3 else if 语句形式 …… 75
4.1.4 if 语句的嵌套 …… 77
4.1.5 if 与 else 的配对 …… 79
4.2 switch 语句 …… 79
4.2.1 switch 语句的基本形式 …… 80
4.2.2 break 语句的作用 …… 82
4.3 本章小结 …… 83
4.4 习题 …… 83

第5章 循环控制语句

5.1 while 语句 …… 84
5.1.1 while 循环基本形式 …… 84
5.1.2 break 语句 …… 86
5.1.3 continue 语句 …… 86
5.1.4 goto 语句 …… 88
5.2 do...while 语句 …… 89
5.3 for 语句 …… 90
5.3.1 for 循环基本形式 …… 90
5.3.2 多循环变量的 for 循环 …… 91
5.3.3 for 循环的变体 …… 92
5.3.4 for 循环嵌套 …… 94
5.4 三种循环对比 …… 95
5.5 本章小结 …… 95
5.6 习题 …… 96

第6章 函数

6.1 函数的定义 …… 97

6.1.1 函数定义的形式 …… 98
6.1.2 函数的声明与定义 …… 99
6.1.3 函数的返回 …… 100
6.1.4 函数参数 …… 101
6.2 函数的调用 …… 102
6.2.1 函数调用的方式 …… 102
6.2.2 函数嵌套 …… 104
6.2.3 递归调用 …… 105
6.3 局部变量与全局变量 …… 107
6.3.1 局部变量 …… 107
6.3.2 全局变量 …… 108
6.3.3 作用域 …… 109
6.4 内/外部函数 …… 110
6.4.1 内部函数 …… 110
6.4.2 外部函数 …… 110
6.5 格式输出/输入函数 …… 111
6.5.1 格式输出函数 …… 111
6.5.2 格式输入函数 …… 112
6.6 字符输出/输入函数 …… 114
6.6.1 字符输出函数 …… 114
6.6.2 字符输入函数 …… 114
6.7 字符串输出/输入函数 …… 115
6.7.1 字符串输出函数 …… 115
6.7.2 字符串输入函数 …… 116
6.8 本章小结 …… 117
6.9 习题 …… 117

第7章 数组

7.1 一维数组 …… 119
7.1.1 一维数组的定义 …… 120
7.1.2 数组元素 …… 120
7.1.3 一维数组初始化 …… 121
7.1.4 数组的存储方式 …… 123
7.1.5 数组的应用 …… 125
7.2 二维数组 …… 126
7.2.1 二维数组的定义 …… 126
7.2.2 数组元素 …… 127
7.2.3 二维数组的初始化 …… 128
7.2.4 数组的应用 …… 130

7.3 数组的排序算法 …… 132
7.3.1 冒泡排序 …… 132
7.3.2 快速排序 …… 135
7.3.3 直接插入排序 …… 138
7.3.4 直接选择排序 …… 141
7.4 字符数组 …… 144
7.4.1 字符数组的定义 …… 144
7.4.2 数组元素 …… 144
7.4.3 字符数组初始化 …… 146
7.4.4 数组的应用 …… 148
7.5 字符串处理 …… 149
7.5.1 字符串的长度 …… 149
7.5.2 字符串复制 …… 150
7.5.3 字符串连接 …… 151
7.5.4 字符串比较 …… 152
7.5.5 字符串大小写转换 …… 154
7.5.6 字符查找 …… 155
7.6 多维数组 …… 155
7.7 本章小结 …… 157
7.8 习题 …… 157

第8章 指针

8.1 指针概述 …… 159
8.1.1 内存地址与指针 …… 159
8.1.2 指针变量的赋值 …… 160
8.1.3 指针变量的引用 …… 161
8.1.4 空指针 …… 162
8.1.5 指针读写 …… 164
8.1.6 指针自身的地址 …… 165
8.2 指针运算 …… 166
8.2.1 指针的加、减运算 …… 166
8.2.2 指针的相减运算 …… 168
8.2.3 指针的比较运算 …… 168
8.3 指针与数组 …… 169
8.3.1 一维数组与指针 …… 170
8.3.2 二维数组与指针 …… 173
8.4 指针与字符串 …… 180
8.4.1 字符指针 …… 180
8.4.2 字符指针应用 …… 181

8.4.3 指针数组 …… 182
8.5 多级指针 …… 183
8.6 指针与函数 …… 185
8.6.1 指针函数 …… 185
8.6.2 函数指针 …… 186
8.6.3 函数指针数组 …… 186
8.6.4 指针变量作函数参数 …… 188
8.7 const 指针 …… 190
8.7.1 常量化指针变量 …… 190
8.7.2 常量化指针目标表达式 …… 191
8.7.3 常量化指针变量及其目标表达式 …… 192
8.8 void 指针 …… 193
8.9 本章小结 …… 194
8.10 习题 …… 194

第9章 结构体与共用体

9.1 结构体 …… 196
9.1.1 定义结构体类型 …… 196
9.1.2 定义结构体变量 …… 197
9.1.3 结构体初始化 …… 198
9.1.4 结构体变量的引用 …… 199
9.2 结构体数组 …… 201
9.2.1 定义结构体数组 …… 201
9.2.2 初始化结构体数组 …… 201
9.3 结构体指针 …… 203
9.4 结构体嵌套 …… 205
9.5 线性表 …… 206
9.5.1 线性表概述 …… 206
9.5.2 顺序表 …… 207
9.5.3 链表 …… 213
9.6 共用体 …… 222
9.7 本章小结 …… 224
9.8 习题 …… 225

第10章 C语言内存管理

10.1 存储模型 …… 227
10.1.1 auto 存储类 …… 227
10.1.2 register 存储类 …… 227
10.1.3 static 存储类 …… 228

10.1.4 extern 存储类 …… 229
10.2 内存组织方式 …… 230
10.2.1 程序的内存分配 …… 230
10.2.2 动态管理 …… 231
10.3 本章小结 …… 234
10.4 习题 …… 234

第11章 预处理

11.1 宏定义 …… 236
11.1.1 define 与 undef …… 236
11.1.2 不带参数的宏定义 …… 238
11.1.3 带参数的宏定义 …… 238
11.2 文件包含 …… 240
11.2.1 源文件与头文件 …… 240
11.2.2 引入头文件 …… 241
11.3 条件编译 …… 241
11.3.1 #if#else#endif …… 241
11.3.2 #elif …… 242
11.3.3 #ifdef …… 243
11.3.4 #ifndef …… 244
11.4 本章小结 …… 246
11.5 习题 …… 246

第12章 文件操作

12.1 文件概述 …… 248
12.1.1 文件 …… 248
12.1.2 文本文件与二进制文件 …… 249
12.1.3 流 …… 249
12.2 文件操作 …… 251
12.2.1 文件指针 …… 251
12.2.2 文件操作 …… 252
12.2.3 打开文件 …… 252
12.2.4 关闭文件 …… 253
12.2.5 读写文件 …… 253
12.3 文件的高级操作 …… 260
12.3.1 读写位置偏移 …… 260
12.3.2 读写位置定位 …… 261
12.4 本章小结 …… 263
12.5 习题 …… 263

第13章 综合案例

13.1 图书管理系统 …… 265
13.1.1 需求分析 …… 265
13.1.2 数据结构设计 …… 266
13.1.3 系统功能模块 …… 266
13.2 代码实现 …… 266
13.2.1 登录界面与主界面 …… 266
13.2.2 录入图书信息 …… 267
13.2.3 图书信息查询 …… 271
13.2.4 图书信息列表 …… 273
13.2.5 删除图书信息 …… 274
13.2.6 修改图书信息 …… 278
13.2.7 图书信息排序 …… 279
13.2.8 主函数 …… 283
13.3 本章小结 …… 290
13.4 习题 …… 291

参考文献 …… 292

第1章 C语言概述

配套课件

本章学习目标

- 了解计算机语言
- 了解 C 语言的历史
- 掌握 C 语言的使用
- 掌握 C 语言开发环境搭建
- 编写第一个 C 语言程序

近年来，C 语言不仅是计算机专业学生的必修课，也是许多非计算机专业学生所青睐的技术学科。它具有简洁紧凑、灵活方便、适用范围大、可移植等优点，是应用最为广泛的一种高级程序设计语言。本章将主要介绍 C 语言的发展历史，并致力于使读者了解在 VMware Workstation 中运行 Ubuntu 系统，编写简单的应用程序以练习使用的开发环境。

1.1 计算机语言概述

计算机语言是用于人与计算机间通信的语言，为使计算机进行各种不同的工作，就需要有一种专门用来编写计算机程序的字符、数字和语法规则，而这些规则便构成了计算机的指令。计算机语言分机器语言、汇编语言和高级语言 3 种，下面将分别进行详细讲解。

1.1.1 机器语言

计算机基于二进制进行工作，它只能识别和接受由 1 和 0 组成的指令，其中 1 表示通电，0 表示断电，这种计算机能直接识别和接受的二进制代码称为机器指令。机器指令的集合就是该计算机的机器语言，机器语言具有灵活、直接执行和速度快等特点。

不同型号的计算机其机器语言是不相通的，按照一种计算机的机器指令编制的程序，不能在另一种计算机上执行。因此用机器语言编写程序，编程人员要首先熟记所用计算机的全部指令代码和代码的含义。而且，编写出来的程序都是 0 和 1 的指令代码，直观性差，容易出错。因此只有极少数的计算机专业人员会学习和使用机器语言，绝大多数的程序员不再学习机器语言。

1.1.2 汇编语言

尽管机器语言对计算机而言很容易理解且实用，但是对于编程人员来说，记住0和1组成的指令简直就是煎熬，为了解决机器语言的难记忆问题，汇编语言诞生了，它用简洁的符号串或字母来替代不易记忆的机器语言，而计算机识别不了符号串，这就需要一个将这些符号翻译成机器语言的程序，把这种程序称为汇编程序。汇编程序里一条指令只能对应实际操作中的一个很细小的动作，例如自增、移动，所以汇编源程序一般比较繁长、易出错，并且使用汇编语言编程需要有扎实的计算机知识，才能编出高质量代码。

1.1.3 高级语言

高级语言简化了程序中的指令，略去很多细节，并且与计算机的硬件关系不大，更利于程序员编程。此外，高级语言经历了结构化程序设计和面向对象程序设计，使得程序可读性、可靠性、可维护性都增强。常见的高级语言包括VB、C、C++、Java、C#、Python等。

1.2 C语言概述

1.2.1 C语言的起源与发展

在C语言诞生以前，系统软件主要是用汇编语言编写的，由于汇编语言程序依赖于计算机硬件，其可读性和可移植性都极差，一般的高级语言又难以实现对计算机硬件的直接操作（这正是汇编语言的优势），于是人们迫切希望有一种兼有汇编语言和高级语言特性的新语言，C语言就在这种需求下应运而生。

C语言的发展颇为有趣，它的原型ALGOL 60语言（也称为A语言）。

1963年，剑桥大学将ALGOL 60语言发展成为CPL（Combined Programming Language）语言。

图1-1 肯·汤普森（左）与丹尼斯·里奇（右）

1967年，剑桥大学的马丁·理查兹（Matin Richards）对CPL语言进行了简化，于是产生了BCPL语言。

1970年，美国贝尔实验室的肯·汤普森（Ken Thompson）（图1-1左）将BCPL进行了修改，并为它起了一个有趣的名字“B语言”。他用B语言写了第一个UNIX操作系统。

1973年，美国贝尔实验室的丹尼斯·里奇（Dennis M. Ritchie）（图1-1右）在B语言的基础上设计出了一种新的语言，他取了BCPL的第二个字母作为这种语言的名字，即C语言。

1978年，布赖恩·凯尼汉（Brian W. Kernighan）和丹尼斯·里奇（Dennis

M. Ritchie）出版了有名的著作《The C Programming Language》，从而使C语言成为目前世界上流传最广泛的高级程序设计语言。

早期的C语言主要是用于UNIX系统，由于C语言的强大功能和各方面的优点逐渐为人们认识。20世纪80年代，C语言开始进入其他操作系统，并很快在各类大、中、小和微型计算机上得到了广泛的使用，成为当代最优秀的程序设计语言之一。

1.2.2 C语言标准

随着微型计算机的日益普及，出现了许多C语言版本。由于没有统一的标准，使得这些C语言之间出现了一些不一致的地方。为了改变这种情况，美国国家标准学会（ANSI）于1989年为C语言制定了一套ANSI标准，即C语言标准ANSI X3.159-1989，被称为C89。之后在1990年，国际标准化组织ISO也制定了同样的标准ISO 9899-1990，该标准被称为C90。这两个标准只有细微的差别，因此，一般而言C89和C90指的是同一个C语言标准。

在ANSI标准化发布了C89标准以后，C语言的标准在一段时间内都保持不变，直到1999年ANSI通过了C99标准，C99标准相对C89做了很多修改，增加了基本数据类型、关键字和一些系统函数等，这个版本就是通常提及的C99。但由于很多编译器仍然没有对C99提供完整的支持，因此本书将按照C89标准来进行讲解，在适当时会补充C99标准的规定和用法。

1.2.3 C语言的优点

对于操作系统中的应用程序以及需要对硬件进行操作的场合，用C语言明显优于其他高级语言，许多大型应用软件都是用C语言编写的，其主要特征如下。

（1）简洁紧凑、灵活方便

C语言一共只有32个关键字，9种控制语句，程序书写自由，主要用小写字母表示，它把高级语言的基本结构、语句与低级语言的实用性结合起来。

（2）运算符丰富

C语言的运算符包含的范围很广泛，共有34个运算符。C语言将括号、赋值、强制类型转换等作为运算符处理，从而使C的运算类型极其丰富表达式类型多样化，灵活使用各种运算符可以实现在其他高级语言中难以实现的运算。

（3）数据结构丰富

C语言的数据类型有：整型、实型、字符型、数组类型、指针类型、结构体类型、共用体类型等。C语言能用来实现各种复杂的数据类型的运算，并引入了指针概念，使程序效率更高。另外C语言具有强大的图形功能，支持多种显示器和驱动器，且计算功能、逻辑判断功能强大。

（4）结构式语言

结构式语言的显著特点是代码及数据的分隔化，即程序的各个部分除了必要的信息交流外彼此独立。这种结构化方式可使程序层次清晰，便于使用、维护以及调试。C语言是以函数形式提供给用户的，这些函数可方便的调用，并具有多种循环、条件语句控制程序流向，从而使程序完全结构化。

（5）程序设计自由

一般的高级语言语法检查比较严，能够检查出几乎所有的语法错误。而C语言允许程序编写者有较大的自由度。

（6）直接访问物理地址

C语言可直接访问物理地址，可以直接对硬件进行操作，因此C语言既具有高级语言的功能，又具有低级语言的许多功能，能够像汇编语言一样对位、字节和地址进行操作，而这三者是计算机最基本的工作单元，可以用来写系统软件。

（7）程序执行效率高

C语言程序生成代码质量高，程序执行效率高，一般只比汇编程序生成的目标代码效率低10%～20%。

（8）可移植

C语言有一个突出的优点就是适合于多种操作系统，如DOS、UNIX等，这意味着在一个系统上编写的C程序经过很少改动或不经修改就可以在其他系统上运行。C语言同样也适用于多种机型。

1.2.4 C语言的使用

C语言是一种编译性语言，其编写的过程可分为7个步骤（理想化），如图1-2所示。

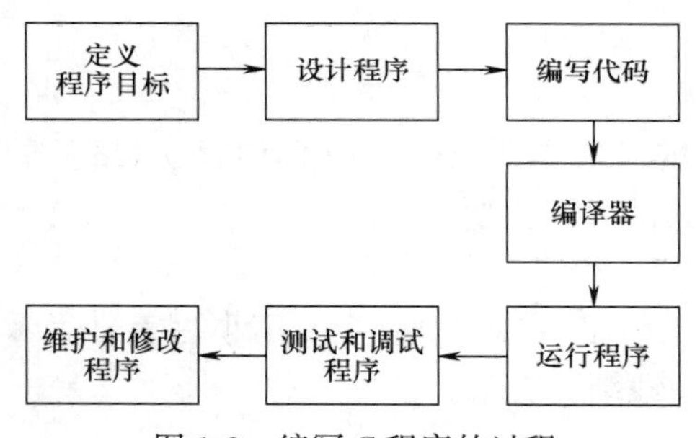

图1-2　编写C程序的过程

（1）定义程序目标

考虑程序需要的信息，程序需要进行的计算和操作，以及程序应该报告的信息。

（2）设计程序

考虑确定在程序中如何表示数据，使用何种方法处理数据，设计程序执行的流程。

（3）编写代码

将逻辑思维转换为计算机程序，即将程序设计解释为C语言。

（4）编译器

编译器是一个程序，其工作是将源代码转换为可执行代码，可执行代码是用计算机的本机语言或机器语言表示的代码。同时C编译器还将从C库中向最终程序加入代码，最后形成一个计算机可以理解的代码并且能够运行的可执行文件。编译器还将检查程序是否为有效的C语言程序，如果编译器发现错误，则发出错误报告。

（5）运行程序

通常情况下，可执行文件是可以运行的第一个程序。在很多公用环境中，要想运行某程序，只需要键入相应的可执行文件名即可。而在其他环境下，可能需要一个运行命令或一些其他机制。

（6）测试和调试程序

程序运行不是最终的目的，其有可能会运行错误，在计算机行话中称为Bug，调试的目的是修正程序错误。

(7) 维护和修改程序

在创建程序后，该程序可能会有更广泛的应用。因此，开发者通常需要不断地对其进行修改，例如，添加一些新的功能或者使用更高级的编程手段实现相同的功能。

1.3　C 语言开发环境

1.3.1　主流开发环境

较早期程序设计的各个阶段都要用不同的软件来进行处理，如先用字处理软件编辑源程序，然后用链接程序进行函数、模块连接，再用编译程序进行编译，开发者必须在几种软件间来回切换操作。

现在的编程开发软件将编辑、编译、调试等功能集成在一个桌面环境中，这就是集成开发环境，又称 IDE（Integrated Development EnvironMent），将它们集成在一起这样就大大方便了用户。

IDE 为用户使用 C、C＋＋、Java 和 Delphi 等现代编程语言提供了方便。不同的技术体系有不同的 IDE。例如，Visual Studio 可以称为 C、C＋＋、VB、C＃等语言的集成开发环境，所以 Visual Studio 可以称为 IDE。同样，Borland 的 JBuilder 也是一个 IDE，它是 Java 的 IDE。Eclipse 也是一个 IDE，可以用于开发 Java 语言和 C＋＋语言。下面将介绍几种主流的 C 语言开发环境。

(1) Code::Blocks

Code::Blocks 是一个体积小、开放源码、免费的跨平台 C/C＋＋集成开发环境，它提供了大量的工程模板，支持插件，并且具有强大而灵活的配置功能，是目前主流的开发环境。

(2) Microsoft Visual Studio

Microsoft Visual Studio 是美国微软公司推出的集成开发环境，它包括整个软件生命周期中所需要的大部分工具，如代码管控工具、集成开发环境等，但软件体积偏大，目前最新版本为 Visual Studio 2019。

(3) Eclipse

Eclipse 是用于 Java 语言开发的集成开发环境，现在 Eclipse 已经可以用来开发 C、C＋＋、Python 和 PHP 等众多语言，此外，也可以安装插件，比如 CDT 是 Eclipse 的插件，它使得 Eclipse 可以作为 C/C＋＋的集成开发环境。

(4) Microsoft Visual C＋＋6.0

Microsoft Visual C＋＋6.0，简称 VC6.0，是微软于 1998 年推出的一款 C＋＋编译器，集成了 MFC 6.0，包含标准版（Standard Edition）、专业版（Professional Edition）与企业版（Enterprise Edition）。发行至今一直被广泛地用于大大小小的项目开发。

(5) Vim

Vim 是一个功能强大的文本编辑器，它是由 Vi 编辑器发展而来，可以通过插件扩展功能来达到和集成开发环境相同的效果。因此，Vim 有的时候也被程序员当作集成开发环境使用，本书在介绍C语言程序设计时使用Vim作为开发环境进行展示，具体的方式为：在虚拟机中运行Ubuntu系统（一种基于Linux的操作系统），并在其内部使用Vim编辑器进行C语言程序设计开发。

1.3.2 安装虚拟机

配套视频

在安装使用Linux操作系统之前，首先需要考虑为操作系统寻找一个可以使之运行的硬件平台。在这里，不建议初学者将Linux操作系统直接安装到电脑的硬盘而替代生活中常用的Windows操作系统，因为Linux操作系统的一些工具的使用方式与Windows操作系统不太相同，对初学者来说，不太友好。

基于上述情况，一般可采用的方式为：在Windows操作系统上安装一个虚拟机软件，然后将Linux操作系统运行在虚拟机上即可。

在这里需要说明的是，虚拟机（Virtual Machine）的作用为通过软件模拟具有完整硬件系统的功能。也就是将虚拟机模拟为一个硬件平台，之后将Linux操作系统运行在这个虚拟的“硬件平台”上。虚拟机如同容器一样，将操作系统放置到这个容器中。这样看来，运行Linux操作系统并不会影响Windows系统的使用。

目前流行的虚拟机软件有VMware（VMware ACE）、Virtual Box、Virtual PC。本节将选用虚拟机VMware Workstation 15 Player作为安装演示对象，如图1-3所示。

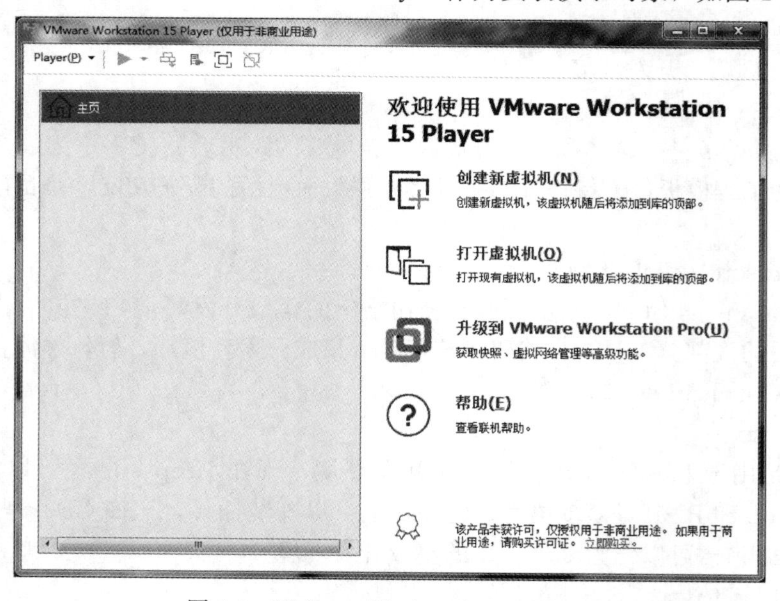

图1-3 VMware Workstation 15 Player

(1) 虚拟机安装

① 首先进入VMware官方网站，获取虚拟机资源并下载，如图1-4所示。

② 单击图1-4中所示的“下载”选项，进入下载页面，如图1-5、图1-6所示。

③ 如图1-5所示，可以选择下载“免费产品试用版和演示”中的“Workstation Pro”版本，试用版本本身不免费，且有使用期限的局限，因此不建议读者使用。本次选择“免

图 1-4　VMware 官方网站

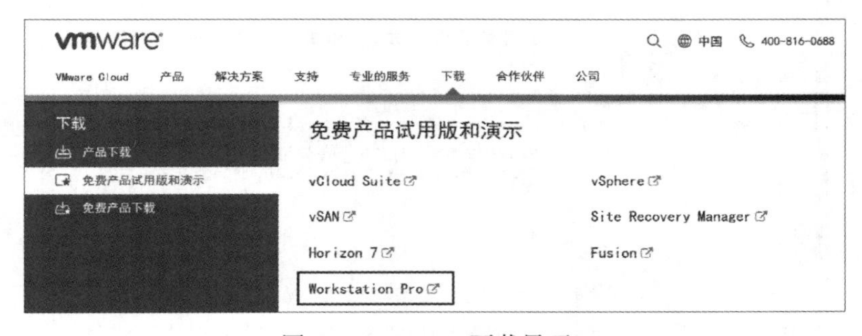

图 1-5　VMware 下载界面 1

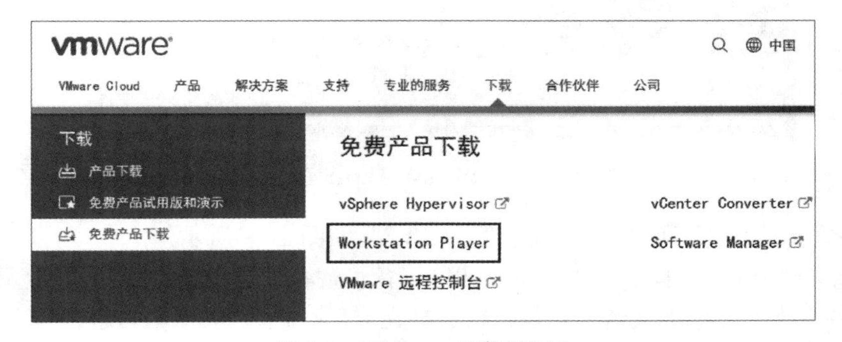

图 1-6　VMware 下载界面 2

费产品下载”中的“Workstation Player”版本，直接单击即可开始下载，如图 1-6 所示。

④ 如图 1-7 与图 1-8 所示为 Workstation 15 Player 简介与下载选项，选择 Windows 版本，即在 Windows 环境中安装虚拟机。

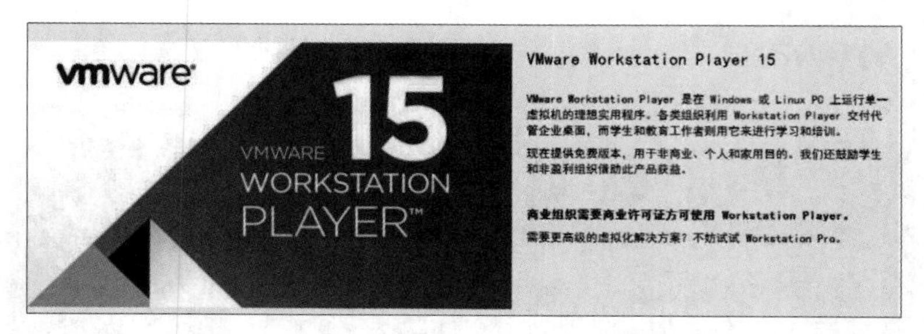

图 1-7　VMware Workstation Player 简介

图 1-8　VMware Workstation 15 Player 下载选项

⑤ 双击下载好的 VMware Workstation 15 Player 安装程序。启动安装之后，如遇到重启计算机提示，则选择重新启动。重启计算机后，再次运行该安装软件即可进入安装界面。如图 1-9 所示，单击“下一步”即可。

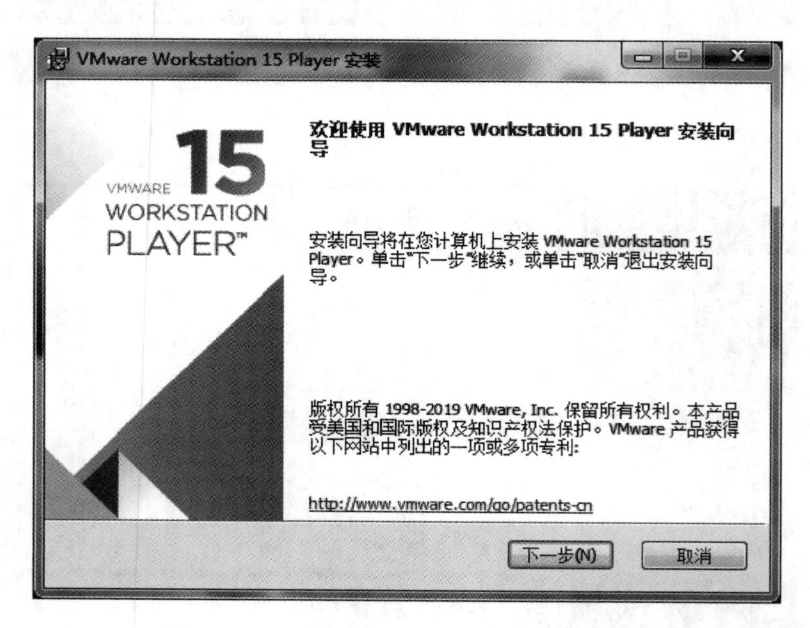

图 1-9　VMware Workstation 15 Player 安装 1

⑥ 选择同意用户许可协议，单击“下一步”，如图 1-10 所示。

⑦ 安装路径可以选择默认，也可以根据情况选择自定义安装路径，需要说明的是，安装路径名不建议出现中文名。安装路径选择完成后，进入用户体验设置界面。界面中的选项可勾选或者不选，如图 1-11 所示。

⑧ 是否选择创建快捷方式，选择为创建，单击“下一步”，如图 1-12 所示。

⑨ 自动完成相关组件的安装，此过程无须干预，如图 1-13 所示。

⑩ 虚拟机组件安装完成后，出现提示，单击“完成”即可，如图 1-14 所示。

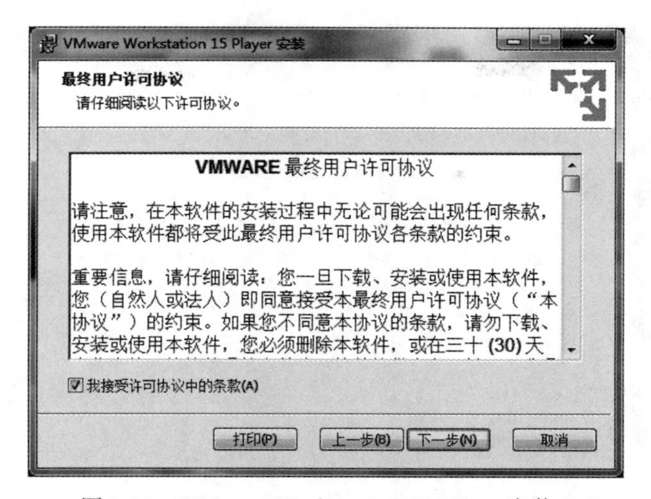

图 1-10 VMware Workstation 15 Player 安装 2

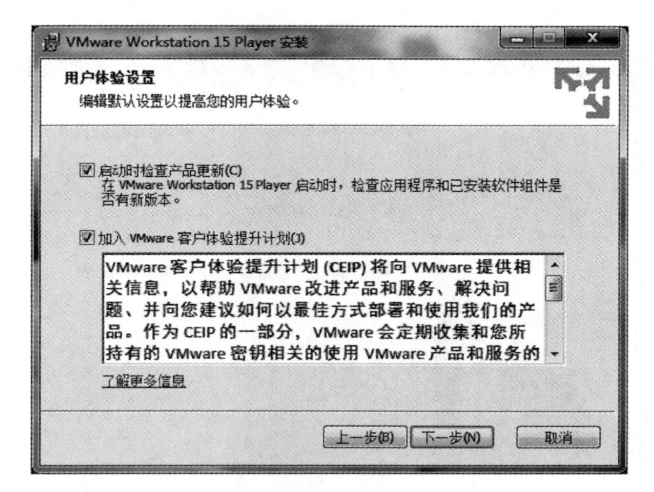

图 1-11 VMware Workstation 15 Player 安装 3

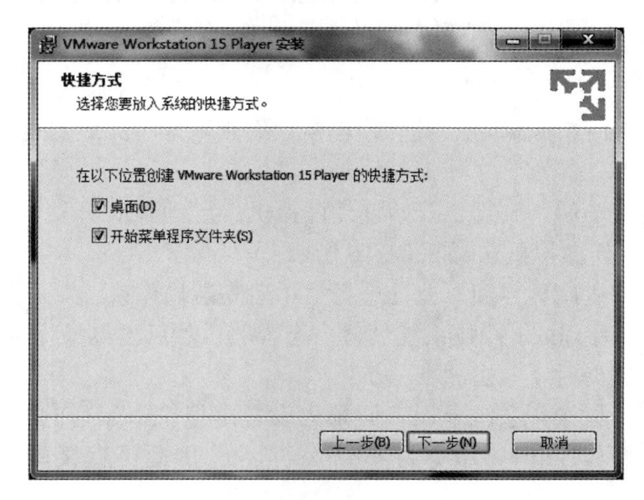

图 1-12 VMware Workstation 15 Player 安装 4

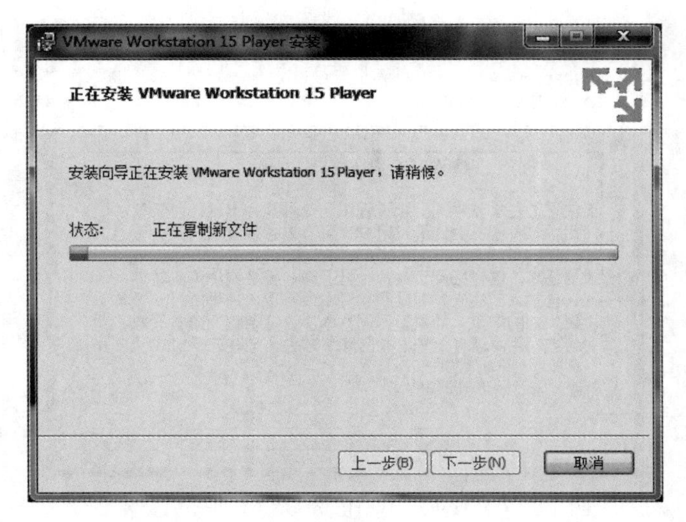

图 1-13 VMware Workstation 15 Player 安装 5

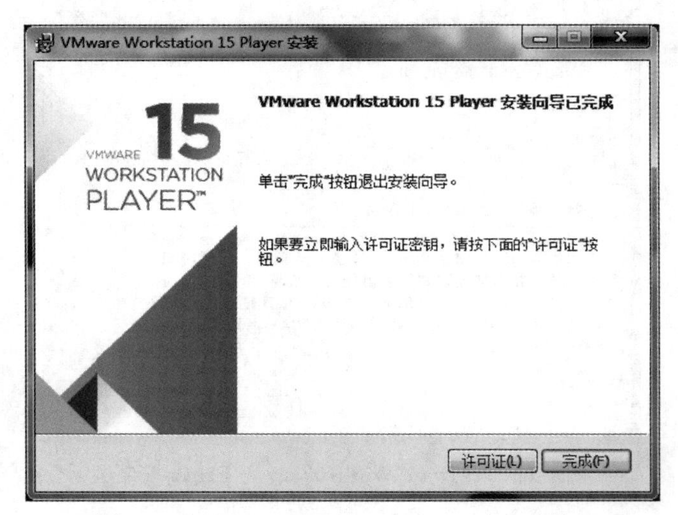

图 1-14 VMware Workstation 15 Player 安装 6

⑪ 安装向导完成后，运行虚拟机，则进入密钥验证界面，选择“免费将 VMware Workstation 15 Player 用于非商业用途”，单击“继续”即可完成安装，如图 1-15 所示。

（2）创建虚拟机

① 虚拟机安装完毕后，则需要开始创建虚拟机。启动 VMware Workstation 15 Player 软件，单击“创建新虚拟机”，如图 1-16 所示。

② 进入新建虚拟机向导界面，此处选择“稍后安装操作系统”，先创建一个空的虚拟机。通俗地说，即先为 Linux 操作系统创建一个容器，然后再将操作系统装入容器中。如图 1-17 所示，完成选择后，单击“下一步”。

③ 进入选择客户机操作系统界面，即预先设置虚拟机中运行的操作系统类型。客户机操作系统默认选择为 Linux，版本为 Ubuntu64 位，因此可直接单击“下一步”，如图 1-18 所示。

图 1-15 VMware Workstation 15 Player 安装 7

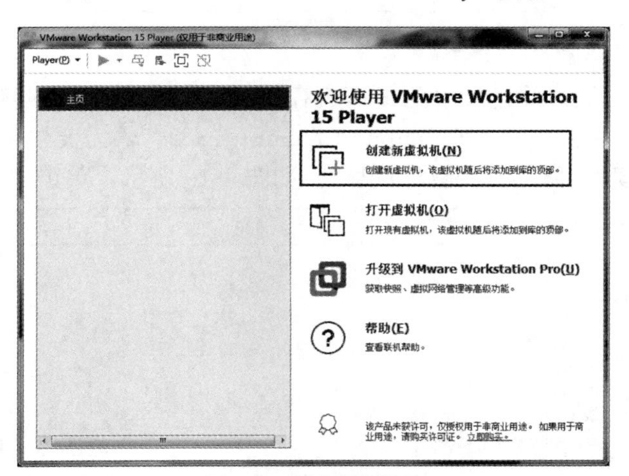

图 1-16 创建虚拟机

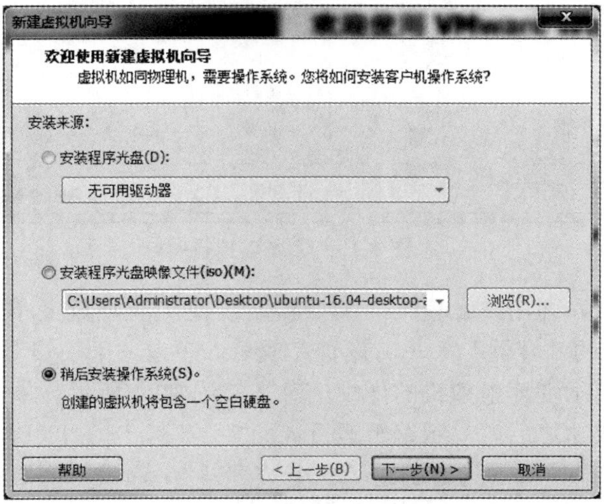

图 1-17 新建虚拟机向导

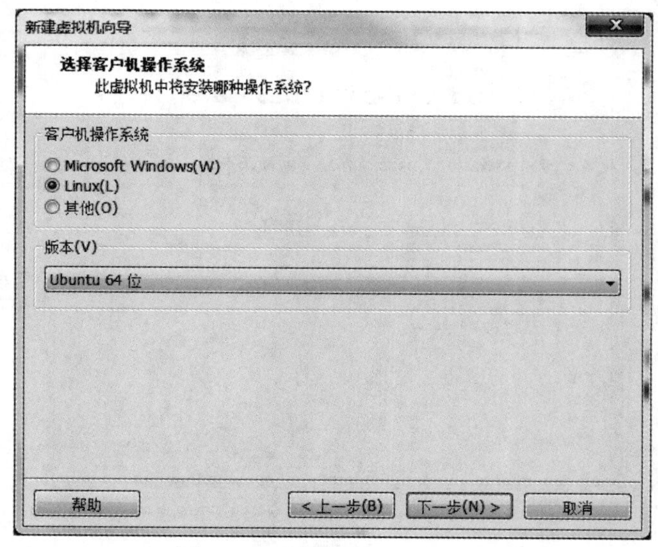

图 1-18 选择客户机操作系统

④ 选择命名虚拟机，并且设置此虚拟机存放的位置。本次实验将虚拟机名称命名为“Ubuntu16. 04”，位置选择为“E：/ubuntu/ubuntu16. 04”，需要注意的是此处设置的位置为自定义目录，读者可根据情况自行设定。如图 1-19 所示，单击“下一步”。

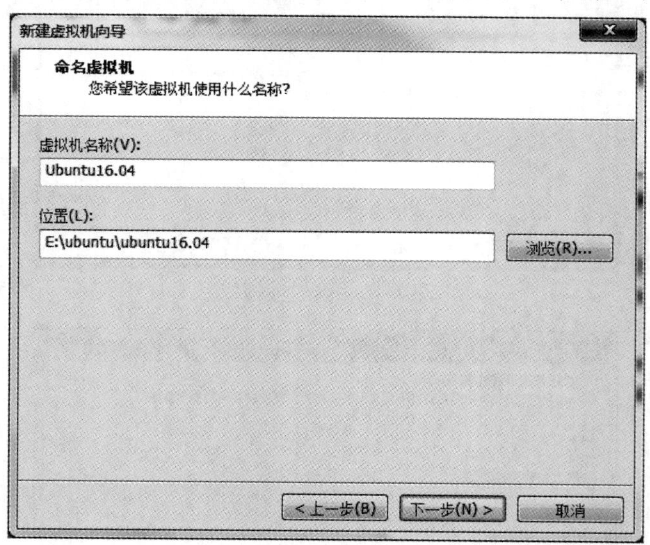

图 1-19 命名虚拟机

⑤ 指定磁盘容量，即用来设置 Linux 操作系统使用的硬盘大小。通俗地说，即设置存放 Linux 操作系统的“容器”大小。设置完成后，单击“下一步”，如图 1-20 所示。

⑥ 创建完成，显示创建虚拟机的详细信息，如图 1-21 所示，单击“完成”即可。

⑦ 创建虚拟机成功之后，显示编辑运行界面。

此时只是创建了虚拟机（只是创建了一个“容器”），没有安装操作系统。因此，接下来将展示如何在虚拟机中安装 Ubuntu 系统。

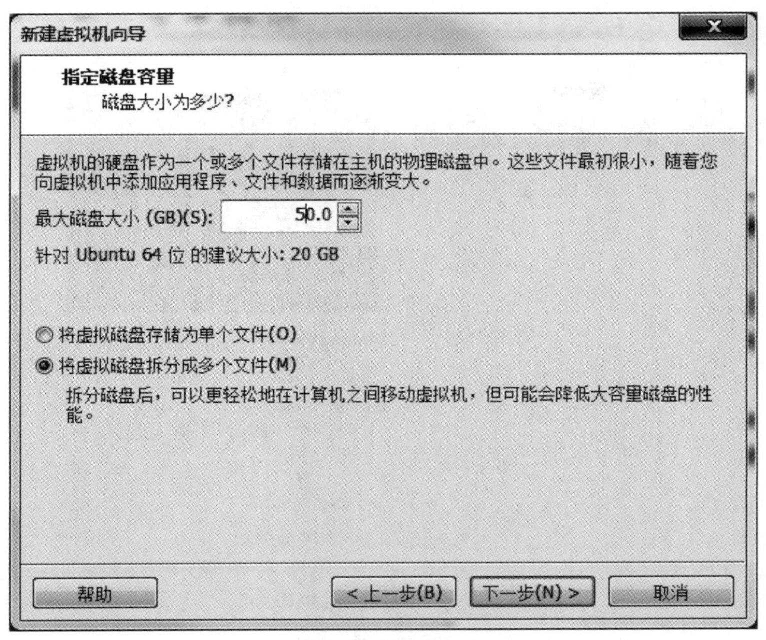

图 1-20 指定磁盘容量

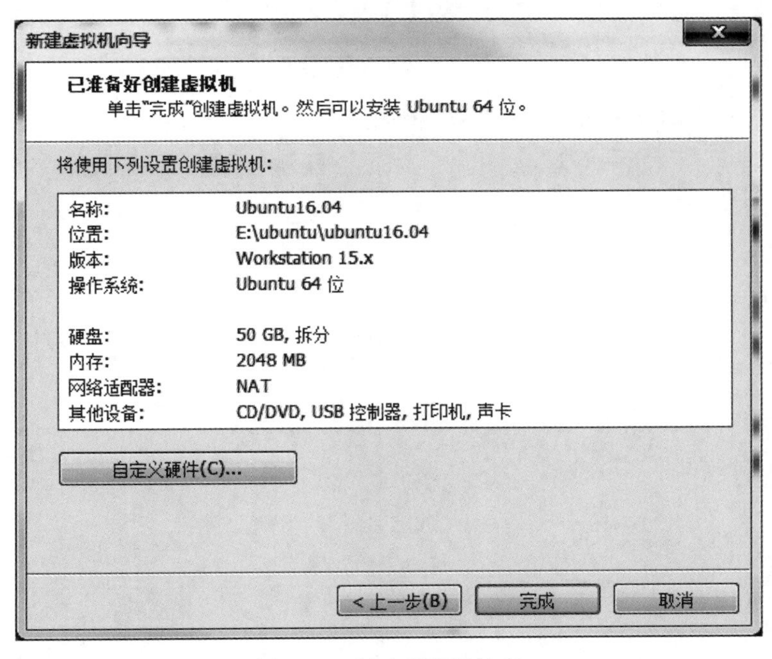

图 1-21 创建虚拟机结束

1.3.3 安装 Ubuntu 系统

本节将展示在新创建的虚拟机环境下，安装 Ubuntu 系统。

① 如图 1-22 所示的界面中，选择“编辑虚拟机设置”，进入编辑界面，如图 1-23 所示。

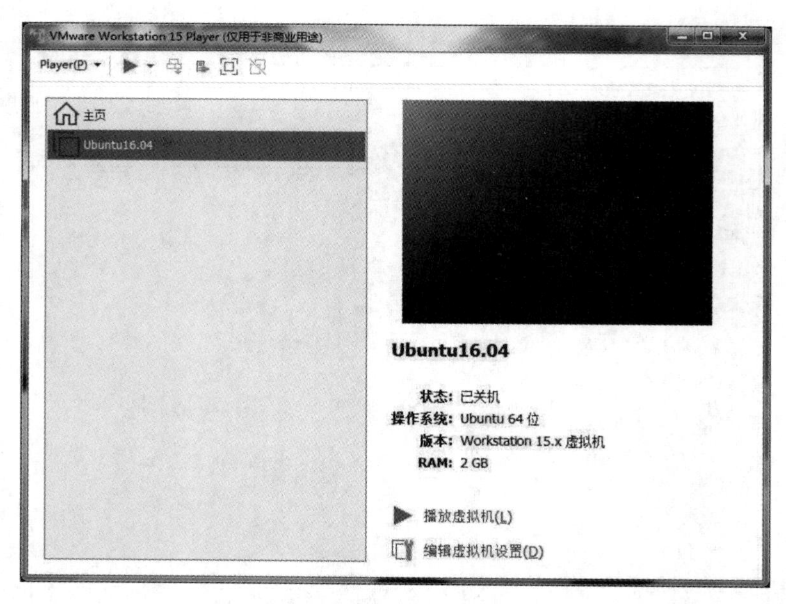

图 1-22 创建虚拟机成功

图 1-23 编辑虚拟机设置

② 选择“CD/DVD（SATA）”选项，在“连接”中选择已经下载好的 ISO 镜像文件，ISO 镜像文件即 Ubuntu 系统镜像，读者可以选择在 Ubuntu 官方网站中下载，但是一般下载时间较长。因此读者也可选择搜索镜像站，从镜像站中下载。本次将展示已经下载的镜像直接安装。如图 1-24 所示，选择已经安装的镜像，之后单击“确定”。

图 1-24 选择镜像安装

③ 此时显示重新开机界面，选择“播放虚拟机”，如图 1-25 所示。

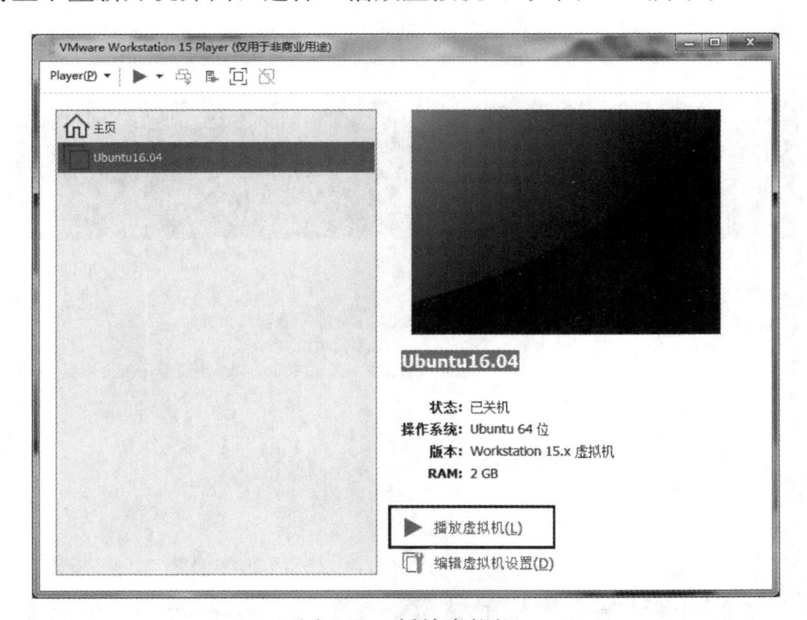

图 1-25 播放虚拟机

④ 进入 Ubuntu 系统的安装配置界面，进行系统语言设置，选择“English”后，单击“Install Ubuntu”，如图 1-26 所示。

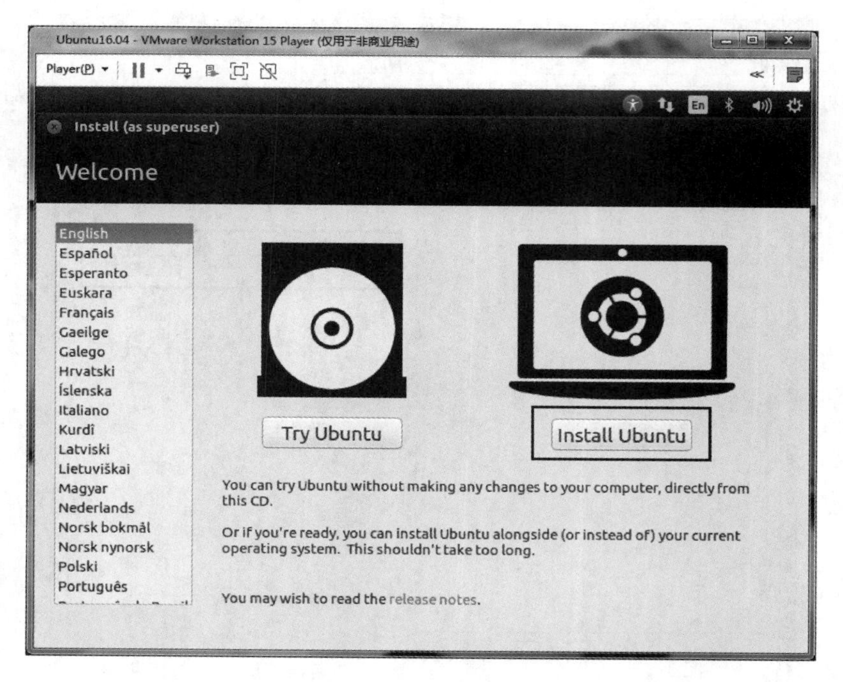

图 1-26　安装配置界面

⑤ 可以选择跳过更新提示与安装第三方软件推送，单击“Continue”，如图 1-27 所示。

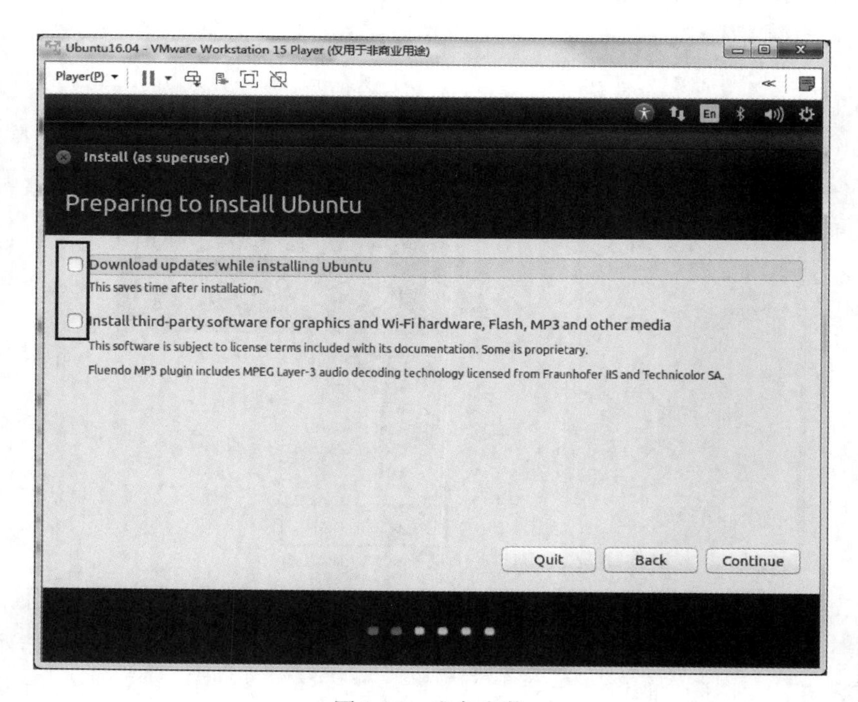

图 1-27　准备安装

⑥ 选择地区，这里选择为“Shanghai”，如图 1-28 所示。

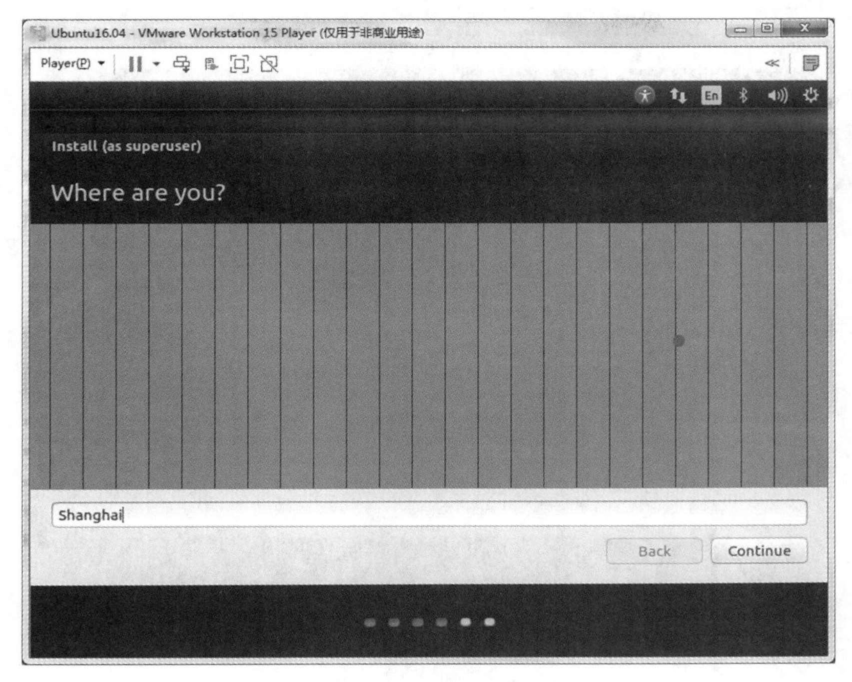

图 1-28 选择地区

⑦ 键盘布局选择“English（US）”，如图 1-29 所示。

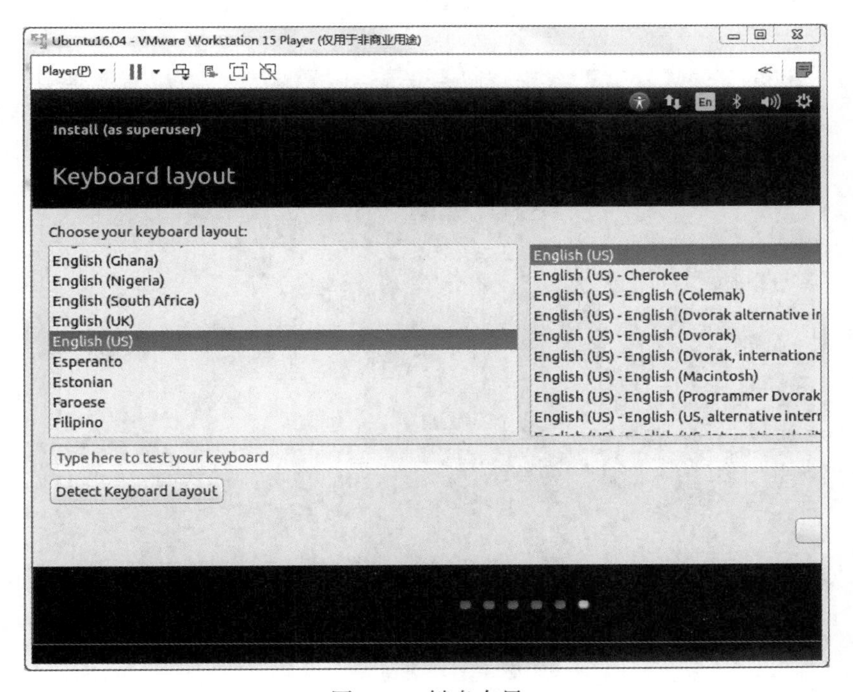

图 1-29 键盘布局

⑧ 设置登录时用户名，以及主机名与密码，单击“Continue”，如图 1-30 所示。

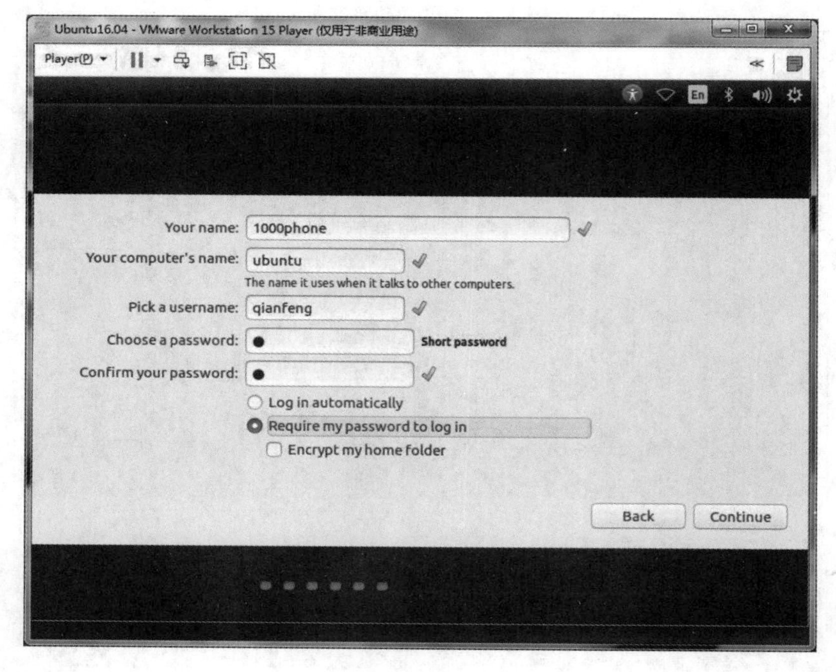

图 1-30 设置登录信息

⑨ 进入安装等待界面，需要等待一段时间，如图 1-31 所示。

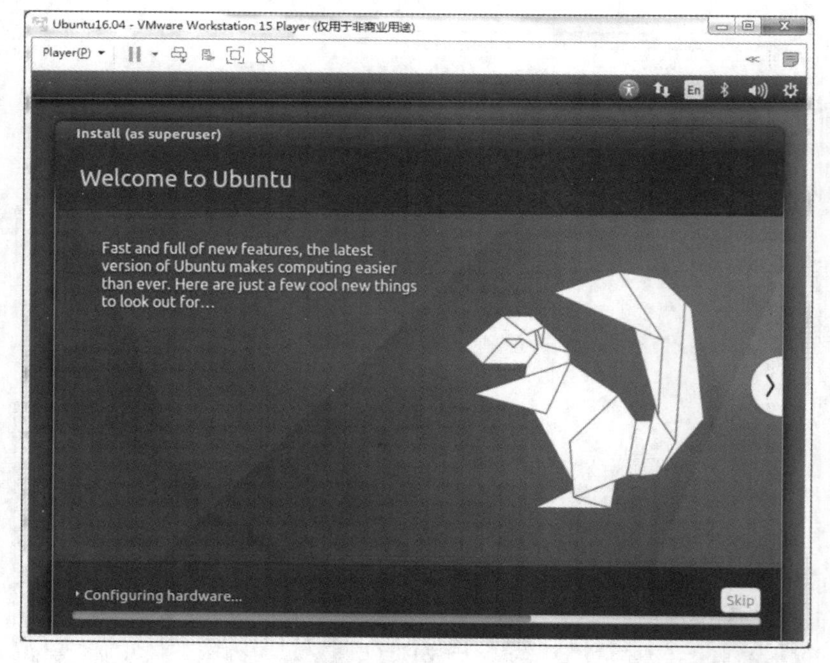

图 1-31 等待安装

⑩ 如遇到系统提示重启，则选择重启，进入载入画面，如图 1-32 所示，按下 Enter（回车）键，进行登录。

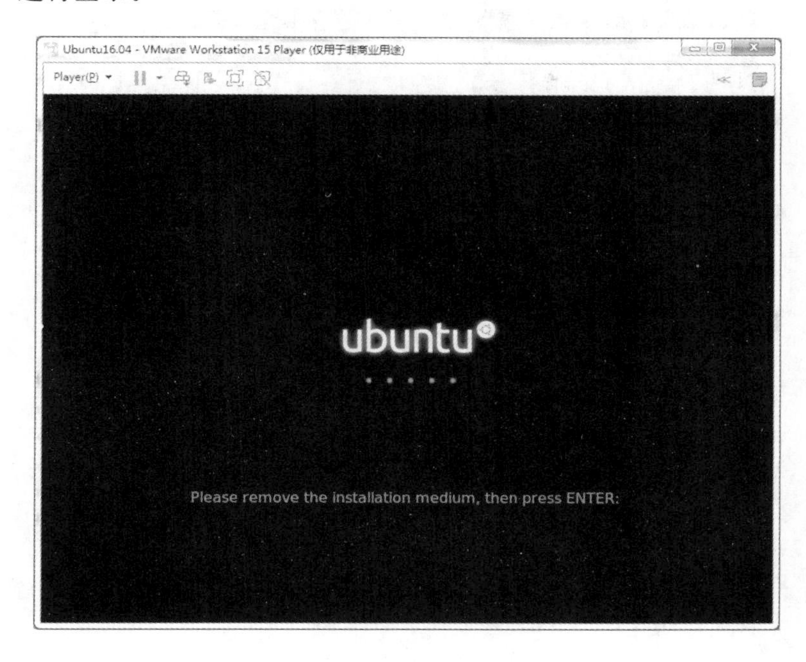

图 1-32　载入画面

⑪ 进入用户登录界面，输入密码即可完成登录，如图 1-33 所示。

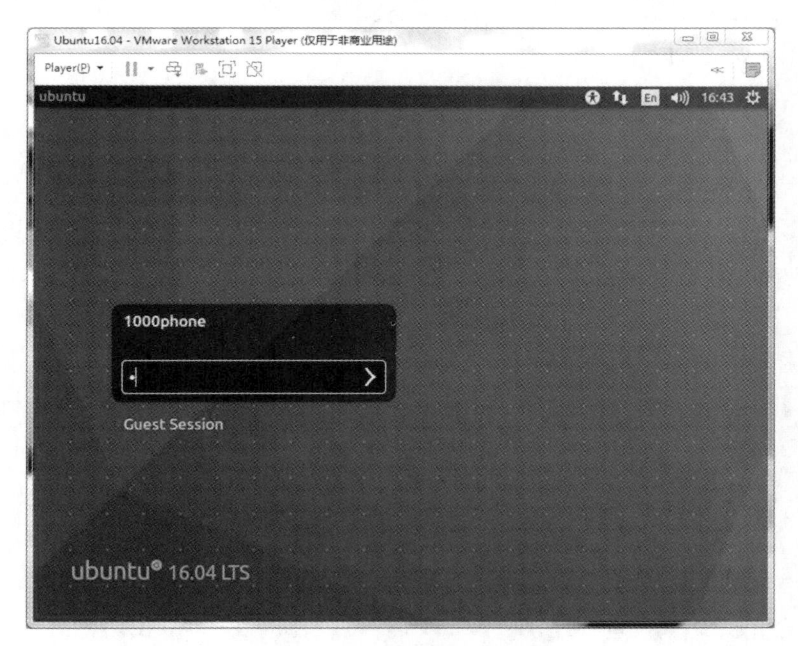

图 1-33　登录界面

⑫ 进入 Ubuntu 操作桌面，表示此时安装成功，如图 1-34 所示。

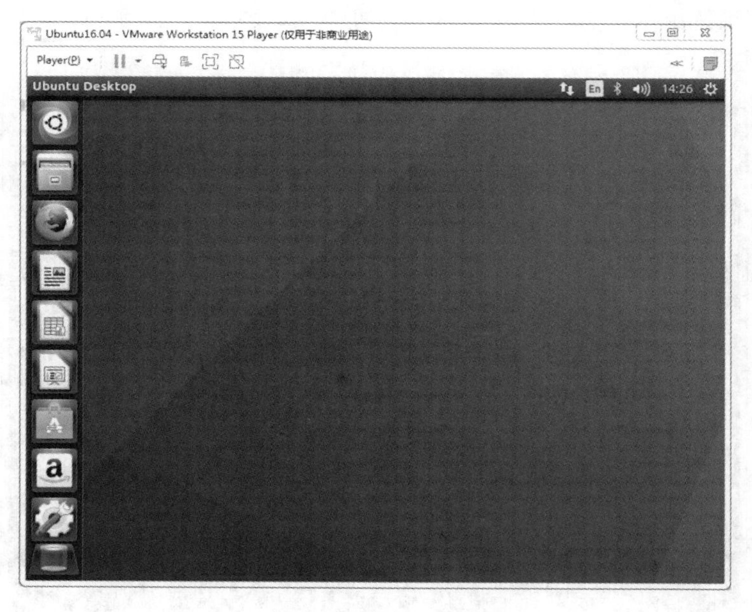

图 1-34　Ubuntu 操作桌面

1.3.4　安装虚拟机工具

选择安装虚拟机工具，可以保证虚拟机使用一些十分重要的功能。例如，建立共享文件夹。本节将展示如何安装虚拟机工具。

① 打开 VMware Workstation 15 Player 菜单栏，选择“管理”，单击“安装 VMware Tools”，如图 1-35 所示。

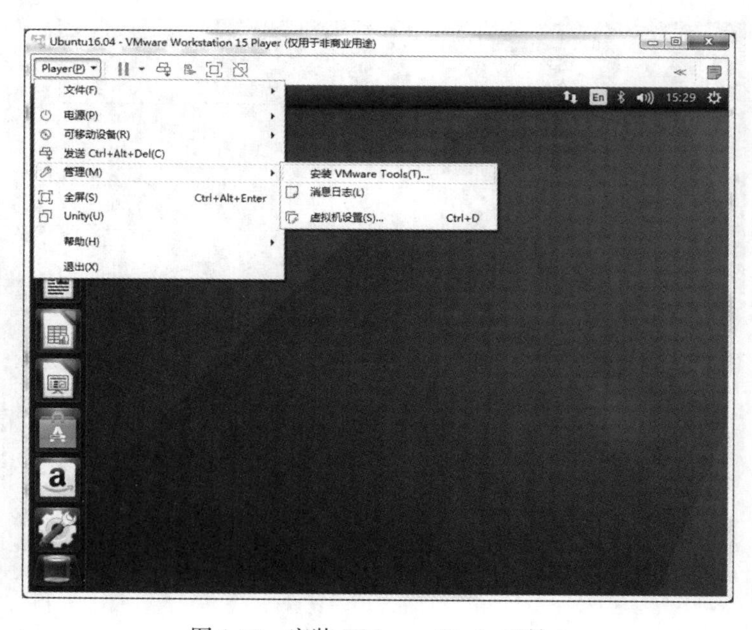

图 1-35　安装 VMware Tools 工具 1

② 在下载安装界面，选择“下载并安装”，如图 1-36 所示。

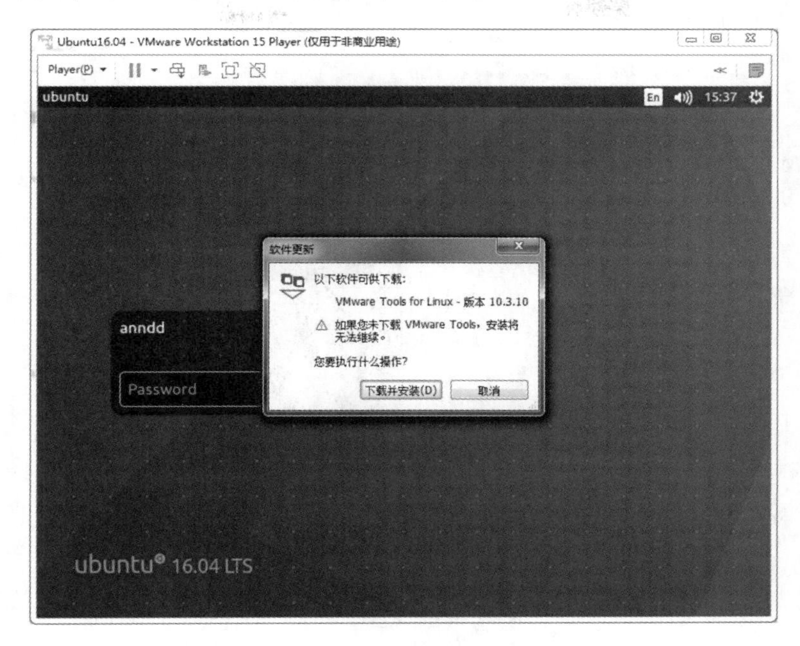

图 1-36　安装 VMware Tools 工具 2

③ 等待一段时间，注意在安装之前，需要禁用物理机上的“防火墙”，否则可能会出现防火墙程序阻止 VMware Workstation 更新程序访问更新服务器，如图 1-37 所示。

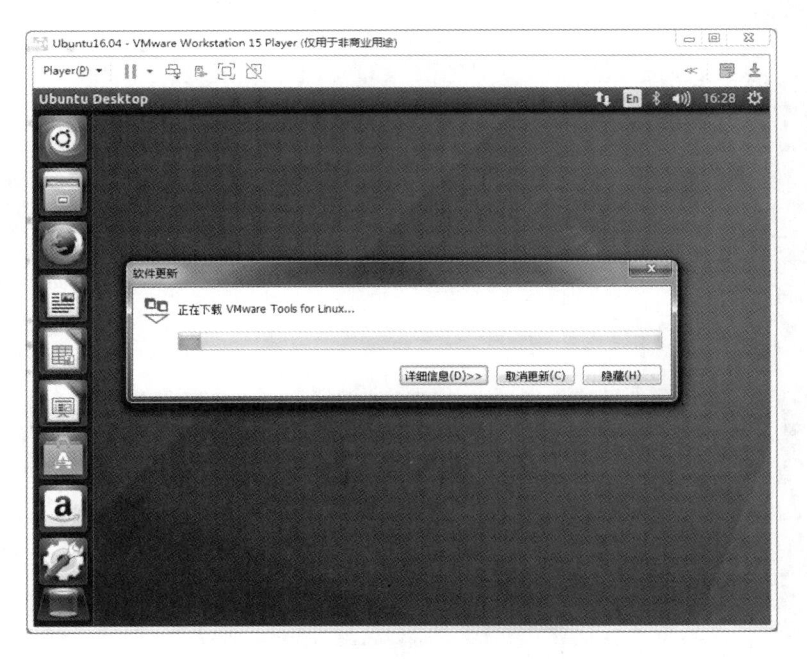

图 1-37　下载 VMware Tools 工具

④ 下载完毕，系统将自动跳转，找到虚拟机工具的压缩包，并且右键单击虚拟机工

具的压缩包，选择“Copy To”选项，将压缩包复制到“家（用户主）目录”中（即/Home/用户名），如图 1-38 所示。

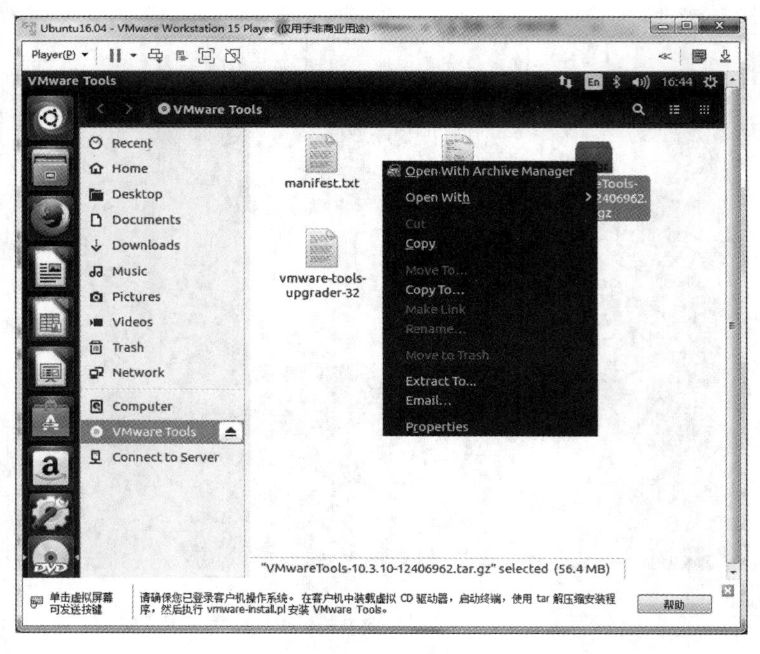

图 1-38　复制压缩包

⑤ 如图 1-39 所示，单击“Home”选择家目录，再单击“Select”即可将压缩包复制到“家目录”中。

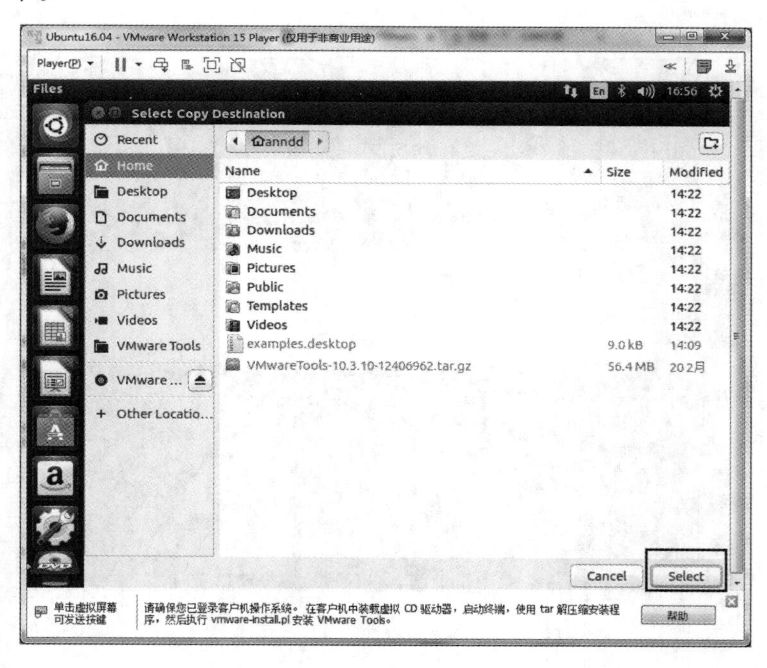

图 1-39　选择复制目录

⑥ 退出当前界面，进入“家目录”，准备安装虚拟机工具，如图 1-40 所示。

图 1-40　退出界面

⑦ 在 Ubuntu 系统桌面上，单击右键，选择“Open Terminal”打开系统控制终端，如图 1-41 所示。

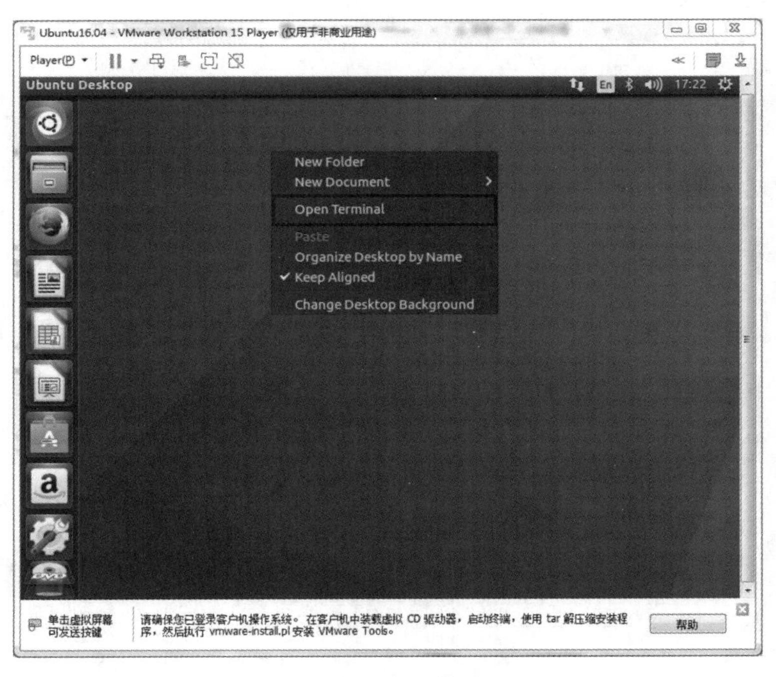

图 1-41　打开终端

⑧ 在终端中输入 Shell 命令 ls（后续章节讲解），即可查看到当前“家目录”中虚拟机压缩包。使用命令 tar 对压缩包进行解压，如图 1-42 所示。

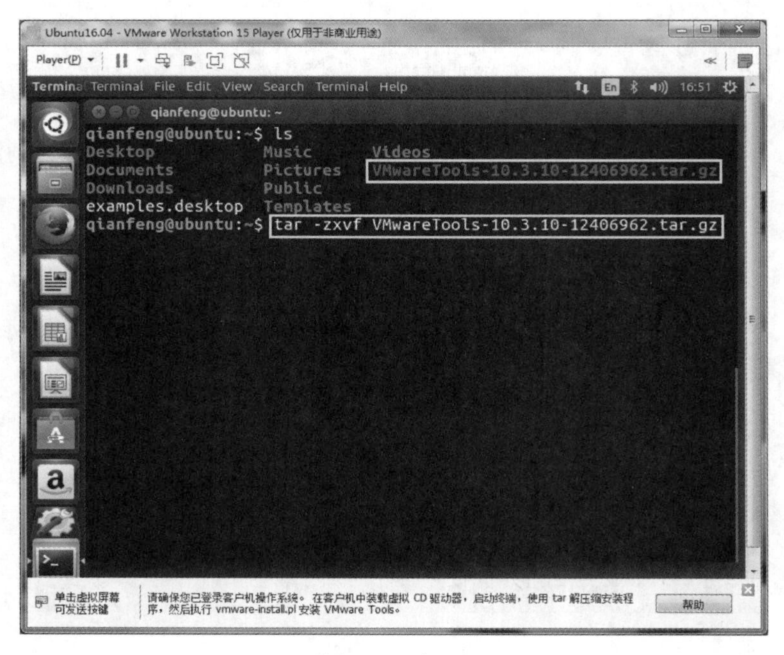

图 1-42 解压

⑨ 解压结束后，则产生解压后的文件夹。使用 Shell 命令 cd，进入该目录，并可使用命令 ls 查看当前目录下的文件，如图 1-43 所示。

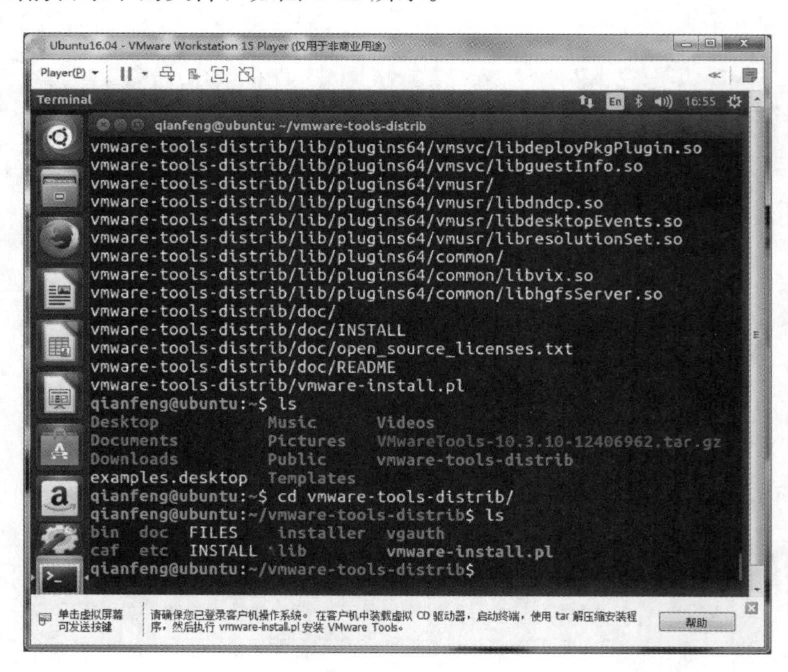

图 1-43 解压并打开目录

⑩ 使用管理员身份，在命令前加入“sudo”，表示临时获得管理员权限。执行目录中的 VMware-install. pl 文件（. /＋文件名），在执行过程中，如遇到判断是/否时，按 Y 键表示选择为是，如遇到确认信息停止时，直接按下 Enter（回车）键，选择默认即可，如图 1-44、图 1-45 所示。

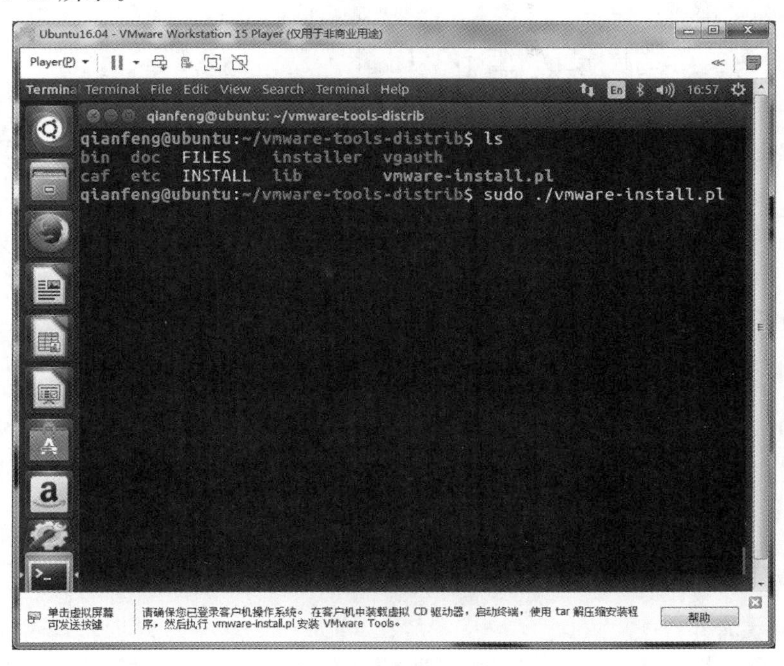

图 1-44　执行文件 1

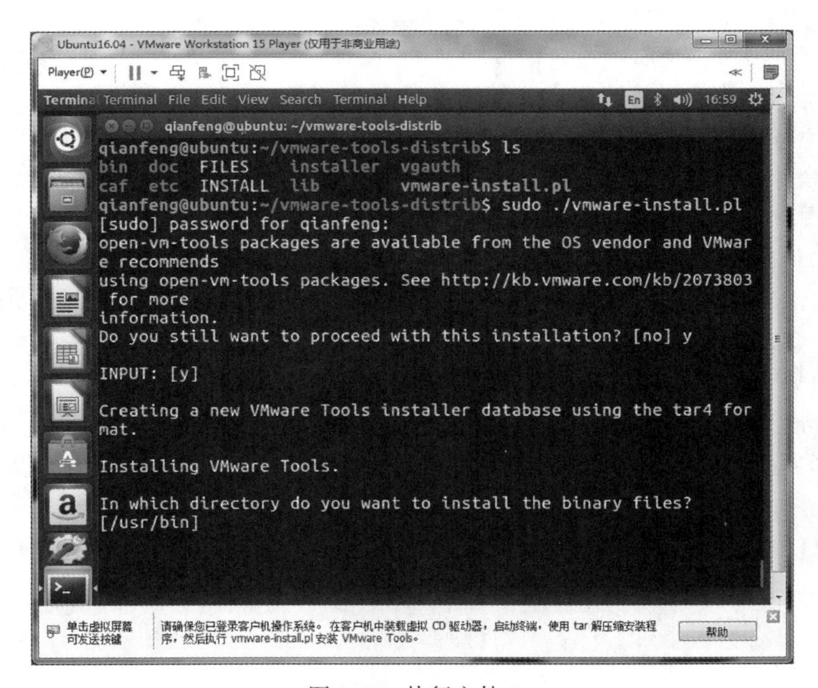

图 1-45　执行文件 2

⑪ 如图 1-46 所示，表示安装完成，重新启动虚拟机，虚拟工具则安装成功。

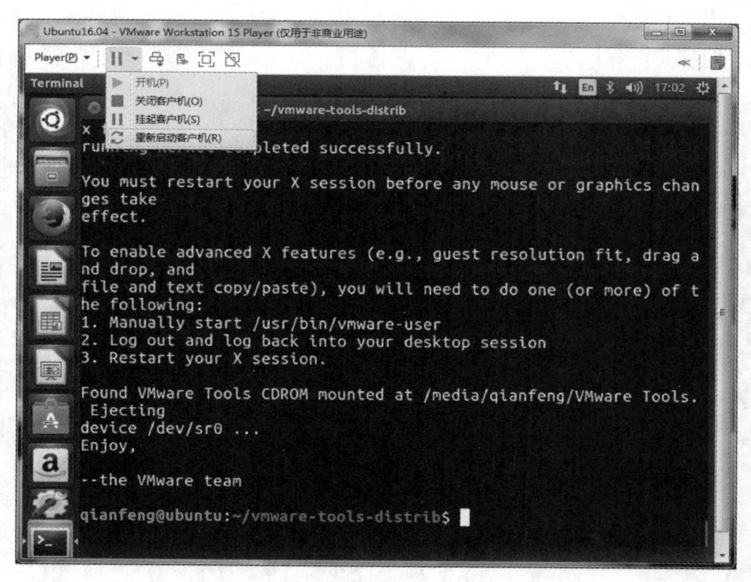

图 1-46　安装完成

1.3.5 Vim 编辑器的使用

(1) 编辑器简介

配套视频

文本编辑器在操作系统中扮演着十分重要的角色，不论是配置系统文件还是编写程序代码都需要借助于文本编辑器来完成。不同的操作系统中存在不同的文本编辑器，例如，TextMate（Mac 平台）、Notepad++（Windows 平台）等。虽然这些文本编辑器的最基本需求都是用来编辑文件，但其内部设计的细节却不尽相同，因此也形成了各自独有的特色。

Linux 操作系统中有许多独有且非常优秀的文本编辑器，按照其功能可以分为 4 类，分别为行编辑器、全屏编辑器、字符界面编辑器和图形界面编辑器。

① 行编辑器：每次只能操作文本中的一行，使用较为不便。

② 全屏编辑器：可以实现对整个屏幕的编辑，用户编辑的文件直接显示在屏幕上，从而解决行编辑器的不直观问题。

③ 字符界面编辑器：早期的编译器，运行在字符界面中，不支持鼠标操作。由于现在的服务器都运行在字符界面下，因此字符界面编辑器也十分重要。

④ 图形界面编辑器：操作方法与 Windows 系统中的记事本类似，同时提供了语法高亮显示功能。

大部分 Ubuntu 系统版本中，一般会默认安装全屏编辑器 Vim，以及图形界面编辑器 gedit，本节将主要介绍 Vim 编辑器的安装及使用。

Vim 是 Vi 发展出来的一种文本编辑器，具有代码补充、错误跳转等功能。Vim 的设计理念是命令的组合。用户可以通过各种各样的文本间移动、跳转命令与其他普通模式的编辑命令灵活地组合使用，能够比那些没有模式的编辑器更加高效地进行文本编辑，因此这种编辑器被程序员广泛使用。全屏编辑器 Vim 打开文件的界面如图 1-47 所示。

图 1-47　Vim 打开文件界面

(2) Vim 的安装

如果读者使用的 Ubuntu 系统中没有 Vim 编辑器，此时则需要自行进行安装并配置。检测 Vim 编辑器是否安装，操作如下所示。

```
linux@ubuntu:~$ sudo apt-cache policy vim   //终端输入命令
vim:
  Installed:(none)
  Candidate:2:7.4.1689-3ubuntu1.3
  Version table:
      2:7.4.1689-3ubuntu1.3 500
500 http://cn.archive.ubuntu.com/ubuntu xenial-updates/main amd64 Packages
500 http://security.ubuntu.com/ubuntu xenial-security/main amd64 Packages
2:7.4.1689-3ubuntu1 500
500 http://cn.archive.ubuntu.com/ubuntu xenial/main amd64 Packages
```

如果检测到 Vim 编辑器未安装，则需要在线安装 Vim 编辑器，操作如下所示。

```
linux@ubuntu:~$ sudo apt-get install vim   //安装 Vim 编辑器
Reading package lists... Done
Building dependency tree
Reading state information... Done
The following additional packages will be installed:
  vim-common vim-runtime vim-tiny
...... 省略部分显示内容
After this operation,30.0 MB of additional disk space will be used.
Do you want to continue? [Y/n] y
Get:1 http://cn.archive.ubuntu.com/ubuntu xenial-updates/main amd64
vim-tiny amd64 2:7.4.1689-3ubuntu1.3 [446 kB]
...... 省略部分显示内容
Setting up vim-common(2:7.4.1689-3ubuntu1.3)...
```

```
Setting up vim-tiny(2:7.4.1689-3ubuntu1.3)...
Setting up vim-runtime(2:7.4.1689-3ubuntu1.3)...
Setting up vim(2:7.4.1689-3ubuntu1.3)...
linux@ubuntu:~$
```

如上述显示结果，表示 Vim 编辑器安装成功。此时的 Vim 编辑器已经可以实现文本的编辑，但是由于缺少一些人性化的配置，导致其用户体验并不友好，因此需要对 Vim 编辑器进行一些配置工作。

(3) 配置 Vim

未经过配置的 Vim 编辑器，对文件进行编辑时，非常不方便且不美观。如图 1-48 所示，使用未配置的 Vim 编辑器编写一个 C 语言程序代码。

```
linux@ubuntu64: ~
#include <stdio.h>

int main(){
        printf("hello world");
        return 0;
}
-- INSERT --                                2,1          Top
```

图 1-48 Vim 编辑界面

Vim 的全局配置一般在文件“/etc/vim/vimrc”或者“/etc/vimrc”中，且对所有用户生效。如果只是针对特定的用户进行个性配置，则选择为文件“~/.vimrc”（用户主目录下的隐藏文件 .vimrc）进行配置。

本小节选择文件“~/.vimrc”进行配置演示，需要声明的是，配置文件内容仅供参考。读者如果直接复制使用可能会因为未安装 Vim 相关插件而出现警告提示，此时只需要将提示出错的具体代码行注释掉即可，注释代码使用符号“" ”（英文双引号）即可。使用 gedit 打开新文件 .vimrc（命令为 gedit~/.vimrc），将以下内容全部复制到文件中。

```
syn on
set helplang=cn             "使用中文帮助文档
set backspace=2
set tabstop=4
set softtabstop=4           "按键缩进
set shiftwidth=4
set autoindent              "自动缩进
set cindent
set number                  "显示行号
set showmatch
set mouse=a
set ruler                   "在右下角显示光标位置
set showcmd                 "显示未敲完的命令
set incsearch               "在输入搜索的字符串同时就开始搜索已经输入的部分
```

```
set nowrap                          "一行即一行,不要跳到第二行去
set sidescroll=1                    "屏幕显示不全时,按一次屏幕移动一个字符
set whichwrap=b,s,<,>,[,]           "跨行移动
"set list                           "制表符可见
"set listchars=tab:>.,trail:-
filetype plugin indent on           "自动识别文件类型,用文件类型 plugin 脚本,
使用缩进定义文件
"slet g:netrw_winsize=20et guioptions+=b        "滚动条开启
"set backup                         "修改文件时备份
"set path=.,/usr/include,/$ HOME/.vim,
"选择代码折叠类型
"启动 vim 时不要自动折叠代码

""""""""""""""
" map
""""""""""""""
"imap<C-P><C-X><C-P>
"imap<C-F><C-X><C-F>
"imap<C-I><C-X><C-I>
"imap<C-D><C-X><C-D>
"imap<C-L><C-X><C-L>
set completeopt=longest,menu
vnoremap p<Esc>:let current_reg=@"<CR>gvs<C-R>=current_reg<CR><Esc>
"p 命令可以使用剪切板上的内容来替还选中的内容

nmap<F2>:nohlsearch<CR>
map<F3>:copen<CR>:grep -R
map<F7>:w<CR><CR>:copen<CR>:make<CR><CR>
imap<F7><Esc>:w<CR><CR>:copen<CR>:make<CR><CR>
map<F8>:cclose<CR>
map<F9>:TlistToggle<CR>

""""""""""""""""""""""""""""""""""""""""""""""""""""""""""""""""""""""
"""""新文件标题
""""""""""""""""""""""""""""""""""""""""""""""""""""""""""""""""""""""
"新建.c,.h,.sh,.java 文件,自动插入文件头
autocmd BufNewFile *.cpp,*.[ch],*.sh,*.java exec ":call SetTitle()"
""定义函数 SetTitle,自动插入文件头
```

```
func SetTitle()
"如果文件类型为 .sh 文件
if &filetype= ='sh'
call setline(1,"########################################")
call append(line("."),"# File Name:".expand("%"))
call append(line(".")+ 1,"# Author:1000phone")
call append(line(".")+ 2,"# Net:www.mobiletrain.org")
call append(line(".")+ 3,"# Created Time:".strftime("%c"))
call append(line(".")+ 4,"##################################")
call append(line(".")+ 5,"#! /bin/zsh")
call append(line(".")+ 6,
" PATH =/home/edison/bin:/home/edison/.local/bin:/usr/local/sbin:/usr/local/bin:/usr/sbin:/usr/bin:/sbin:/bin:/usr/games:/usr/local/games:/snap/bin:/work/tools/gcc-3.4.5-glibc-2.3.6/bin")
call append(line(".")+ 7,"export PATH")
call append(line(".")+ 8,"")
else
call setline(1,"/************************************")
call append(line("."),"> File Name:".expand("%"))
call append(line(".")+ 1,"> Author:1000phone")
call append(line(".")+ 2,"> Mail:www.mobiletrain.org")
call append(line(".")+ 3,"> Created Time:".strftime("%c"))
call append(line(".")+ 4,"***********************************/")
call append(line(".")+ 5,"")
endif
if &filetype= ='cpp'
call append(line(".")+ 6,"#include<iostream>")
  call append(line(".")+ 7,"using namespace std;")
call append(line(".")+ 8,"")
endif
if &filetype= ='c'
  call append(line(".")+ 6,"#include<stdio.h>")
  call append(line(".")+ 7,"")
endif
"  if &filetype= ='java'
"      call append(line(".")+ 6,"public class ".expand("%"))
"      call append(line(".")+ 7,"")
```

```
"   endif
"新建文件后,自动定位到文件末尾
autocmd BufNewFile * normal G
endfunc

""""""""""""""""""""""""""""""""""""
" netrw setting
""""""""""""""""""""""""""""""""""""
let g:netrw_winsize=20
"nmap<silent><leader>fe:Sexplore! <cr>
map<silent><F5>:Vexplore<CR>
"开 fileexploer,S代表当前分隔一个横向的窗口,V代表纵向


""""""""""""""""""""""""""""
"Tag Lisg(ctags)
""""""""""""""""""""""""""""
"au BufWritePost *c,*cpp,*h ! ctags -R --c++-kinds=+p --fields=+iaS --ex-
tra=+q .
let Tlist_Ctags_Cmd='ctags'
"let Tlist_Show_One_File=1
let Tlist_Auto_Open=1
let Tlist_Exit_OnlyWindow=1
let Tlist_Use_Lift_Window=1
let Tlist_WinWidth=25
set tags=./tags,/usr/include/tags,$    HOME/
.vim/gtk_tags/tags_glib_gobject,$    HOME/
.vim/gtk_tags/tags_gdk_xlib,$    HOME/
.vim/gtk_tags/tags_gtk,$    HOME/
.vim/gtk_tags/tags_gdk,$    HOME/
.vim/gtk_tags/tags_glib_gio,$    HOME/
.vim/gtk_tags/tags_glib_glib,$    HOME/
.vim/gtk_tags/tags_gdk_pixbuf,$    HOME/
.vim/gtk_tags/tags_cairo,$    HOME/
.vim/gtk_tags/tags_pango,
filetype plugin indent on
" % 括号匹配
```

```
" gd 跳转到局部变量定义

"Space to command mode.
nnoremap<space> :
vnoremap<space> :

" 状态栏
set laststatus=2          " 总是显示状态栏
highlight StatusLine cterm=bold ctermfg=yellow ctermbg=blue
" 获取当前路径,将$HOME转化为~
function! CurDir()
    let curdir=substitute(getcwd(),$HOME,"~","g")
    return curdir
endfunction
set statusline=[%n]\ %f%m%r%h\ \|\ \ pwd:\ %{CurDir()}\ \ \|%=\|\ %l,%c\
%p%%\ \|\ ascii=%b,hex=%b%{((&fenc==\"\")?\"\":\"\ \|\ \".&fenc)}\
\|\ %{$USER}\ @\ %{hostname()}\

"使用ctags查询是显示所有查找到的所有文件
"cscope.vim
if has("cscope")
set csto=1
set cst
set nocsverb
if filereadable("cscope.out")
  cs add cscope.out
endif
set csverb
endif

" 按下F3自动补全代码,注意该映射语句后不能有其他字符,包括tab;否则按下F3
会自动补全一些乱码
imap<F3> <C-X> <C-O>
" 按下F2根据头文件内关键字补全
imap<F2> <C-X> <C-I>
set completeopt=menu,menuone " 关掉智能补全时的预览窗口
let OmniCpp_MayCompleteDot=1 " autocomplete with .
let OmniCpp_MayCompleteArrow=1 " autocomplete with ->
let OmniCpp_MayCompleteScope=1 " autocomplete with::
let OmniCpp_SelectFirstItem=2 " select first item(but don't insert)
```

```
let OmniCpp_NamespaceSearch= 2
" search namespaces in this and included files
let OmniCpp_ShowPrototypeInAbbr= 1
" show function prototype in popup window
let OmniCpp_GlobalScopeSearch= 1 " enable the global scope search
let OmniCpp_DisplayMode= 1
" Class scope completion mode:always show all members
"let OmniCpp_DefaultNamespaces= ["std"]
let OmniCpp_ShowScopeInAbbr= 1
" show scope in abbreviation and remove the last column
let OmniCpp_ShowAccess= 1
```

上述代码为配置文件添加的内容，读者不必过多解读，如需要个性定制可以根据自身需求在网络中搜索 Vim 配置方案，参考优秀示例进行重新配置修改。Vim 的配置有时需要依赖于 Vim 的插件才能产生作用，这些插件一般要保存在“~/. vim”目录中。读者在选择使用网络中其他程序开发者的 . vimrc 配置文件时，如需要具体的 Vim 插件，可以选择去其个人的 github 仓库中下载，或者使用 Vundle 插件管理器进行安装。

保存修改后的配置文件，关闭终端，再重新打开即可生效配置。配置生效后编写代码的新效果，如图 1-49 所示，可自动实现添加文件信息显示，并且可以实现 Tab 键自动补齐。

```
linux@ubuntu64: ~
 1 /************************************************************************
 2     > File Name: test.c
 3     > Author: 1000phone
 4     > Mail: www.mobiletrain.org
 5     > Created Time: 2019年09月03日 星期二 10时12分36秒
 6  ************************************************************************/
 7
 8 #include <stdio.h>
 9
10 int main(int argc, const char *argv[])
11 {
12     printf("hello world\n");
13     return 0;
14 }
[1] test.c |  pwd: ~  |     | 7,0 50% | ascii=0,hex=0 | utf-8 | linux @ ubuntu64\
```

图 1-49　Vim 编辑文件效果

(4) Vim 的工作模式

Vim 的工作模式有 3 种，分别为命令模式（Command mode）、插入模式（Insert mode）、底行模式（Last line mode）。

① 命令模式。当使用 Vim 命令打开文件，此时这个最初始的状态就属于命令模式。Vim 命令打开文件的方式如下所示，即打开文件 README。

```
linux@ubuntu:~/1000phone$ vim README
```

在这种模式下，用户可以使用按键实现移动光标，完成文本的字符甚至整行的删除、复制、粘贴等处理。此状态下按键输入会被 Vim 识别为命令，而非输入字符，打开文件进入命令模式如图 1-50 所示。

```
linux@ubuntu: ~
1 做真实的自己，用良心做教育
2
3         qianfeng ( http://www.mobiletrain.org ) 2019-09-2
4
README                                    2,0-1        顶端
"README" 6L, 96C
```

图 1-50 Vim 命令模式

② 插入模式。在命令模式下，无法实现对文件的编辑操作，因此需要在命令模式下进行模式切换。在命令模式下按下 i、I、o、O、a、A、r、R 任意一个字母键后都可以进入插入模式，此时用户对文件进行操作与 Windows 操作记事本一样。如果需要切换回命令模式，则按下“Esc”键即可。Vim 的插入模式如图 1-51 所示。

```
linux@ubuntu: ~
1 做真实的自己，用良心做教育
2
3         qianfeng ( http://www.mobiletrain.org ) 2019-09-2
4
README                                    2,1          顶端
-- 插入 --
```

图 1-51 Vim 插入模式

③ 底行模式。在命令模式下，按下组合键“Shift+:”或“Shift+/”即可进入底行模式。在此模式下，可以实现查找、存盘（保存文件）、替换字符、保存退出等一系列操作。Vim 进入底行模式如图 1-52 所示。

```
linux@ubuntu: ~
1 做真实的自己，用良心做教育
2
3         qianfeng ( http://www.mobiletrain.org ) 2019-09-2
4
README           底行模式在此处输入        2,0-1        顶端
:
```

图 1-52 Vim 底行模式

以上三种模式可以根据用户的需求进行切换使用，切换的方式如图 1-53 所示。

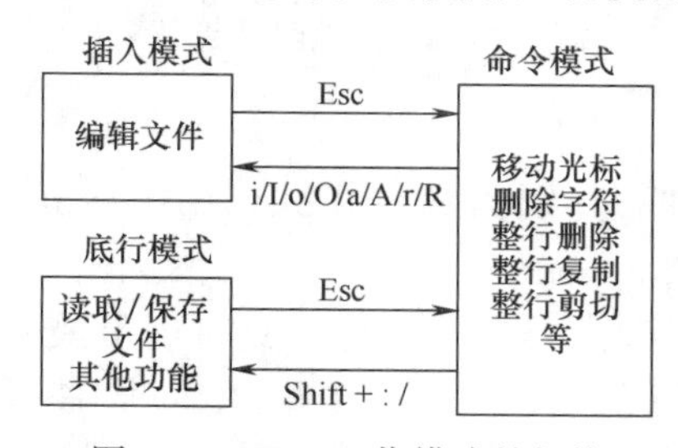

图 1-53 Vim 工作模式的切换

(5) Vim 命令模式按键说明

命令模式下，用户可根据情况灵活使用各种按键进行文本的快捷操作，其常用的按键及说明如表 1-1 所示。

表 1-1　Vim 命令模式按键操作

功能	按键	按键说明
移动光标	h、j、k、l	分别表示移动光标向左、向下、向上、向右
	Home、End	移动光标到光标所在行的开头或末尾
	w	移动光标到下一个词
	G	移动光标到文件的最后一行
	gg	移动光标到文件的第一行
剪切、复制、粘贴	x	删除光标所在的字符，并向后删除
	X	删除光标所在的字符，并向前删除
	n(数字)x	连续向后删除 n 个字符
	dd	剪切光标所在行
	n(数字)dd	剪切自光标所在位置以下的 n 行
	yy	复制光标所在的行
	n(数字)yy	复制光标所在行向下 n 行
	p	将复制或剪切的内容粘贴到光标所在位置的下一行
	P	将复制或剪切的内容粘贴到光标所在位置的上一行
	u	恢复文件到上一次修改时的状态
查找	/word	自光标处向下寻找名为 word 的字符串
	? word	自光标处向上寻找名为 word 的字符串

使用某些特定的字符按键即可将 Vim 从命令模式切换到输入模式，其常用的按键及说明如表 1-2 所示。

表 1-2　命令模式切换为输入模式

按　　键	按 键 说 明
i	从光标所在位置开始输入(切换为输入模式)
a	从光标所在位置的下一个字符处开始输入(切换为输入模式)
o	从光标所在位置的下一行开始输入(切换为输入模式)
r	取代光标所在的字符，并进行输入(只能输入一次)
Esc	切换到命令模式(退出输入模式)

从命令模式切换到底行模式按键及说明如表 1-3 所示。

表 1-3　命令模式切换底行模式

功　能	按　　键	按 键 说 明
内容替换	Shift+:n1,n2s/word1/word2/g	将 n1 行到 n2 行内容中的字符串 word1 替换为 word2
	Shift+:n1,$ s/word1/word2/g	将 n1 行到最后一行内容中的字符串 word1 替换为 word2
保存与关闭	Shift+:w	保存编辑的内容
	Shift+:q	不保存编辑内容关闭文件
	Shift+:q!	不保存编辑内容强制关闭文件
	Shift+:wq	保存文件后关闭文件
	Shift+:x	保存文件后关闭文件
	ZZ	保存文件后关闭文件

1.3.6 GCC 编译器

(1) GCC 编译器简介

GCC（GNU Compiler Collection）是一款编译语言编译器，此项目最早由 GNU 计划的发起者 Richard Stallman 开始实施。1987 年发行了第一版 GCC，最初的 GCC 表示的意义为 GNU C Compiler，即 GNU 的 C 语言编译器。后来经过不断地发展，GCC 可以处理 C++、Objective-C、Java、Go 等更多编译语言。GCC 最重要的特点为实现跨硬件平台编译，即在当前的 CPU 平台上为其他体系结构的硬件平台（ARM、MIPS、X86、PowerPC）开发软件，目前这一方式被广泛应用于嵌入式开发中。

GCC 编译器的工作目的就是将开发者编写的语言代码变成可以被机器识别的二进制码。

一个完整的编译器主要由以下 4 部分组成，也可称为编译器的主要组件。

① 分析器：将源程序代码转换为汇编语言。

② 汇编器：将汇编语言的代码转换为 CPU 可以执行的字节码。

③ 链接器：将汇编器生成的单独的目标文件组合成可执行的应用程序。

④ 标准 C 库：C 库用来提供对核心函数的支持，如果应用程序使用到 C 库中的函数，则 C 库就会通过链接器与源代码连接来生成最终的可执行程序。

(2) GCC 编译器的使用

使用 GCC 编译器编译代码时，用户可直接使用其命令 gcc，可以不附加任何选项参数，直接指定需要编译的文件名即可，如下所示。

```
linux@ubuntu:~/1000phone$ gcc test.c        //执行编译,指定给定文件名
linux@ubuntu:~/1000phone$ ls                //查看生成的文件
a.out  test.c                               //生成二进制文件 a.out
linux@ubuntu:~/1000phone$ ./a.out           //执行可执行程序
```

如上所示，将 C 语言代码 test.c 通过 gcc 指令执行编译，生成编译后的执行代码 a.out，执行 a.out 得到程序的运行结果。

1.4 编写第一个 C 语言程序

配套视频

C 语言环境搭建完成后，即可进行 C 语言程序的编写，为了让初学者对 C 语言产生足够的信心，第一个程序尽量简短，具体如例 1-1 所示。

【例 1-1】 第一个 C 语言程序。

```
1  #include<stdio.h>
2  int main()
3  {
4     printf("Hello World! \n");
```

```
5      return 0;
6  }
```

输出：

```
Hello World!
```

分析：

例 1-1 中代码实现了一个 C 程序，在屏幕上输出“Hello World!”信息。下面对其中代码逐行进行详细的解释。

第 1 行：字符‘#’是预处理标志，用来对文件进行预处理操作，预处理标志表示该行代码要最先处理，所以它要在编译器编译代码之前运行；include 是预处理指令，它后面跟着一对尖括号，表示将尖括号中的文件在这里读入；stdio 是 standard input output 的缩写形式，即“标准输入输出”，stdio. h 就是标准输入输出头文件，这个头文件中声明了用于输入或输出的函数，由于此程序中用到了输出函数 printf()，因此需要添加输入输出头文件。

第 2 行：声明了一个 main 函数（也称主函数），其中 int 是函数的返回值类型，每个函数都需要注明其返回值类型，表示在函数结束后，要向操作系统返回的数值类型；“()”则表明是一个函数，main 函数的本质是“函数”，但它与普通函数有着本质的区别，普通函数需要由其他函数调用或者激活，main 函数则是在程序开始时自动执行，每个 C 程序都有一个 main 函数，它是程序的入口；在例 1-1 所示的 C 程序中，main 函数实现了屏幕上输出“Hello World!”的功能。

第 3 行：左大括号“{”表示函数的开始。

第 4 行：使用 printf 函数来输出一行信息，printf 是 print format 的缩写，print 是打印的意思，format 是格式化的意思，printf 则是格式化输出或者按格式输出；“()”则表明 printf 是一个函数名，其中放置的是 main 函数传递给 printf 函数的信息，如上面程序中的“Hello World!”这个信息称为参数，完成的名称为函数的实际参数；printf 函数接收到 main 函数传递给它的参数，然后将双引号之间的内容按照一定的格式输出到终端屏幕上。

第 5 行：return 关键字表示返回，作用是从函数中返回，要返回的值为 0，由于该句被添加到 main 函数中，表示 main 函数向操作系统返回一个 0 值（普通函数在执行完毕后，都会返回一个执行结果，return 将这个执行结果返回给操作系统），操作系统通过返回值来了解程序退出的状态，一般用 0 表示正常，用 1 表示异常；如果函数返回值类型为 void，return 后面则不用跟返回值，直接写 return 即可终止函数的运行。

第 6 行：右大括号“}”表示函数结束。

注意：

在对 main 函数进行声明时，可能会发现这样的写法：main ()，即不为 main 函数注明返回值类型。

在C语言中，凡是未注明返回值类型的函数，就会被编译器作为返回整型值处理。这个写法在C90标准中还是勉强允许的，但在C99标准中不予通过，因此不建议采用该方式写main函数。

另外，还可能会有这样的写法：void main（）。

void作为返回值类型时，则表示“无类型”，常用在对函数的参数类型、返回值、函数中的指针类型进行声明。由于任何函数都必须注明返回值类型，void则表示main函数没有返回值。有些编译器允许这种写法，有些则不允许，因此考虑到C语言的移植性，要尽量采用标准写法：int main（）。

1.5 本章小结

本章以概念为主。通过本章的学习，读者能够对C语言及其相关特性有初步的认识，重点要掌握的是能编写出一个简单的C程序，并完成编译测试。

1.6 习题

1. 填空题

（1）计算机语言分为机器语言、汇编语言、________ 3种。

（2）C语言程序是从________开始执行的。

（3）以/*开始，以*/结束，在/*和*/之间的部分即为________。

（4）C语言程序运行流程包括编辑、________、链接、运行四个环节。

（5）C语言源程序文件后缀是________。

2. 选择题

（1）下列选项中，不属于C语言开发工具的是（　　）。

A. Auto CAD　　B. Code::Blocks　　C. Eclipse　　D. Vim

（2）下面选项中表示程序入口函数的是（　　）。

A. printf（）　　B. include（）　　C. main（）　　D. return（）

（3）（　　）是C程序的基本构成单位。

A. 函数　　B. 函数和过程　　C. 超文本过程　　D. 子程序

（4）以下选项中，不属于C语言特征的是（　　）。

A. 数据结构丰富　　B. 运算符丰富　　C. 可移植　　D. 面向对象

（5）任何C语句必须以（　　）结束。

A. 句号　　B. 分号　　C. 冒号　　D. 感叹号

3. 思考题

（1）简述C语言的特点。

（2）简述 C 语言以函数为程序的基本单位的好处。

（3）简述 C 语言程序的运行过程，经历的步骤。

（4）简述 C 语言程序的一般结构由哪几部分组成。

4. 编程题

编写一个 C 语言程序，输出以下信息。

* *

＝＝＝＝＝＝＝www. mobiletrain. org＝＝＝＝＝＝

* *

第2章

数据类型

本章学习目标

配套课件

- 了解C语言关键字及标识符
- 掌握C语言常量的概念
- 掌握C语言变量的使用
- 掌握C语言变量的存储类别

C语言在B语言的基础上引入数据类型的概念，其目的是：为了选择合适的“容器”存放数据，避免空间浪费；为了让计算机正确地识别并处理数据。不同类型的数据所占用的内存空间和用途不同。C语言的数据类型包括基本类型、指针类型、构造类型以及无值类型4大类，其中基本类型又分为整型、浮点型（包括单精度和双精度）、字符型和枚举型4种，构造类型又分为数组型、结构型和联合型。

2.1 关键字与标识符

2.1.1 关键字

C语言中有32个关键字，具体如表2-1所示，本书将陆续介绍这些关键字的具体使用方法。

表2-1 C语言中的关键字

auto	break	case	char
const	continue	default	do
double	else	enum	extern
float	for	goto	while
int	long	register	union
short	signed	sizeof	static
struct	switch	typedef	return
unsigned	void	volatile	if

表 2-1 中的关键字，这些关键字不允许作为标识符出现在程序中。

2.1.2　标识符的使用

在 C 语言程序时，需要对变量、函数、宏以及其他实体进行命名，这些名称就是标识符。在 C 语言中设定一个标识符的名称是自由的，即在一定的基础上可以自由发挥，接下来介绍 C 语言标识符应该遵守的一些命名规则。

① 所有标识符必须由字母或下划线开头，不能使用数字或符号作为开头。

```
int ！ qian；              //错误示范,标识符第一个字符不能为符号
int 2feng；                //错误示范,标识符第一个字符不能为数字
int qian；                 //正确,标识符第一个字符为字母
int _feng；                //正确,标识符第一个字符为下划线
```

② 在设定标识符时，除开头外，其他位置都可以由字母、下划线或数字组成。

```
int qian_feng；            //正确,标识符中可以有下划线
int qianfeng1；            //正确,标识符中可以有数字
int qian1feng；            //正确
```

③ 英文字母的大小可代表不同的标识符，即在 C 语言中严格区分大小写字母。

```
int qianfeng；           //全部为小写
int QIANFENG；           //全部为大写
int QianFeng；           //部分为小写,部分为大写
```

④ 标识符不可以为关键字，关键字为定义一种类型使用的字符，标识符不能使用。

```
int int；                  //错误
int INT；                  //正确
```

⑤ 标识符命名一般需要表示相关的含义，便于程序阅读。

```
int Long；                 //表示长度
int Width；                //表示宽度
int Height；               //表示高度
```

2.2　数据类型概述

2.2.1　数据类型的由来

配套视频

C 语言的前身是 B 语言，B 语言是一种无类型的语言，C 语言在它的基础上引入了数据类型这一概念，那么 C 语言为何要引入数据类型，其主要有以下两点原因。

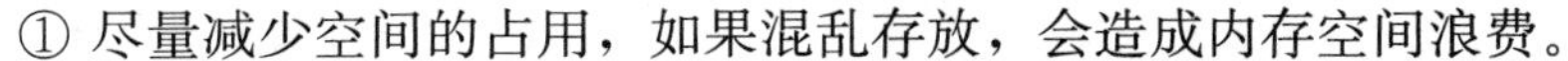

① 尽量减少空间的占用，如果混乱存放，会造成内存空间浪费。

② 计算机不能像人一样识别数据，如果需要让计算机操作数据，则需要先给数据分类，计算机才知道采取什么样的处理办法。

综上所述，C 语言引入数据类型的主要原因有两点，一个是选择合适的容器来存放数据，不至于浪费空间和丢失数据，另一个就是让计算机正确地处理数据。

2.2.2 数据类型简介

C 语言程序在运行时需要做的主要任务是处理数据，不同数据都是以自己本身的一种特定形式存在，不同的数据类型占用不同的存储空间。C 语言中有许多不同的数据类型，如基本类型、构造类型等，具体的组织结构如图 2-1 所示。

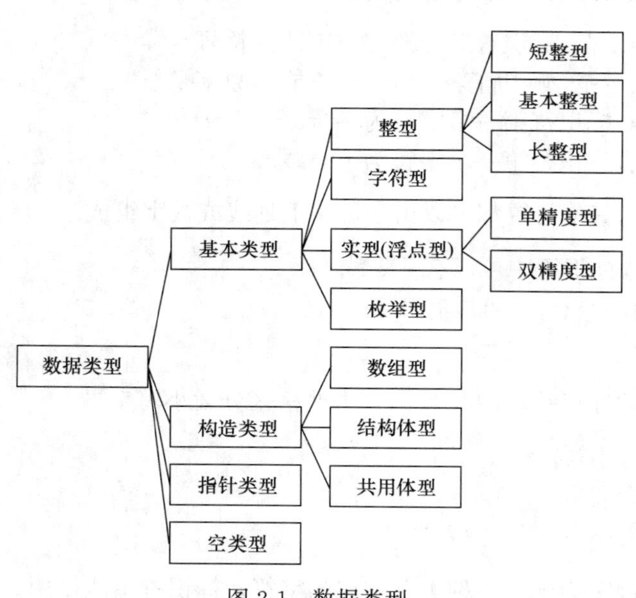

图 2-1 数据类型

(1) 基本类型

基本类型为 C 语言中的基础类型，其中包括整型、字符型、实型（浮点型）、枚举型。

(2) 构造类型

构造类型是使用基本类型的数据或已经构造的数据，进行添加、设计构造出的新数据类型。新构造的数据类型用来满足程序设计所需要解决的各种问题。构造数据类型是由多种数据类型组合而成的新类型，其中每一个组成部分都称为构造类型的成员。构造类型包括数组类型、结构体类型和共用体类型三大类。

(3) 指针类型

指针类型不同于其他数据类型，指针变量本身保存的是内存的地址。

(4) 空类型

空类型的关键字是 void，其主要作用于两种情况：对函数返回的限定以及对函数参数的限定。例如，函数一般都有一个返回值，这个返回值应该具有特定的类型，但当函数不必返回一个值时，即可以使用空类型设定返回值的类型。

2.3 常量

配套视频

常量的值是不能改变的，如下所示。

```
int i=10;
```

左侧的 i 是个变量，它的值是可以改变的，但是右侧的 10 是个常量，它是恒定不变的，永远都是 10。

常量可以分为三大类，包括数值型常量、字符型常量、符号常量。其中，数值型常量又可以分为整型常量以及实型常量。

2.3.1 整型常量

整型常量指的是直接使用的整型常数，如 16、－32 等。整型常量可以是长整型、短整型、符号整型、无符号整型。

无符号短整型的取值范围为 0～65535（2^{16}），而符号短整型的取值范围是－32768～＋32767。如果整型为 32 位，则无符号整型的取值范围为 0～4294967295，而有符号形式的取值范围为－2147483648～＋2147483647。如果整型为 16 位，则取值范围与短整型一致。

在编写整型常量时，可以在常量后添加符号进行修饰，L 表示该常量为长整型，U 表示该常量为无符号整型，如下所示。

```
#define Num 100L
#define LongNum 500U
```

预处理指令＃define 为 100L、500U 分别取别名为 Num、LongNum。Num 以及 LongNum 就是宏，它是代替常量的标识符，即在同一程序中出现的所有 Num 以及 LongNum 都分别代表 100 以及 500。Num 为长整型，LongNum 为短整型。

整型常量可以使用不同进制形式进行表示，如八进制、十进制、十六进制。

（1）八进制整数

如果整型常量使用的数据表达形式为八进制，则需要在常数前加上 0 进行修饰，具体如下所示（八进制包含的数字为 0～7 之间）。

```
#define Num 0123                //在常数前加 0 表示八进制
```

（2）十六进制整数

如果整型常量使用的数据表达形式为十六进制，则需要在常数前加上 0x 进行修饰，具体如下所示（十六进制包含的数字为 0～9 以及字母 A～F 或 a～f）。

```
#define Num 0x123               //在常数前加 0x 表示十六进制
```

（3）十进制整数

如果整型常量使用的数据表达形式为十进制，则不需要在常数前添加任何修饰，具体如下所示（十进制包含的数字为 0～9）。

```
#define Num 123                 //表示十进制无须在常数前添加任何修饰
```

无论是上述哪一种表示形式的整型数据，都是以二进制的形式在计算机内存中进行存储，其数值采用补码的形式进行表示。一个正数的补码与原码的形式相同，一个负数的补码是将该数绝对值的二进制形式按位取反后再加 1。例如，十进制数 10 在内存中的表现形式如图 2-2 所示。

如果十进制数为－10，则需要先得到其绝对值（图 2-2），然后再进行取反操作，并

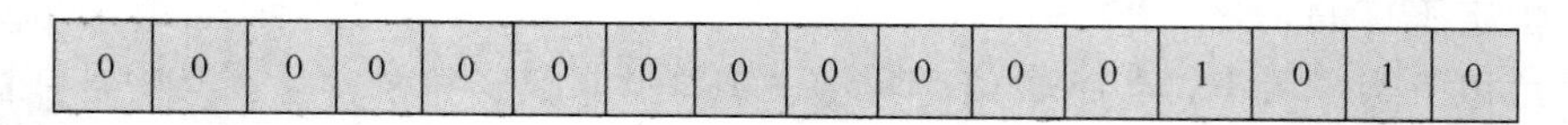

0	0	0	0	0	0	0	0	0	0	0	0	1	0	1	0

图 2-2　十进制数 10 在内存中的存储形式

在取反后加 1，才能得到最终结果，如图 2-3 所示。

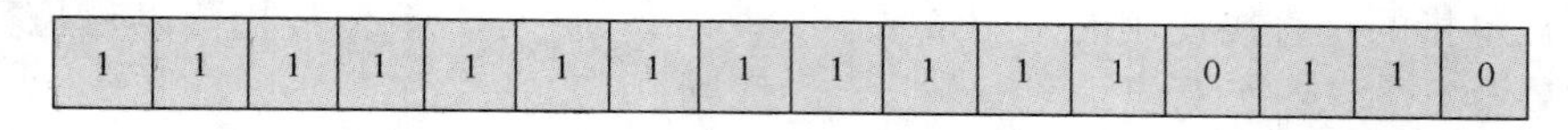

1	1	1	1	1	1	1	1	1	1	1	1	0	1	1	0

图 2-3　十进制数－10 在内存中的存储形式

对于有符号整数，其在内存中存放的最高位表示符号位，如果该位为 0，表示正数，如果该位为 1，表示负数。

2.3.2　实型常量

实型常量即浮点型常量，由整数部分和小数部分组成，实型常量表示数据的形式有两种，具体如下所示。

（1）科学计数方式

科学计数方式即使用十进制小数方法描述实型，如下所示。

```
#define Num 123.45                //科学计数法
```

（2）指数方式

使用科学计数方式不利于观察较大或较小的实型数据，此时可以使用指数方式显示实型常量。其中，使用字母 e 或 E 进行指数显示，具体如下所示。

```
#define Num 12e2                  //指数方式显示
```

如上所示，12e2 表示 1200，如果为 12e-2，则表示 0.12。

在编写实型常量时，需要在常量后添加符号 F 或 L 进行修饰，F 表示该常量为 float 单精度类型，L 表示该常量为 long double 长双精度类型。如果不在常量后添加符号，则默认实型常量为 double 双精度类型，具体如下所示。

```
#define FloatNum 1.23e2F              //单精度类型
#define LongDoubleNum 3.458e-1L       //长双精度类型
#define DoubleNum 1.23e2              //双精度类型
```

2.3.3　字符型常量

字符型常量与上文介绍的常量不同，即要对其字符型常量使用指定的定界符进行限制。字符型常量可以分为两种：一种是字符常量，另一种是字符串常量。

（1）字符常量

字符常量使用单引号进行定界，且单引号中只能有一个字符，具体如下所示。

```
'A''a''b'
```

如上述字符常量展示，在单引号中只能包括一个字符，且字符常量需要严格区分大小写，单引号“'”代表定界符，不属于字符常量中的一部分。

(2) 字符串常量

字符串常量是一组用双引号括起来的若干个字符序列，具体如下所示。

```
"Hello World""Hello QianFeng"
```

如果在字符串常量中没有任何字符，则称之为空串，其长度为0。C语言中存储字符串常量时，系统会自动在字符串的末尾自动添加一个“\0”作为字符串的结束标志，如字符串“Hello”在内存中的存储形式如图2-4所示。

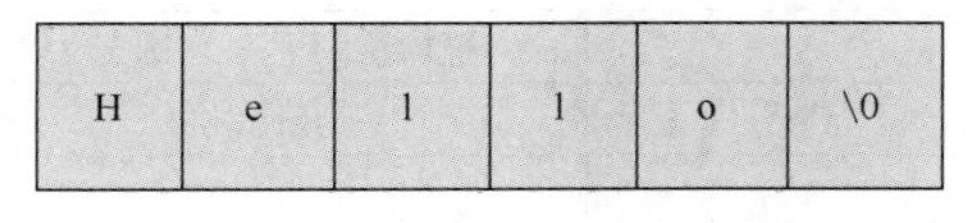

图2-4　内存存储形式

字符常量与字符串常量的区别如下所示。

① 定界符不同，字符常量使用的是单引号，字符串常量使用的是双引号。

② 长度不同，字符常量只有一个字符，其长度为1，而字符串则需要视情况而定。

③ 存储的方式不同，在字符常量中存储的是字符的ASCII码值，而在字符串常量中，不仅要存储有效的字符，还要存储结尾处的结束标志“\0”。

在C语言中，使用的字符被一一映射到ASCII码表中，ASCII表的部分如表2-2所示。

表2-2　ASCII表

ASCII值	缩写/字符	解释	ASCII值	缩写/字符	解释
0	NUL(null)	空字符(\0)	17	DC1(device control1)	设备控制1
1	SOH(start to fhanding)	标题开始	18	DC2(device control2)	设备控制2
2	STX(start to ftext)	正文开始	19	DC3(device control3)	设备控制3
3	ETX(end of text)	正文结束	20	DC4(device control4)	设备控制4
4	EOT(end of transmission)	传输结束	21	NAK(negative acknowledge)	拒绝接收
5	ENQ(enquiry)	请求	22	SYN(synchronous idle)	同步空闲
6	ACK(acknowledge)	收到请求	23	ETB(end of trans. block)	传输块结束
7	BEL(bell)	响铃(\a)	24	CAN(cancel)	取消
8	BS(backspace)	退格(\b)	25	EM(end of medium)	介质中断
9	HT(horizontal tab)	水平制表符(\t)	26	SUB(substitute)	替补
10	LF(NL)(newline)	换行建(\n)	27	ESC(escape)	溢出
11	VT(vertical tab)	垂直制表符	28	FS(file separator)	文件分割符
12	FF(NP)(newpage)	换页键(\f)	29	GS(group separator)	分组符
13	CR(carriage return)	回车键(\r)	30	RS(record separator)	记录分离符
14	SO(shift out)	不切换	31	US(unit separator)	单元分隔符
15	SI(shift in)	启用切换	32	……	……
16	DLE(data link escape)	数据链路转义			

2.3.4 转义字符

转义字符在字符常量中是一种特殊的字符，转义字符是以反斜杠“\”开头的字符。常用的转义字符及其含义，如表 2-3 所示。

表 2-3 常用的转义字符

转义字符	意义	转义字符	意义
\n	换行	\\	反斜杠“\”
\t	横向跳到下一个制表位置	\'	单引号符
\v	竖向跳格	\a	鸣铃
\b	退格	\ddd	1～3 位八进制数所代表的字符
\r	回车	\xhh	1～2 位十六进制数所代表的字符
\f	换页		

2.3.5 枚举型常量

所谓枚举型常量就是将相同类型的常量一一列举出来，具体如下所示。

```
enum season{spring,summer,autumn,winter};
```

关键字 enum 将其后的 season 声明为枚举型，大括号中则列举了属于这个枚举型 enum 的所有常量，它们的默认值分别为 0、1、2、3，最后的分号表示枚举型 season 的定义结束。

由上述示例可以看出，枚举型的第 1 个常量值默认为 0，其他依次递增，也可以自定义它的值，具体如下所示。

```
enum season{spring,summer= 5,autumn,winter= 10};
```

第 1 个常量 spring 没有被指定值，其自动为 0；第 2 个常量 summer 被初始化为 5；第 3 个常量 autumn 没有被指定值，其自动为 6；第 4 个常量 winter 被初始化为 10。

注意：

开头的 enum 用来说明这是一个枚举型，而 season 则用来说明该枚举型的名字为 season。

2.4 变量的通用原则

变量的使用是程序设计中一个十分重要的环节，定义变量的目的是通知编译器该变量的数据类型，这样编译器才知道需要配置多少内存空间，以及它能存放什么样的数据。值可以改变的量称为变量，一个变量应该有自己的名字，这个名字即为变量名。

配套视频

2.4.1　变量的声明

可以这样声明一个变量，具体如下所示。

```
int i;
```

声明一个变量 i，其中 int 是数据类型的一种，即整型，而 i 则是为变量取的名字，即变量名。也可以一次声明多个变量，具体如下所示。

```
int a,b,c;
```

如上述变量 a、b、c，其类型都是 int，每个变量之间都用逗号隔开。

? 释疑：

问：什么是字节？

答：字节（Byte）是计算机信息技术用于计量存储容量和传输容量的一种计量单位，一个字节等于 8 位二进制数，在 UTF-8 编码中，一个英文字符等于一个字节。

2.4.2　变量的命名

C 语言规定标识符只能由字母、数字和下划线这三种字符组成，且第一个字符必须为字母或下划线。标识符即为变量、常量、函数、数组、类型和文件等取的名字，也就是说变量名就是标识符，读者可以为变量取_1000、phone 等名字，但是%1000、#phone 等名字则不符合规则。

对于变量的命名并不是任意的，应遵循以下 4 条规则。

① 变量名必须是一个有效的标识符。

② 变量名不可以使用 C 语言关键字。

③ 变量名不能重复。

④ 应选择较有意义的单词作为变量名。

2.4.3　变量的定义

如果需要定义一个变量，则可以采用以下方式。

```
int i;
```

如上述变量定义，定义变量为 i，其类型为 int。由此可知，对于基本类型的变量，其声明与定义是同时进行的，即上述操作即是声明也是定义。而对于自定义的类型、函数或外部变量，其声明与定义是分开进行的。声明的功能是通知编译器变量的类型以及名称，而定义则是为该变量分配内存空间，这样该变量才能用来保存数据。因此，在 C 语言中，要求所有的变量都必须在使用之前定义，具体如下所示。

```
int i;
i= 10;                //使用变量 i
```

2.4.4 变量的赋值与初始化

完成变量的定义后，即可使其保存数据，具体操作如下所示。

```
int i;
i=10;
```

如上述第 2 行代码中间的等号，它其实不是等号，代表赋值运算符，作用是将右侧的值赋值给左侧，这条语句也可以合并为一条语句，示例代码如下所示。

```
int i=10;
```

语句在定义 i 的同时对 i 进行初始化，对 i 进行初始化的意思是对 i 赋初值。

注意：

初始化和赋值的区别：赋值操作是在定义变量之后进行的，而初始化是与定义同步进行的。

2.4.5 变量在内存中的排列

内存可以被看成一系列排列整齐的衣柜，每个衣柜由许多排成一列的小格子组成，每个格子都有编号，这些编号就是内存地址，变量一般就放置在一个或多个格子里，每个格子都可存储一个值，变量名是贴在这些衣柜上的标签，用户无须知道变量的具体地址，通过变量名即可找到变量。

当运行一个程序时，程序会自动将一部分数据从磁盘文件加载到内存上，所有变量都在内存中生成，内存与硬盘不同，数据和变量不能永久地保存在内存上，因此程序运行结束或者停电后，这些数据和变量便从内存中释放或丢失。

因此，当定义一个变量时，必须告诉编译器该变量的类型，编译器将根据定义的类型自动为变量预留出空间，然后做好放置该类型值的准备，每一个格子是一个字节，如果定义的变量类型为 int，那么它需要 4 个字节的空间，也就是 4 个格子。

2.5 变量

2.5.1 整型变量

整型变量指的是用来存储整型数值的变量，整型变量的分类如表 2-4 所示。

表 2-4 整型变量的分类

类型名称	关键字	类型名称	关键字
有符号基本整型	[signed]int	无符号短整型	unsigned short[int]
无符号基本整型	unsigned[int]	有符号长整型	[signed]long[int]
有符号短整型	[signed]short[int]	无符号长整型	unsigned long[int]

? 释疑:

表格中的 [] 为可选部分，如 [signed] int，在编写时可以省略 signed 关键字。

(1) 有符号基本整型

有符号基本整型是指 signed int 型，在编写时，一般将其关键字 signed 省略。有符号基本整型在内存中占 4 个字节（32bit），取值范围为－2147483648～2147483647。

定义一个有符号整型变量的方式是在变量前使用关键字 int。例如，定义一个整型变量 i，并为其赋值，具体如下所示。

```
int i;                    //定义有符号基本整型变量
i=10;                     //为变量赋值
```

或者可以定义变量的同时对变量进行赋值，具体如下所示。

```
int i=10;
```

(2) 无符号基本整型

无符号基本整型使用的关键字是 unsigned int，在编写时，关键字 int 可以省略。无符号整型在内存中占 4 个字节，取值范围为 0～4294967295。

定义一个无符号基本整型变量的方式是在变量前使用关键字 unsigned。例如，定义一个无符号基本整型的变量 i，并为其赋值，具体如下所示。

```
unsigned i;               //定义无符号基本整型变量
i=10;                     //为变量赋值
```

(3) 有符号短整型

有符号短整型使用的关键字是 signed short int，其中的关键字 signed 和 int 在编写时可以省略，有符号短整型在内存中占两个字节，取值范围是－32768～32767。

定义一个有符号短整型变量的方式是在变量前使用关键字 short。例如，定义一个有符号短整型的变量 i，并为其赋值，具体如下所示。

```
short i;                  //定义有符号短整型变量
i=10;                     //为变量赋值
```

(4) 无符号短整型

无符号短整型使用的关键字是 unsigned short int，其中的关键字 int 在编写时可以省略。无符号短整型在内存中占两个字节，取值范围是 0～65535。

定义一个无符号短整型变量的方式是在变量前使用关键字 unsigned short。例如，定义一个无符号短整型的变量 i，并为其赋值，具体如下所示。

```
unsigned short i;         //定义无符号短整型变量
i=10;                     //为变量赋值
```

(5) 有符号长整型

有符号长整型使用的关键字是 long int，其中的关键字 int 在编写时可以省略。有符号长整型在内存中占 4 个字节，取值范围是−2147483648～2147483647（$2^{32}/2$）。

定义一个有符号长整型变量的方式是在变量前使用关键字 long。例如，定义一个有符号长整型的变量 i，并为其赋值，具体如下所示。

```
long i;                    //定义有符号长整型变量
i=10;                      //为变量赋值
```

（6）无符号长整型

无符号长整型使用的关键字是 unsigned long int，其中的关键字 int 在编写时可以省略。无符号长整型在内存中占 4 个字节，取值范围是 0～4294967295（2^{32}）。

定义一个无符号长整型变量的方式是在变量前使用关键字 unsigned long。例如，定义一个无符号长整型的变量 i，并为其赋值，具体如下所示。

```
unsigned long i;        //定义无符号长整型变量
i=10;                   //为变量赋值
```

2.5.2 实型变量

实型变量也称为浮点型变量，用来存储实型数值，实型数值由整数和小数两部分组成。实型变量根据实型的精度可以分为单精度类型、双精度类型和长双精度类型 3 类，具体如表 2-5 所示。

表 2-5 实型变量的分类

类型名称	关键字	类型名称	关键字
单精度类型	float	长双精度类型	long double
双精度类型	double		

（1）单精度类型

单精度类型使用的关键字是 float，其在内存中占 4 个字节（32bit）。C 编译系统为符号和小数部分分配 24bit，其他 8bit 用来保存指数。由于指数只占用 8bit，其中 1bit 用来保存符号（表示正负数），实际指数使用的数值位只有 7 位。由此可知，指数的最大值为 2^7-1，即 127。将指数代入以下公式，计算 float 型变量的取值范围。

```
浮点型变量取值范围=（正负符号）小数×底数^最大指数
```

由于浮点型变量在内存中是以二进制形式存放的，所以底数为 2，小数经过四舍五入后也等于 2（IEEE 754 标准规定小数的前面有一个隐含的 1，因此小数的最大值接近 2），最终得到 float 型变量的取值范围为 -3.4×10^{38}～3.4×10^{38}（2×2^{127}）。

定义一个单精度类型变量的方式是在变量前使用关键字 float。例如，定义一个单精度类型的变量 i，并为其赋值，具体如下所示。

```
float i;                   //定义单精度类型变量
i=3.14f;                   //为变量赋值
```

（2）双精度类型

双精度类型使用的关键字是 double，其在内存中占 8 个字节（64bit），C 编程系统为符号和小数分配 53bit，其他 11bit 用来保存指数。由于指数只占用 11bit，其中 1bit 用来保存符号（表示正负数），实际指数使用的数值位只有 10bit。由此可知，指数的最大值为 $2^{10}-1$，即 1023。根据浮点型变量取值范围公式可知，double 型变量的取值范围为 $-1.7\times10^{308}\sim1.7\times10^{308}$（$2\times2^{1023}$）。

定义一个双精度类型变量的方式是在变量前使用关键字 double。例如，定义一个双精度类型的变量 i，并为其赋值，具体如下所示。

```
double i;                  //定义双精度类型变量
i=3.143;                   //为变量赋值
```

(3) 长双精度类型

长双精度类型使用的关键字是 long double，其在内存中占 8 个字节，取值范围与双精度类型一致，即 $-1.7\times10^{308}\sim1.7\times10^{308}$（$2\times2^{1023}$）。

定义一个长双精度类型变量的方式是在变量前使用关键字 long double。例如，定义一个长双精度类型的变量 i，并为其赋值，具体如下所示。

```
long double i;             //定义长双精度类型变量
i=34.235;                  //为变量赋值
```

2.5.3 字符型变量

字符型变量是用来存储字符常量的变量。将一个字符常量存储到一个字符变量，其本质是将一个字符的 ASCII 码值（无符号整数）存储到内存单元中。

字符型变量在内存空间中占一个字节，取值范围为 −128～127。

定义一个字符型变量的方式是在变量前使用关键字 char。例如，定义一个字符型的变量 i，并为其赋值，具体如下所示。

```
char i;                    //定义字符型变量
i='a';                     //为变量赋值
```

除上述方式外，对字符型变量赋值还可以采用 ASCII 码的形式，如下所示。

```
char i;                    //定义字符型变量
i=97;                      //为变量赋值
```

如上述赋值操作，字符 a 对应的 ASCII 码值为 97，因此上述两种操作的结果是一样的。

> **注意：**
>
> 字符型变量只能保存单个字符，如 i="a"，即为错误操作，双引号表示字符串，虽然只包含了一个字符 a，但字符串需要使用符号“\0”结尾，这样则实际保存了两个字符，导致错误。

在对字符型变量进行赋值时，要特别注意数字与数字字符的区别。例如，数字 0

与数字字符'0'，前者在赋值给变量时，编译器会认定该值为ASCII码值0，而后者在赋值给变量时，编译器会将其先转换为ASCII值，数字字符'0'在ASCII码表中对应的ASCII码值为48。

2.6 类型转换

计算机在进行算术运算时，其限制非常多。为了让计算机执行算术运算，通常要求操作数的大小相同，即位的数量相同，并且要求存储方式也相同。计算机可能可以直接将两个16位整数相加，但是不能直接将16位整数和32位整数相加，也不能直接将32位整数和32位浮点数相加。

而在C语言中，允许在表达式中混合使用基本类型，在单个表达式中可以组合整数、浮点数或字符。在这种情况下C编译器可能需要生成一些指令将某些操作数转换为不同类型，使得硬件可以对表达式进行计算。C编译器自动处理转换无须开发者介入，这类转换称为隐式转换。C语言还允许开发者使用强制运算符执行显示转换。

简单地说，显式转换是手动编写代码进行转换，具体操作如下所示。

```
printf("%f",(float)10/3);
```

该语句在10/3前面添加（float），将结果的类型强制转换为float，如果不写（float），那么printf函数就会将10/3的结果看作一个整数，因此会输出0.000000，也有可能输出一个随机数。如果不想使用强制转换运算符，也可以修改为如下操作。

```
printf("%f",10.0/3.0);
```

注意：

默认情况下，printf将两个整数相除的结果看作整数，而不是浮点数，而使用%f来输出一个整数，是非法的，其结果未定义。

隐式转换是编译器自动进行的转换，具体如何转换不需要开发者关心，具体操作如下所示。

```
float f=3.1415f;
int i=f;
```

第2行将浮点型变量f的值赋给整型变量i，由于两个变量的类型不匹配，编译器认为开发者想要进行转换，因此其自动进行转换，将浮点型变量f的值复制一份，然后将复制好的值转换为int类型，再赋值给变量i，这个转换过程是隐藏的，所以叫隐式转换。

注意：

无论是隐式转换还是显式转换，都会将目标变量的值复制一份，因此它转换的其实是复制好的值，这样做的目的是保证在转换完成后，目标变量的类型不会改变。

2.7 本章小结

本章主要介绍了C语言中的基本数据类型，在此基础上，讨论了C语言程序中的两个重要组成部分——常量与变量。本章主要针对不同数据类型的常量以及变量，介绍其具体的定义规则、命名方式、使用方法、注意事项等内容。

2.8 习题

1. 填空题

(1) 浮点型可分为单精度型、双精度型、________3种类型。

(2) 标识符只能由字母、数字、________组成。

(3) 转义字符是以________开头。

(4) 字符串常量是使用________括起来的字符序列，且以'\0'结束。

(5) 转义字符'\n'表示的含义是________。

(6) 在32位系统中，整型占________个字节。

2. 选择题

(1) C语言中最基本的非空数据类型包括（　　）。

A. 整型、浮点型、无值型　　B. 整型、字符型、无值型

C. 整型、浮点型、字符型　　D. 整型、浮点型、双精度型

(2) 以下选项中合法的字符常量是（　　）。

A. "B"　　B. '\010'　　C. 68　　D. D

(3) C语言中标识符的第一个字符（　　）。

A. 必须为字母　　B. 必须为下划线

C. 必须为字母或下划线　　D. 可以是字母、数字或下划线

(4) 在C语言中，char型数据在内存中的存储形式是（　　）。

A. 补码　　B. 反码　　C. 原码　　D. ASCII码

(5) 以下关于变量的命名，以下描述错误的是（　　）。

A. 变量名必须是一个有效的标识符　　B. 变量名可以使用C语言关键字

C. 变量名不能重复　　D. 应选择较有意义的单词作为变量名

3. 思考题

(1) 请简述标识符的命名规则（三条即可）。

(2) 请简述数据类型的由来。

(3) 请简述字符常量与字符串常量的区别。

(4) 请简述'a'和"a"的区别。

第3章

运算符与表达式

配套课件

本章学习目标

- 了解表达式的使用
- 掌握赋值运算符的使用
- 掌握算术运算符的使用
- 掌握关系运算符的使用
- 掌握逻辑与位逻辑运算符的使用
- 掌握复合运算符的使用

掌握了上一章介绍的C语言数据类型之后，还需要知道如何操作这些数据。因此，掌握C语言中各种运算符以及表达式的应用是必不可少的。本章将主要介绍运算符以及相关表达式的使用方法，其中包括赋值运算符、算术运算符、关系运算符、逻辑运算符、位逻辑运算符以及复合赋值运算符。

3.1 表达式

在C语言中，表达式由操作符和操作数组成，最简单的表达式可以只有一个操作数。根据表达式所包含操作符的个数，可以将表达式分为简单表达式以及复杂表达式，简单表达式只含有一个操作符，而复杂表达式可以包含两个或两个以上操作符。

常见的表达式如下所示。

```
3
2+ 3
Number1+（Number2 * Number3)
```

表达式本身不做任何操作，只用来返回结果值。当程序不对返回的结果值进行任何操作时，返回的结果值不起任何作用。如上述表达式中，第一个表达式直接返回3，第二个表达式返回2与3的和，第3个表达式返回Number1与Number2、Number3乘积的和。

表达式产生的作用主要有以下两种。

① 放在赋值语句的右侧。

② 放在函数的参数中。

注意：

表达式返回的结果值是有类型的，表达式隐含的数据类型取决于组成表达式的变量和常量的类型。

【例 3-1】 表达式的使用。

```
1  #include<stdio.h>
2
3  int main(int argc,const char *argv[])
4  {
5  int Num1,Num2,Num3;
6
7  Num1=1;
8  Num2=2;
9  /*表达式中使用 Num1 变量加常量 5*/
10  Num3=Num1+5;
11  printf("Num3=%d\n",Num3);   /*输出变量 Num3 的值*/
12  /*表达式中使用 Num2 变量加常量 5*/
13  Num3=Num2+5;
14  printf("Num3=%d\n",Num3);   /*输出变量 Num3 的值*/
15  /*表达式中使用 Num1 变量加 Num2 变量*/
16  Num3=Num1+Num2;
17  printf("Num3=%d\n",Num3);   /*输出变量 Num3 的值*/
18  return 0;
19  }
```

输出：

```
Num3=6
Num3=7
Num3=3
```

分析：

例 3-1 中第 5 行代码是声明变量的表达式，使用逗号通过一个表达式声明 3 个变量；第 7、8 行代码是使用常量为变量赋值的表达式；第 10 行代码中，表达式将变量 Num1 与常量 5 相加，然后将返回的值赋值给变量 Num3，之后在第 11 行代码中，使用函数 printf ()

输出变量 Num3 的值；第 13 行代码中，表达式将变量 Num2 与常量 5 相加，然后将返回的值赋值给变量 Num3，之后在第 14 行代码中，使用函数 printf（）输出变量 Num3 的值；第 16 行代码中，表达式将变量 Num1 与变量 Num2 相加，然后将返回的值赋值给变量 Num3，之后在第 17 行代码中，使用函数 printf（）输出变量 Num3 的值。

3.2 表达式语句

表达式组成的语句称为表达式语句，具体如下所示。

```
int a= 5;
a;
```

第 1 行代码为 a 赋初始值为 5，同时返回 a 的值为 5，因此“int a＝5”是一个表达式。由于代码末尾多了一个分号，其变为一个表达式语句。第 2 行代码直接返回 a 的值 5，末尾也多了一个分号，因此第 2 行代码同样是一个表达式语句。

3.3 运算符

配套视频

几乎每一个程序都需要进行运算，对数据进行处理，否则程序就没有任何意义。要进行运算，就需要规定可以使用的运算符。C 语言的运算符范围很大，将除了控制语句和输入/输出以外的几乎所有的基本操作都作为运算符处理。例如，将赋值符“＝”作为赋值运算符，将方括号作为下标运算符等。本节将介绍 C 语言中常用的几种运算符。

运算符用于执行程序代码运算，会针对一个以上操作数进行运算。C 语言中，常用的运算符如表 3-1 所示。

表 3-1　C 语言常用运算符

含　义	运　算　符
算术运算符	+、-、*、/、%
自增自减运算符	++、--
赋值运算符	=
复合赋值运算符	+=、-=、*=、/=、%=、>>=、<<=、&=、|=、^=
关系运算符	>、<、==、!=、>=、<=
逻辑运算符	!、&&、||
位运算符	~、|、^、&、<<、>>
条件运算符	?:
逗号运算符	,
指针运算符	*
取地址运算符	&
点运算符	.
下标运算符	[]
函数调用运算符	{}
括号运算符	()
箭头运算符	->

3.4 赋值运算符

在C语言程序中，“＝”不是等于的意思，其表示的是赋值符号，即赋值运算符，其作用是将一个数据赋值给一个变量。

在声明变量时，可以为其赋一个初始值，该初始值可以是一个常量，也可以是一个表达式的结果，如下所示。

```
char c='A';
int i=100;
int Count=1+2;
float Num=Base+Oth * 3;
```

如上述赋值操作，得到赋值的变量c、i、Count、Num称为左值，其在赋值符号的左侧，产生值的表达式称为右值，其在赋值符号的右侧。

注意：

并不是所有的表达式都可以作为左值，如常数只可以作为右值。

在声明变量时，直接对其赋值称为赋初值，即变量的初始化。也可以先将变量声明，再进行变量的赋值操作，如下所示。

```
int i;              //声明变量
i=12;               //为变量赋值
```

3.5 算术运算符与表达式

3.5.1 算术运算符

配套视频

C语言中的算术运算符主要用来实现各种数学运算，包括两个单目运算符（正与负），5个双目运算符，即乘法、除法、取模、加法以及减法。算术运算符具体描述如表3-2所示。

表3-2　算术运算符

运算符	含义	举例	结果
－	负号运算符	－2	－2
＋	正号运算符	＋2	＋2
*	乘法运算符	2*3	6
/	除法运算符	5/2	2

续表

运算符	含义	举例	结果
%	取模运算符	5%2	1
+	加法运算符	2+3	5
-	减法运算符	3-2	1

如表 3-2 中，加减乘除运算符与数学中的四则运算相通，这里不再详解介绍。其中，取模运算符%用于计算两个整数相除得到的余数。例如，5 除以 3 的结果为 1 余 2，取模运算的结果为 2。这里需要注意取模运算符%两侧只能是整数，结果的正负取决于被取模数（即运算符左侧的操作数），如（-5）%3，结果为-2。接下来通过一个示例演示取模运算符的使用，具体如例 3-2 所示。

【例 3-2】 取模运算。

```
1  #include<stdio.h>
2
3  int main(int argc,const char * argv[])
4  {
5     printf("%d\n",5%3);
6     printf("%d\n",(-5)%3);
7     printf("%d\n",5%(-3));
8     return 0;
9  }
```

输出：

```
2
-2
2
```

分析：

由三次执行结果可知，取模运算结果的正负取决于被取模数（运算符左侧操作数）。

> **注意：**
>
> 运算符“-”作为减法运算符时，为双目运算符；作为负值运算符时，为单目运算符。

3.5.2 算术表达式

在表达式中使用算术运算符，则将表达式称为算术表达式，如下所示。

```
Num=(3+5)/Rate;
Area=Height * Width;
```

需要说明的是，两个整数相除的结果为整数，如 7/4 的结果为 1，舍去小数部分。如果除数或被除数为负数时，则采取“向零取整”的方法，即为−1，如例 3-3 所示。

【例 3-3】 整数相除。

```
1  #include<stdio.h>
2
3  int main(int argc,const char *argv[])
4  {
5     printf("%d\n",7/4);
6     printf("%d\n",(-7)/4);
7     printf("%d\n",7/(-4));
8     return 0;
9  }
```

输出：

```
1
-1
-1
```

3.5.3 优先级与结合性

(1) 算术运算符的优先级

C 语言中规定了各种运算符的优先级和结合性。对于算术运算符，表达式求值会按照运算符的优先级高低次序执行，其中 *、/、% 的优先级别高于 +、− 的级别。例如，在表达式中同时出现 * 与 +，则会先运行乘法再运行加法，如下所示。

```
R=x+y*z;
```

在表达式中，因为 * 比 + 的优先级高，所以会先执行 y*z 的运算，再加 x。

(2) 算术运算符的结合性

当算术运算符的优先级别相同时，结合方向为“自左向右”，如下所示。

```
R=a-b+c;
```

如上述表达式语句中，因为加法与减法的优先级别相同，所以 b 先与减号相结合，执行 a−b 的操作，然后再执行加 c 的操作，该操作过程称为“自左向右的结合性”。

3.6 自增、自减运算符

C 语言提供了两个用于变量递增与递减的特殊运算符，分别为自增（自加）运算符“++”与自减运算符“−−”。自增运算符使操作数递增 1，自减运算符使操作数递减1。

在C语言程序设计中，经常使用运算符++（--）来递增（递减）变量的值。其用法格式如下所示。

```
int n=0;
n++;
n--;
```

第1行代码将n的值初始化为0。

第2行代码使用自增运算符++将n的值加1，该语句执行完毕后，n的值由0变为1。

第2行代码执行完后n的值为1，第3行代码再通过自减运算符--使n的值减少1，该语句执行完毕后，n的值变为初始值0。

注意：

自增运算符++和自减运算符--只能用于变量，不能用于常量或表达式，如2++或（a+b）--都是不合法的。因为2是常量，常量的值不能改变。(a+b)--也不可能实现，假如a+b的值为5，那么没有用来存放自减后的结果4的变量。

自增运算符与自减运算符可以放在变量的前面或后面，放在变量的前面称为前缀，放在变量的后面称为后缀，具体如下所示。

```
--a;            //自减前缀符号
a--;            //自减后缀符号
++b;            //自加前缀符号
b++;            //自加后缀符号
```

在表达式内部，作为运算的一部分，以上两种使用方法可能有所不同。如果运算符放在变量前，则变量在参加表达式运算之前完成自增或自减运算；如果运算符放在变量后面，则变量的自增或自减运算在参加表达式运算之后完成。

(1) 前置自增、自减运算

前置自增运算符的作用是先将变量的值增加1，然后再取增加后的值；前置自减运算符的作用是先将变量的值减少1，然后再取减少后的值。接下来通过一个示例展示前置自增和自减运算符的作用，具体如例3-4所示。

【例3-4】 前置自增、自减运算。

```
1  #include<stdio.h>
2
3  int main(int argc,const char *argv[])
4  {
5     int i=0;
6
7     printf("i=%d\n",++i);
```

```
8    printf("i= %d\n",i);
9    printf("i= %d\n",--i);
10    printf("i= %d\n",i);
11
12    return 0;
13  }
```

输出：

```
i=1
i=1
i=0
i=0
```

分析：

第 5 行代码将 i 的值初始化为 0；第 7 行代码的功能为输出＋＋i 的值，自增运算符＋＋放在 i 的前面，因此它是前置自增运算符，作用是先将 i 的值增加 1，再取 i 的值，i 的初始值为 0，加 1 后变为 1，这样再输出 i 的值，输出结果为 1；第 8 行代码再次输出 i 的值，i 的值为 1，表示 i 的值产生变化；第 9 行代码的功能为输出－－i 的值，自减运算符－－放在 i 的前面，因此它是前置自减运算符，作用是先将 i 的值减少 1，再取 i 的值，i 的值为 1，减 1 后变为 0，这样再输出 i 的值，输出结果为 0；第 10 行代码再次输出 i 的值，i 的值为 0，表示 i 的值产生变化。

（2）后置自增、自减运算

后置自加运算符的作用是先取变量的值，然后再使其值增加 1；后置自减运算符的作用也是先取变量的值，然后再使其值减少 1。接下来通过一个示例展示后置自加和自减运算符的作用，具体如例 3-5 所示。

【例 3-5】 后置自增、自减运算。

```
1  #include< stdio. h>
2
3  int main(int argc,const char * argv[])
4  {
5    int i=0;
6
7    printf("i= %d\n",i++);
8    printf("i= %d\n",i);
9    printf("i= %d\n",i--);
10    printf("i= %d\n",i);
11
12    return 0;
13  }
```

输出:

```
i=0
i=1
i=1
i=0
```

分析:

第 5 行代码将 i 的值初始化为 0；第 7 行代码的功能为输出 i＋＋的值，自增运算符＋＋放在 i 的后面，因此它是后置自增运算符，作用是先取变量 i 的值执行赋值操作，再将 i 的值加 1，i 的初始值为 0，先执行赋值，因此输出 i 的值为 0，赋值后 i 的值变为 1；第 8 行代码再次输出 i 的值，i 的值为 1，表示 i 的值产生变化且发生在赋值操作之后；第 9 行代码的功能为输出 i－－的值，自减运算符－－放在 i 的后面，因此它是后置自减运算符，作用是先取变量 i 的值执行赋值操作，再将 i 的值减 1，i 的值为 1，先执行赋值，因此输出 i 的值为 1，赋值后 i 的值变为 0；第 10 行代码再次输出 i 的值，i 的值为 0，表示 i 的值产生变化且发生在赋值操作之后。

3.7 关系运算符与表达式

在 C 语言中，关系运算符的作用是判断两个操作数的大小关系。

3.7.1 关系运算符

关系运算符包括大于、大于等于、小于、小于等于、等于和不等于，如表 3-3 所示。

表 3-3 关系运算符

符号	功能	符号	功能
＞	大于	＜＝	小于等于
＞＝	大于等于	＝＝	等于
＜	小于	！＝	不等于

3.7.2 关系表达式

关系运算符用于对两个表达式的值进行比较，然后返回一个真值或假值（1 或 0）。返回真值或假值取决于表达式中的值和运算符。真值表示指定的关系成立，假值则表示指定的关系不正确，具体的关系表达式如下所示。

```
2 > 1          //2 大于 1,因此关系成立,表达式的结果为真
2 >=1          //2 大于 1,因此关系成立,表达式的结果为真
2<1            //2 大于 1,因此关系不成立,表达式的结果为假
2<=1           //2 大于 1,因此关系不成立,表达式的结果为假
2==1           //2 大于 1,因此关系不成立,表达式的结果为假
2 ! =1         //2 不等于 1,因此关系成立,表达式的结果为真
```

关系运算符通常用来构造条件表达式，用在程序流程控制语句中。例如，if 语句用于判断条件而执行语句块，在其中使用关系表达式作为判断条件，如果关系表达式返回为真则执行下面语句块，如果关系表达式返回为假则不执行，具体操作如下所示。

```
if(Num< 5){
...                //判断条件为真,则执行该代码
}
```

注意：

在 C 语言程序设计时，等号运算符“==”与赋值运算符“=”切勿混淆使用。

3.7.3 优先级与结合性

关系运算符的结合性都是自左向右。如表达式 i<j<k 在 C 语言中虽然是合法的，但该表达式并不是测试 j 是否位于 i 和 k 之间，因为<运算符是左结合，所以该表达式等价于（i<j)<k，即表达式首先检测 i 是否小于 j，然后用比较后产生的结果（1 或 0）与 k 进行比较。

3.8 复合赋值运算符与表达式

3.8.1 复合赋值运算符

赋值运算符与其他运算符组合，可以构成复合赋值运算符，C 语言中一共有 10 种复合赋值运算符，具体如表 3-4 所示。

表 3-4　　复合赋值运算符

运算符	含义	举例	结果
+=	加法赋值运算符	a+=1	a+1
-=	减法赋值运算符	a -=1	a-1
*=	乘法赋值运算符	a *=1	a * 1
/=	除法赋值运算符	a/=1	a/1
%=	取模赋值运算符	a %=1	a % 1
>>=	按位右移赋值运算符	a >>=1	a >> 1
<<=	按位左移赋值运算符	a<<=1	a<<1
&=	按位与赋值运算符	a &=1	a & 1
|=	按位或赋值运算符	a |=1	a | 1
^=	按位异或赋值运算符	a ^=1	a ^ 1

如表 3-4 中，前 5 种用于算术运算，后 5 种用于位运算。

3.8.2 复合赋值表达式

本节将只介绍前面 5 种用于算术运算的复合赋值运算符（位运算的复合赋值运算符后续介绍）。

(1) 加法赋值运算符

加法赋值运算符即将加法运算符与赋值运算符组合，运算符表达式对应的语句如下所示。

```
a+ =2;
```

如上述操作语句，先将变量 a 加 2，再将结果赋值给 a。假如 a 的值为 1，则 a+=2 后，a 的值变为 3。

(2) 减法赋值运算符

减法赋值运算符即将减法运算符与赋值运算符组合，运算符表达式对应的语句如下所示。

```
a -=2;
```

如上述操作语句，先将变量 a 减 2，再将结果赋值给 a。假如 a 的值为 3，则 a-=2 后，a 的值变为 1。

(3) 乘法赋值运算符

乘法赋值运算符即将乘法运算符与赋值运算符组合，运算符表达式对应的语句如下所示。

```
a *=2;
```

如上述操作语句，先将变量 a 乘 2，再将结果赋值给 a。假如 a 的值为 1，则 a*=2 后，a 的值变为 2。

(4) 除法赋值运算符

除法赋值运算符即将除法运算符与赋值运算符组合，运算符表达式对应的语句如下所示。

```
a/= 2;
```

如上述操作语句，先将变量 a 除以 2，再将结果赋值给 a。假如 a 的值为 4，则 a/=2 后，a 的值变为 2。

(5) 取模赋值运算符

取模赋值运算符即将取模运算符与赋值运算符组合，运算符表达式对应的语句如下所示。

```
a/= 2;
```

如上述操作语句，先将变量 a 除以 2，再将余数赋值给 a。假如 a 的值为 5，则 a/=2 后，a 的值变为 1。

接下来通过具体的示例验证上述 5 种复合赋值运算符，具体如例 3-6 所示。

【例 3-6】　复合赋值运算符。

```
1   #include<stdio.h>
2
3   int main(int argc,const char *argv[])
4   {
5     int a=1,b=3,c=1,d=4,n=5;
6     printf("%d\n",a+=2);
7     printf("%d\n",b-=2);
8     printf("%d\n",c*=2);
9     printf("%d\n",d/=2);
10     printf("%d\n",n%=2);
11
12     return 0;
13  }
```

输出：

```
3
1
2
2
1
```

注意：

复合赋值运算符右侧可以是带运算符的表达式，如以下操作。

```
a *=1+2;
```

该语句等同于 a=a*（1+2);，运算符 *= 右侧的值必须先求出，因此需要使用括号，而不等同于 a=a*1+2;，不加括号则是另外一个结果，严重错误。

C 语言采用复合赋值运算符是为了简化程序，采用复合赋值运算符的表达式计算机更容易理解，可以提高编译效率。

3.9　逻辑运算符与表达式

3.9.1　逻辑运算符

配套视频

逻辑运算符用于表达式执行判断真或假并返回真或假。逻辑运算符有 3 种，具体如表 3-5 所示。

表 3-5 逻辑运算符

符　号	功　能	符　号	功　能
&&	逻辑与	!	单目逻辑非
||	逻辑或		

注意：

逻辑与运算符“&&”和逻辑或运算符“||”都是双目运算符。

3.9.2 逻辑表达式

使用逻辑运算符可以将多个关系表达式的结果合并在一起进行判断，具体如下所示。

```
Result= A&&B;                //当 A 和 B 都为真时,结果为真
Result= A||B;                //A、B 其中一个为真时,结果为真
Result= ! A;                 //如果 A 为真时,结果为假
```

一般情况下，逻辑运算符用来构造条件表达式，用在控制程序的流程语句中，如 if、for 语句等。

在 C 语言程序中，通常使用单目逻辑非运算符“!”将一个变量的数值转换为相应的逻辑真值或假值（1 或 0），具体如下所示。

```
Result= !! Value;
```

3.9.3 优先级与结合性

逻辑运算符的优先级从高到低依次为单目逻辑非运算符“!”、逻辑与运算符“&&”和逻辑或运算符“||”，这些逻辑运算符的结合性都是自左向右。

逻辑运算符的使用，具体如例 3-7 所示。

【例 3-7】 逻辑运算符。

```
1   #include< stdio.h>
2
3   int main(int argc,const char * argv[])
4   {
5       int Value1,Value2;
6
7       Value1= 5;
8       Value2= 0;
9
10      printf("Value1 && Value2 的结果是%d\n",Value1 && Value2);
11      printf("Value1 || Value2 的结果是%d\n",Value1 || Value2);
12
13      printf("!! Value1 的结果是%d\n",!! Value1);
```

```
14      return 0;
15  }
```

输出：

```
Value1 && Value2 的结果是 0
Value1 || Value2 的结果是 1
!! Value1 的结果是 1
```

分析：

例 3-7 中，Value1 的值为非 0（表示成立），Value2 的值为 0（表示不成立），因此在逻辑与表达式中，判断为不成立（结果为 0），在逻辑或表达式中，判断为成立（结果为 1），Value1 经过第一次取非运算后，其值变为 0，再次取非后，其值变为 1。

3.10 位逻辑运算符与表达式

3.10.1 位逻辑运算符

位逻辑运算符应用在一些特定的场合中，可以实现位的设置、清零、取反和取补操作。位逻辑运算符包括位逻辑与、位逻辑或、位异或、按位非，具体如表 3-6 所示。

表 3-6 位逻辑运算符

符　号	功　能	符　号	功　能
&	位逻辑与	^	位异或
|	位逻辑或	~	按位非

如表 3-6 所示，前三个位逻辑运算符都是双目运算符，最后一个运算符为单目运算符。位逻辑运算符通常用于对整型变量进行位的设置、清零与取反，以及对特定位进行检测。

3.10.2 位逻辑表达式

位逻辑运算符可以用于在 Linux 内核驱动程序中，通过位操作设置寄存器中的值，操作输入/输出设备。位逻辑运算符的使用如下所示。

```
Result= Value1 & Value2;
```

如上述表达式语句，假设 Value1、Value2 为整型变量，Value1 的值为 5，Value2 的值为 6，将 Value1、Value2 转换为二进制数分别为 101、110。位逻辑运算即对数值的每一个对应位执行位操作，因此执行的结果为 100，转换为十进制数为 4。

位逻辑运算符的使用，具体如例 3-8 所示。

【例 3-8】 位逻辑运算符。

```
1  #include< stdio. h>
2
3  int main(int argc,const char * argv[])
4  {
5     int Value1,Value2,Result;
6
7     Value1= 5;
8     Value2= 6;
9
10     Result= Value1 & Value2;
11
12     printf("Result 的值为%d\n",Result);
13     return 0;
14  }
```

输出:

```
Result 的值为 4
```

3.11 运算符的优先级

配套视频

在一个表达式中，可能包含有多个不同的运算符以及不同数据类型的数据对象。由于表达式有多种运算，不同的结合顺序可能得到不同的结果甚至运算错误。因此，在表达式中含多种运算时，必须按一定顺序进行结合，才能保证运算的合理性和结果的正确性。

表达式的结合次序取决于表达式中各种运算符的优先级，优先级高的运算符先结合，优先级低的运算符后结合。每种同类型的运算符都有内部的运算符优先级，不同类型的运算符之间也有相应的优先级顺序。一个表达式中既可以包括相同类型的运算符，也可以包括不同类型的运算符。

在 C 语言中，运算符的优先级与结合性如表 3-7 所示。

表 3-7　运算符的优先级与结合性

优先级	运算符	名称或含义	使用形式	结合方向	说明
1	[]	数组下标	数组名[常量表达式]	自左向右	
	()	圆括号	(表达式)、函数名(形参表)		
	.	成员选择(对象)	对象．成员名		
	->	成员选择(指针)	对象指针->成员名		

续表

优先级	运算符	名称或含义	使用形式	结合方向	说明
2	－	负号运算符	－表达式	从右向左	单目运算符
	(类型)	强制类型转换	(数据类型)表达式		
	＋＋	自增运算符	＋＋变量名、变量名＋＋		单目运算符
	－－	自减运算符	－－变量名、变量名－－		单目运算符
	*	取值运算符	*指针变量		单目运算符
	&	取地址运算符	&变量名		单目运算符
	!	逻辑非运算符	!表达式		单目运算符
	～	按位取反运算符	～表达式		单目运算符
	sizeof	长度运算符	sizeof(表达式)		
3	/	除	表达式/表达式	从左向右	双目运算符
	*	乘	表达式*表达式		双目运算符
	%	取余	整型表达式%整型表达式		双目运算符
4	＋	加	表达式＋表达式	从左向右	双目运算符
	－	减	表达式－表达式		双目运算符
5	<<	左移	变量<<表达式	从左向右	双目运算符
	>>	右移	变量>>表达式		双目运算符
6	>	大于	表达式>表达式	从左向右	双目运算符
	>＝	大于等于	表达式>＝表达式		双目运算符
	<	小于	表达式<表达式		双目运算符
	<＝	小于等于	表达式<＝表达式		双目运算符
7	＝＝	等于	表达式＝＝表达式	从左向右	双目运算符
	!＝	不等于	表达式!＝表达式		双目运算符
8	&	按位与	表达式&表达式	从左向右	双目运算符
9	^	按位异或	表达式^表达式	从左向右	双目运算符
10	|	按位或	表达式|表达式	从左向右	双目运算符
11	&&	逻辑与	表达式&&表达式	从左向右	双目运算符
12	||	逻辑或	表达式||表达式	从左向右	双目运算符
13	?:	条件运算符	表达式1?表达式2:表达式3	从右向左	三目运算符
14	＝	赋值运算符	变量＝表达式	从右向左	
	/＝	除后赋值	变量/＝表达式		
	*＝	乘后赋值	变量*＝表达式		
	%＝	取模后赋值	变量%＝表达式		
	＋＝	加后赋值	变量＋＝表达式		
	－＝	减后赋值	变量－＝表达式		
	<<＝	左移后赋值	变量<<＝表达式		
	>>＝	右移后赋值	变量>>＝表达式		
	&＝	按位与后赋值	变量&＝表达式		
	^＝	按位异或后赋值	变量^＝表达式		
	|＝	按位或后赋值	变量|＝表达式		
15	,	逗号运算符	表达式,表达式,…	从左向右	

3.12 本章小结

本章主要介绍了C语言程序中常用的各种运算符以及表达式的使用。首先介绍了表达式与运算符的概念，帮助读者了解后续章节所需的准备知识，然后分别详细介绍了赋值运算符、算术运算符、关系运算符、复合赋值运算符、逻辑运算符、位逻辑运算符的具体使用。不同等级的运算符具有不同的优先级以及结合性，因此在使用运算符时，需要时刻考虑，避免因优先级问题产生不必要的错误。

3.13 习题

1. 填空题

（1）表达式17％3的结果是________。

（2）若int a＝10；则执行a＋＝a－＝a＊a；后，a的值是________。

（3）在C语言中，要求操作数都是整数的运算符是________。

（4）若int sum＝7，num＝7；则执行语句sum＝num＋＋；sum＋＋；＋＋num；后，sum的值为________。

（5）若int a＝6；则表达式a％2＋（a＋1）％2的值为________。

2. 选择题

（1）若变量a，i已正确定义，且i已正确赋值，则以下合法的语句是（　　）。

A. a＝＝1　　B. ＋＋i；　　C. a＋＋＝5；　　D. a＝int（i）；

（2）在C语言程序中，运算对象必须是整型的运算符是（　　）。

A. ％＝　　B. /　　C. ＜＝　　D. ＝

（3）若int a＝7；float x＝2.5，y＝4.7；则表达式x＋a％3＊（int）(x＋y)％2/4的值是（　　）。

A. 2.500000　　B. 2.750000　　C. 3.500000　　D. 0.000000

（4）以下选项中，与k＝n＋＋；完全等价的表达式是（　　）。

A. k＝n；n＝n＋1；　　B. n＝n＋1；k＝n；

C. k＝＋＋n；　　D. k＋＝n＋1；

（5）设x和y均为int型变量，则语句x＋＝y；y＝x－y；x－＝y的功能是（　　）。

A. 把x和y按从大到小排列　　B. 把x和y按从小到大排列

C. 无确定结果　　D. 交换x和y中的值

（6）假设整型变量a与b被分别赋值为十进制数7与8，则执行位与操作后的结果为（　　）。

A. 0　　B. 15　　C. 7　　D. 8

（7）以下运算符优先级最低的是（　　）。

A. ()　　B. ＞　　C. /　　D. &&

3. 思考题

（1）请简述前置自加运算符与后置自加运算符的区别。

（2）请简述除法运算符与取模运算符的区别。

4. 编程题

（1）定义一个变量 a，且 a 的初始值为 5，依次输出前置自加和后置自减的值。

（2）定义两个 int 型变量 n 和 m，且设定初始值为 4 和 8，依次输出 n＋＝m、n－＝m、n＊＝m、m/＝n、m％＝n 复合赋值运算的结果。

第4章 选择条件语句

本章学习目标

- 掌握选择条件语句结构
- 掌握 if 分支语句的使用
- 掌握 switch 语句的使用
- 掌握选择条件语句的应用

配套课件

条件判断语句用来实现选择结构程序，使程序的逻辑性与灵活性更强。本章将介绍 C 语言中的两种选择条件语句，即 if 语句与 switch 语句。if 语句常用于逻辑判断，而 switch 语句则常用于多分支控制。

4.1 if 语句

if 语句就是判断表达式的值，然后根据该值的情况控制程序流程。if 语句通常包括 3 种形式，即 if、if...else 以及 else if。

配套视频

4.1.1 if 语句形式

if 语句通过对表达式进行判断，根据判断的结果决定是否进行相应的操作。if 语句的一般形式如下所示。

```
if(表达式){
    语句
}
```

如果表达式的值为真，则执行其后面的语句，否则不执行该语句。if 语句的执行流程，如图 4-1 所示。

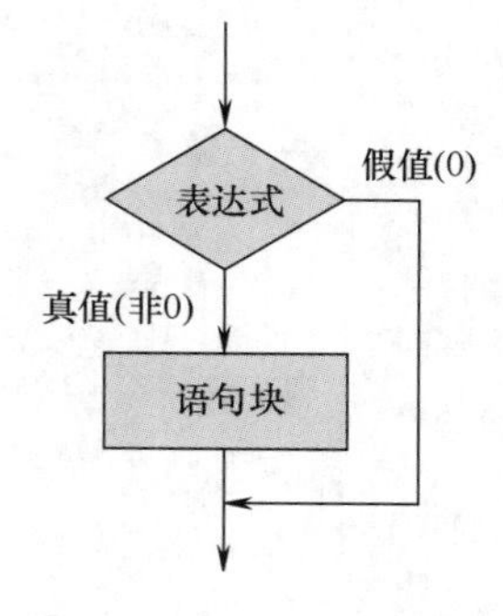

图 4-1　if 语句执行流程

接下来通过示例展示 if 语句的用法，具体如例 4-1 所示。

【例 4-1】 if 语句的使用。

```
1  #include<stdio.h>
2
3  int main(int argc,const char *argv[])
4  {
5    int a,b,tmp;
6
7    scanf("%d %d",&a,&b);   /*从终端读取输入的a与b的值*/
8
9    if(a > b){                     /*表达式为a大于b*/
10      tmp=a;
11      a=b;
12      b=tmp;
13    }
14    printf("%d %d\n",a,b);
15
16    return 0;
17 }
```

输入：

```
20 10
```

输出：

```
10 20
```

分析：

程序的功能是输入两个整数，并按数值由小到大的顺序输出这两个数。其中第9～13行代码为if结构，用于判断表达式a > b的值，如果其值为真，则程序会执行后面的语句，交换两个变量的值，否则将跳过不执行。当程序运行输入a=20和b=10时，表达式a > b的值为真，因此程序会执行交换两个变量的值的语句，程序最终实现两个数从小到大输出，并输出“10 20”。

if语句还可以并列使用，即将多个if语句同时使用，具体如下所示。

```
if(表达式1){
    语句1
}
if(表达式2){
    语句2
}
......
```

如上述结构，如果满足表达式 1，则执行语句 1，满足表达式 2，则执行语句 2，后续执行以此类推。

4.1.2 if...else 语句形式

if...else 语句的形式如下所示。

```
if(表达式){
    语句 1
}
else{
    语句 2
}
```

如果表达式的值为真，则执行其后面的语句 1，否则执行语句 2。if...else 语句的执行流程如图 4-2 所示。

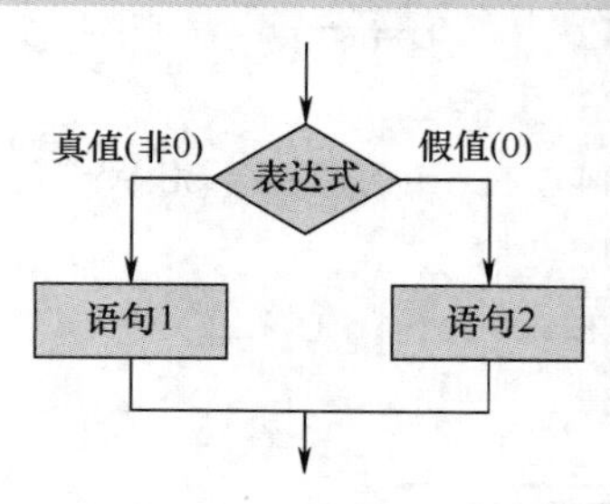

图 4-2 if...else 语句执行流程

> **注意：**
> else 语句必须跟在 if 语句的后面。

接下来通过示例展示 if...else 语句的用法，具体如例 4-2 所示。

【例 4-2】 if...else 语句的使用。

```
1  #include<stdio.h>
2
3  int main(int argc,const char *argv[])
4  {
5      int a,b;
6      scanf("%d %d",&a,&b);    /*从终端读取输入的 a 与 b 的值*/
7
8      if(a > b){               /*表达式为 a 大于 b*/
9          printf("最大值为%d\n",a);
10     }
11     else{
12         printf("最大值为%d\n",b);
13     }
14     return 0;
15 }
```

输入：

```
10 20
```

输出:

```
最大值为 20
```

分析:

程序的功能是输入两个整数，并输出最大值。其中第 8～13 行代码为 if...else 结构，用于判断表达式 a>b 的值，如果其值为真，则程序会执行 if 后面的语句，否则将执行 else 后面的语句。当程序运行输入 a=10 和 b=20 时，表达式 a>b 的值为假，因此程序会执行 else 后面的语句，最后程序输出“最大值为 20”。

4.1.3 else if 语句形式

else if 语句的一般形式如下所示。

```
if(表达式 1){
   语句 1
}
else if(表达式 2){
   语句 2
}
......
else if(表达式 n){
   语句 n
}
else{
      语句 n+1
}
```

如上述语句形式，依次判断表达式的值，当出现某个表达式的值为真时，则执行其对应的语句，然后跳出 else if 结构继续执行该结构后面的代码。如果所有表达式均为假，则执行 else 后面的语句 n+1。else if 语句的执行流程，如图 4-3 所示。

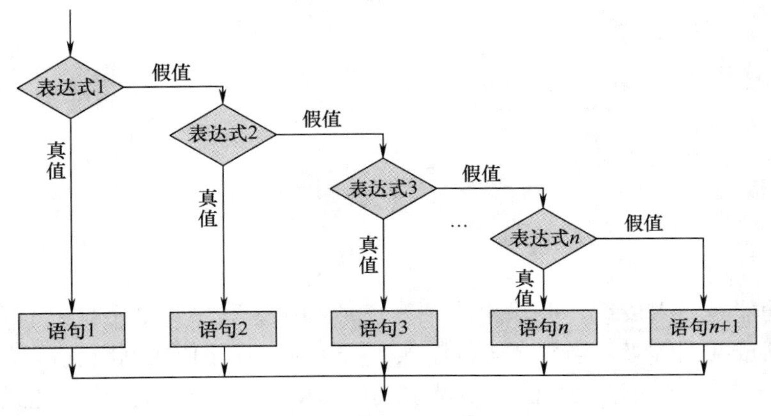

图 4-3 else if 语句的执行流程

接下来通过示例展示 else if 语句的用法，具体如例 4-3 所示。

【例 4-3】 else if 语句的使用。

```
1  #include<stdio.h>
2
3  int main(int argc,const char *argv[])
4  {
5    float s;
6
7    scanf("%f",&s);   /*从终端读取输入的s的值*/
8
9    if(s >= 90){
10          printf("A\n");
11    }
12    else if(s >= 80){
13       printf("B\n");
14    }
15    else if(s >= 70){
16       printf("C\n");
17    }
18    else if(s >= 60){
19       printf("D\n");
20    }
21    else{
22          printf("E\n");
23    }
24    return 0;
25 }
```

输入：

```
59
```

输出：

```
E
```

分析：

程序的功能是输入成绩，并输出成绩对应的等级。其中第 9～23 行代码为 else if 结构，用于判断成绩的等级。当程序运行输入 s=59 时，程序依次判断表达式的真假，先执行表达式 s>=90，此时结果为假，则跳过其后面的语句，转而执行表达式 s>=80，此时结果仍为假，则继续跳过其后面语句，以此类推，显然所有的表达式结果都为假。因此程序将执行 else 后面的语句，所以程序输出“E”。

4.1.4　if 语句的嵌套

通常情况下，if 语句还可以包含一个或多个 if 语句，此种情况称为 if 的语句的嵌套。一般的形式如下所示。

```
if(表达式 1){
   if(表达式 2){
      语句块 1
      }
      else{
            语句块 2
      }
}
else{
      if(表达式 3){
         语句块 3
      }
      else {
           语句块 4
      }
}
```

使用 if 语句嵌套的形式功能是对判断的条件进行细化，然后进行相应的操作，上述形式的执行流程如图 4-4 所示。

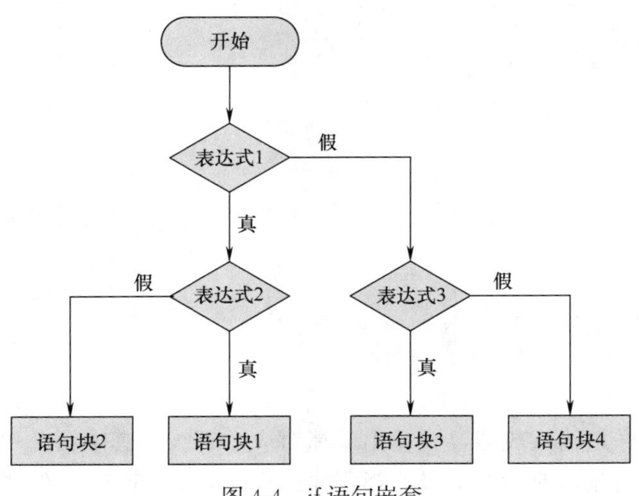

图 4-4　if 语句嵌套

接下来通过示例展示 if 语句嵌套的用法，具体如例 4-4 所示。

【例 4-4】 if 语句嵌套。

```
1  #include< stdio. h>
2
3  int main(int argc,const char * argv[])
4  {
5     float s;
6
7     scanf("%f",&s);  /* 从终端读取输入的 s 的值 */
8
9     if(s >= 90){
10        if(s== 100){
11          printf("A\n");
12        }
13        else{
14          printf("B\n");
15        }
16     }
17     else{
18        if(s >= 80){
19              printf("C\n");
20           }
21           else{
22              printf("D\n");
23           }
24     }
25     return 0;
26  }
```

输入:

```
59
```

输出:

```
D
```

分析:

程序的功能同样是输入成绩，并输出成绩对应的等级。其中第 9～24 行代码为 if 语句嵌套结构，用于判断输入成绩的等级。当程序运行输入 s=59 时，程序依次判断表达式的真假，先执行表达式 s>=90，此时结果为假，则跳过其后面的语句，转而执行 else 后的语句，此时执行表达式 s>=80，判断结果为假，则继续跳过其后面语句，执行 else 后的语句。因此程序将执行 else 后面的语句，所以程序输出“E”。

4.1.5 if 与 else 的配对

当 if 与 else 数目不同时，else 总是与它上面最近的未匹配的 if 语句进行配对，具体如下所示。

```
if(Num< 10)
  if(Num= = 8)
  {语句 1}
else
  if(Num= = 15)
  {语句 2}
  else
  {语句 3}
```

如上述条件选择语句的编写形式，其功能需求为先判断 Num 的值是否小于 10，如果小于 10 则执行 if（Num==8）判断语句，如果不小于 10 则执行 else 语句的内容，然后再判断 Num 是否为 15，是则执行语句 2，否则执行语句 3。

由于上述结构未使用大括号，并且 if 与 else 数量不同，因此第一个 else 将会与第二个 if 语句（if（Num==8））配对而非第一个 if 语句（if（Num<10））。因此，在出现上述情况时，应当使用大括号以免产生执行歧义，具体如下所示。

```
if(Num< 10){
    if(Num= = 8)
    {语句 1}
}
else{
    if(Num= = 15)
    {语句 2}
    else
    {语句 3}
}
```

4.2 switch 语句

if 语句只有两个分支可以选择，如果需要实现多个分支选择，则需要使用多个嵌套的 if 语句。在实际的编程中，这种选择效率不高且程序可读性不高。因此，在 C 语言中，使用 switch 语句来处理多分支选择的情况。

配套视频

4.2.1 switch 语句的基本形式

switch 语句为多分支选择语句，其一般的形式如下所示。

```
switch(表达式){
    case<表达式 1>:
        语句 1;
    break;
    case<表达式 2>:
        语句 2;
    break;
    ......
    case<表达式 n>:
        语句 n;
    break;
    default:
      语句 n+1;
}
```

当 switch 后面圆括号中表达式的值与某个 case 后面的常量表达式的值相等时，则执行该 case 后面的语句，直到遇到 break 语句为止。如果与所有 case 的常量表达式的值都不相等时，则执行 default 后面的语句。

需要注意的是，switch 语句中表达式的类型可以是整型、字符型和枚举类型，case 后的常量表达式的值必须互不相同。switch 语句的执行结果与 case、default 出现的顺序无关。

switch 语句的程序执行流程如图 4-5 所示。

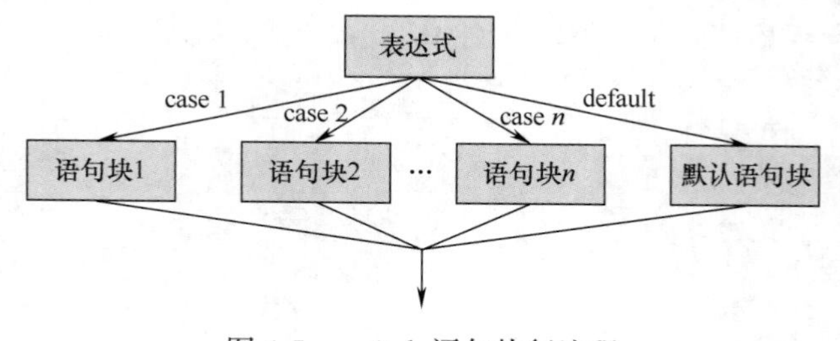

图 4-5　switch 语句执行流程

接下来通过示例展示 switch 语句的使用，具体如例 4-5 所示。

【例 4-5】 switch 语句。

```
1  #include<stdio.h>
2
3  int main(int argc,const char *argv[])
4  {
```

```
5      char grade;
6      scanf("%c",&grade);
7
8      switch(grade){
9            case 'A':
10               printf("分数段为 90～100\n");
11           break;
12           case 'B':
13               printf("分数段为 80～90\n");
14           break;
15           case 'C':
16               printf("分数段为 70～80\n");
17           break;
18           case 'D':
19               printf("分数段为 60～70\n");
20           break;
21           case 'E':
22               printf("分数段为 0～60\n");
23           break;
24           default:
25                 printf("输入的格式不正确\n");
26           }
27
28     return 0;
29}
```

输入：

```
C
```

输出：

```
分数段为 70～80
```

分析：

上述示例中，第 8 行代码的 switch 检查 grade 的值是否与某个 case 中的值相同，如果相同，则执行该 case 中的语句。程序运行输入“C”，该值被保存在 grade 变量中，第 8 行代码的 switch 将检查 grade 的值，判断与第 15 行的 case 值相等，因此执行第 16 行代码，输出“分数段为 70～80”，然后执行第 17 行代码，即 break 语句，退出 switch 语句。

case 只起语句标号作用，并不是条件判断。在执行 switch 语句时，根据其后面表达式的值，找到匹配的入口标号，从此标号开始执行，不再进行判断，直到遇到 break 语句为止，或者 switch 语句执行完毕。

4.2.2 break 语句的作用

在使用 switch 语句时，每一个 case 语句后都要使用 break 语句。如不使用 break 语句，则会出现不确定的情况，修改例 4-5，去掉 break 语句，如例 4-6 所示。

【例 4-6】 去掉 break 语句。

```
1  #include<stdio.h>
2
3  int main(int argc,const char *argv[])
4  {
5     char grade;
6     scanf("%c",&grade);
7
8     switch(grade){
9           case 'A':
10              printf("分数段为 90~100\n");
11          case 'B':
12              printf("分数段为 80~90\n");
13          case 'C':
14              printf("分数段为 70~80\n");
15          case 'D':
16              printf("分数段为 60~70\n");
17          case 'E':
18              printf("分数段为 0~60\n");
19          default:
20              printf("输入的格式不正确\n");
21          }
22
23     return 0;
24 }
```

输入:

```
C
```

输出:

```
分数段为 70~80
分数段为 60~70
分数段为 0~60
输入的格式不正确
```

分析：

上述示例中，程序运行输入“C”，该值被保存在 grade 变量中，第 8 行的 switch 检查 grade 的值，发现与第 13 行的 case 值相等，因此执行第 14 行，输出“分数段为 70～80”，由于没有遇到 break 语句，程序将继续执行第 16 行，输出另一条信息，一直到 switch 语句结束。

注意：

break 语句在 case 语句中是不能缺少的。

4.3　本章小结

本章主要介绍了 C 语言程序设计中的选择结构，包括 if 语句以及 switch 语句。针对 if 语句，具体介绍了其不同的编写形式，如 if... else、else if 等，为选择结构程序提供了更多的控制方式。switch 语句则实现了更多的分支选择，适用于检测条件较多的时候。熟练掌握选择结构的程序设计方式十分必要，这是程序设计中的重要组成部分。

4.4　习题

1. 思考题

（1）简述 if 语句的一般编写形式。

（2）简述 switch 语句的一般编写形式。

（3）简述 switch 语句中 break 的作用。

2. 编程题

任意输入一个成绩，给出评语 90～100（优秀）、80～89（良好）、60～79（及格）、0～59（不及格）。

第5章 循环控制语句

配套课件

本章学习目标

- 掌握循环控制语句结构
- 掌握 while、do...while 循环语句的使用
- 掌握 break、continue、goto 语句的使用
- 掌握 for 循环语句的使用
- 掌握循环控制语句的应用

在实际开发中，当遇到需要多次重复地执行一个或多个任务时，可使用循环语句来解决。循环语句的特点是在给定条件成立时，重复执行某个程序段。通常称给定条件为循环条件，称反复执行的程序为循环体。

5.1 while 语句

配套视频

5.1.1 while 循环基本形式

while 循环语句是循环结构的一种，其一般的形式如下所示。

```
while(循环条件){
    循环体
}
```

while 语句首先会检验括号中的循环条件，当条件为真时，执行其后的循环体。每执行一遍循环，程序都将回到 while 语句处，重新检验条件是否满足。如果一开始条件就不满足，则不执行循环体，直接跳过该段代码。如果第一次检验时条件满足，那么在第一次或其后的循环过程中，必须有使得条件为假的操作，否则循环将无法终止。

while 循环语句的执行流程如图 5-1 所示。

> **注意：**
>
> 无法终止的循环被称为死循环或无限循环。

while 循环的使用如下所示。

```
while(sum< 100){
    sum+ =1;
}
```

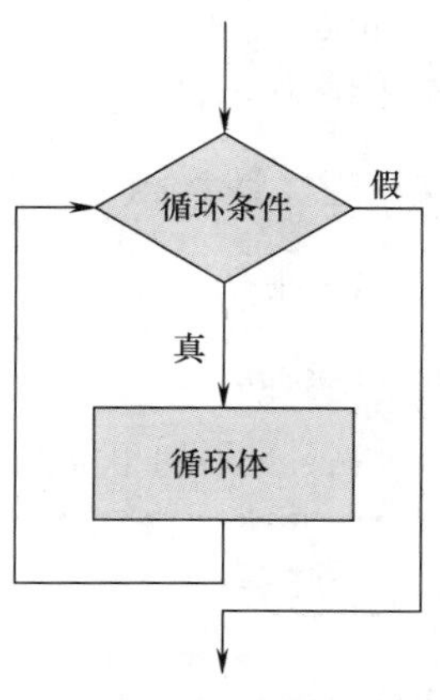

图 5-1　while 循环语句的执行流程

如上述代码操作，while 语句先判断 sum 变量是否小于 100，如果小于 100，则条件为真，执行其后的语句，即 sum+=1，如果不小于 100，则条件为假，跳过其后面的语句。如果开始时的 sum 小于 100，则执行循环，每次循环都使得 sum 加 1，直到 sum 不满足小于 100 时，循环结束。

接下来通过具体的示例展示 while 循环的实际使用，功能需求为计算 1 累加到 100 的结果，具体如例所示。

【例 5-1】 计算累加和。

```
1   #include< stdio. h>
2
3   int main(int argc,const char * argv[])
4   {
5      int Sum= 0;
6      int Number= 1;
7
8      while(Number< = 100){
9           Sum= Sum+ Number;
10           Number+ + ;
11      }
12
13      printf("The Result is %d\n",Sum);
14      return 0;
15  }
```

输出：

```
The Result is 5050
```

分析：

上述示例中，因为要计算 1～100 的累加结果，所以要定义两个变量，Sum 为计算的结果，Number 表示 1～100 的数字。使用 while 语句判断 Number 是否小于等于 100，如果条件为真，则执行其后语句块中的内容，如果为假，则跳过语句块执行后面的内容，初始 Number 的值为 1，判断条件为真，执行循环语句。在语句块中，总和 Sum 等于上一轮循环得到的总和加上本轮 Number 表示的数字，完成累加操作。

Number 自加 1 后，while 再次判断新的 Number 值，当 Number 值大于 100 时，循环操作结束，将结果 Sum 输出。

5.1.2 break 语句

break 语句用来终止并跳出循环，继续执行后面的代码，break 语句的一般形式如下所示。

```
break;
```

break 语句不能用于循环语句和 switch 语句之外的任何其他语句中。

注意：

上述 break 语句与 switch...case 分支结构中的 break 语句的作用是不同的。

接下来通过示例展示 break 语句的使用，如例 5-2 所示。

【例 5-2】 break 语句。

```
1  #include<stdio.h>
2
3  int main(int argc,const char *argv[])
4  {
5     int i=0;
6
7     while(i<3){
8          i++;
9          if(i==2)  /*当 i 等于 2 时,跳过本轮循环*/
10          break;
11         printf("i 的值为%d\n",i);
12    }
13
14    return 0;
15 }
```

输出：

```
i 的值为 1
```

分析：

上述示例中，while 循环执行的条件为变量 i 的值小于 3，变量 i 的初始值为 0，执行判断后满足条件，进入循环，变量执行自加，其值变为 1，执行 if 判断，不满足条件，不执行 break 语句，最后通过 printf () 函数输出 i 的值为 1。继续执行下一次循环，变量 i 的值变为 2，执行 if 判断，满足条件，执行 break 语句，跳出整个循环，程序结束。

5.1.3 continue 语句

有时在循环语句中，当满足某个条件时，希望结束本次循环，即跳过本次循环中尚未执行的部分，继续执行下一次循环操作，而非直接跳出全部循环。在 C 语言中使用 continue 语句实现这一需求。continue 语句的一般形式如下所示。

```
continue;
```

注意：

continue 语句与 break 语句的区别是：continue 语句只结束本次循环，而不是终止整个循环的执行，break 语句则是结束整个循环过程，不再判断执行循环的条件是否成立。

接下来通过示例展示 continue 语句的使用，如例 5-3 所示。

【例 5-3】 continue 语句。

```
1  #include< stdio. h>
2
3  int main(int argc,const char * argv[])
4  {
5    int i= 0;
6
7    while(i< 3){
8         i+ + ;
9         if(i= = 2)  /* 当 i 等于 2 时,跳过本轮循环 */
10        continue;
11        printf("i 的值为%d\n",i);
12    }
13
14    return 0;
15 }
```

输出：

```
i 的值为 1
i 的值为 3
```

分析：

上述示例中，while 循环执行的条件为变量 i 的值小于 3，变量 i 的初始值为 0，执行判断后满足条件，进入循环，变量执行自加，其值变为 1，执行 if 判断，不满足条件，不执行 continue 语句，最后通过 printf（）函数输出 i 的值为 1。继续执行下一次循环，变量 i 的值为 1，执行判断后满足条件，再次进入循环，变量执行自加，其值变为 2，执行 if 判断，满足条件，执行 continue 语句，跳过其后所有语句，即不执行输出。继续执行下一次循环，变量 i 的值为 2，执行判断后满足条件，再次进入循环，变量执行自加，其值变为 3，执行 if 判断，不满足条件，不执行 continue 语句，通过 printf（）函数输出 i 的值为 3。

5.1.4 goto 语句

goto 语句为无条件转移语句，可以使程序立刻跳转到函数内部的任意一条可执行语句。goto 关键字后需要带一个标识符，该标识符是同一个函数内某条语句的标号。标号可以出现在任何可执行语句的前面，并且以一个冒号“:”作为后缀。goto 语句的一般形式如下所示。

```
goto 标识符;
```

goto 后的标识符就是跳转的目标，该标识符需要在程序的其他位置定义，但其需要在函数的内部。

注意：

跳转的方向可以向前，也可以向后，可以跳出一个循环，也可以跳入一个循环。

接下来通过示例展示 goto 语句的使用，如例 5-4 所示。

【例 5-4】 goto 语句。

```
1  #include<stdio.h>
2
3  int main(int argc,const char *argv[])
4  {
5      int i=0;
6
7      while(i<3){
8        i++;
9        if(i==2)  /* 当 i 等于 2 时,跳过本轮循环 */
10        goto done;
11        printf("i 的值为%d\n",i);
12    }
13
14  return 0;
15  done:
16    printf("Exit the program\n");
17    return 0;
18  }
```

输出：

```
i 的值为 1
Exit the program
```

分析：

上述示例中，while 循环执行的条件为变量 i 的值小于 3，变量 i 的初始值为 0，执行判断后满足条件，进入循环，变量执行自加，其值变为 1，执行 if 判断，不满足条件，不执行 goto 语句，最后通过 printf（）函数输出 i 的值为 1。继续执行下一次循环，变量 i 的值为 1，执行判断后满足条件，再次进入循环，变量执行自加，其值变为 2，执行 if 判断，满足条件，执行 goto 语句，跳转到 done 标识符并输出“Exit the program”语句。

5.2　do...while 语句

do...while 语句与 while 语句类似，它们之间的区别在于：while 语句是先判断循环条件的真假，再决定是否执行循环体。而 do...while 语句则先执行循环体，然后再判断循环条件的真假，因此 do...while 语句中的循环体至少要被执行一次。do...while 语句的一般形式如下所示。

配套视频

```
do{
    循环体
}while(循环条件);
```

do...while 语句的执行流程如图 5-2 所示。

do...while 语句首先会先执行一次循环体中的语句，然后判断表达式，当表达式的值为真时，返回重新执行循环体语句。执行循环，直到表达式的判断为假为止，此时循环结束。

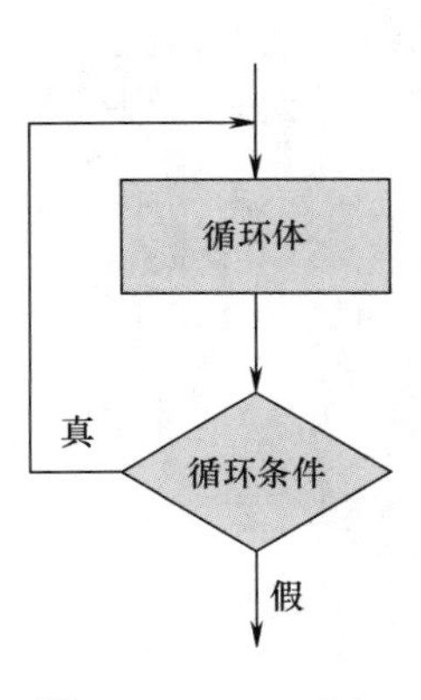

图 5-2　do...while 语句的执行流程

接下来通过示例展示 do...while 语句的使用，具体如例 5-5 所示。

【例 5-5】　do...while 语句。

```
1   #include<stdio.h>
2
3   int main(int argc,const char * argv[])
4   {
5     int Sum=0;
6     int Num=1;
7
8     do{
9         Sum=Sum+Num;
10         Num++;
11     }while(Num<=100);
12
13     printf("The result is %d\n",Sum);
14
15     return 0;
16  }
```

输出：

```
The result is 5050
```

分析：

上述示例中，Num 表示 1～100 之间的数字，Sum 表示计算的总和。程序先执行 do 后面的循环体语句，在循环体语句中，总和 Sum 等于上一轮循环得到的总和加上本轮 Num 表示的数字，完成累加操作。Num 自加 1 后，while 再次判断新的 Num 值，如果 Num 值小于或等于 100 时，则继续执行 do 后面的循环体语句，否则跳出循环。

do...while 语句与 while 语句最大的不同是：前者是先执行再判断，后者是先判断后执行。

5.3 for 语句

5.3.1 for 循环基本形式

配套视频

在 C 语言中，除了使用 while 和 do...while 实现循环外，for 循环也是最常见的循环结构，而且其语句更为灵活，不仅可以用于循环次数已经确定的情况，还可以用于循环次数不确定而只给出循环结束条件的情况，完全可以代替 while 语句，其语法格式如下所示。

```
for(赋初始值;循环条件;迭代语句){
    语句 1;
    ......
    语句 n;
}
```

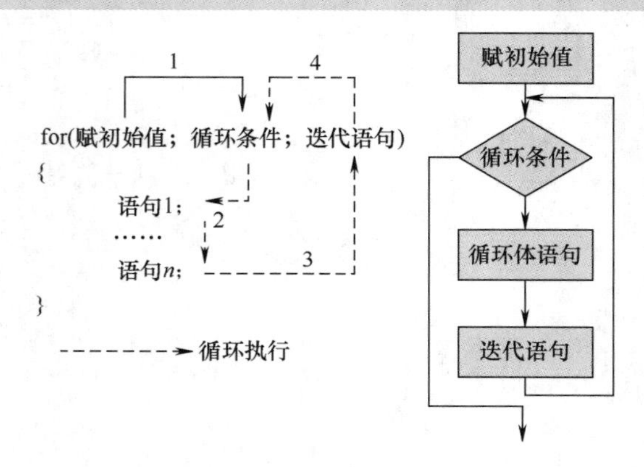

图 5-3 for 循环语句执行流程

当执行 for 循环语句时，程序首先指定赋初始值操作，接着执行循环条件，如果循环条件的值为真时，程序执行循环体内的语句，如果循环条件的值为假，程序则直接跳出循环。执行完循环体内的语句后，程序会执行迭代语句，然后再执行循环条件并判断，如果为真，则继续执行循环体内的语句，如此反复，直到循环条件判断为假，退出循环。

for 循环语句的执行流程如图 5-3 所示。

while 循环中限定循环的次数会比较麻烦，需要在循环体内对控制循环次数的变量进行自增或自减，而 for 循环则不需要，接下来通过示例展示 for 循环语句的使用，具体如例 5-6 所示。

【例 5-6】 for 循环语句。

```
1  #include<stdio.h>
2
3  int main(int argc,const char *argv[])
4  {
5     int Sum=0;
6     int i;
7
8     for(i=1;i<=10;i++){
9         Sum+=i;
10    }
11
12    printf("%d\n",Sum);
13    return 0;
14 }
```

输出：

```
55
```

分析：

上述示例中，先执行 i=1，再执行 i<=10，判断表达式的值为真，因此执行 for 循环的内嵌语句（循环体），执行完成后，执行 i++操作，再次转到 i<=10，判断表达式的值，如此反复，直到执行完 i++后，判断表达式的值为假，则结束循环。

注意：

C90 标准规定，循环变量声明必须在循环语句之前，在 for 小括号中声明和定义循环变量是语法错误的，如 for（int i=0；i<10；i++）。由于大部分 C 编译器不能很好地支持 C99 标准，为了程序的通用，建议遵循 C90 标准。

由此可知，应写为如下格式。

```
int i;                        //循环变量 i 在 for 循环之前声明
for (i=0; i<10; i++);         //语法正确
```

5.3.2 多循环变量的 for 循环

for 循环也可以对多个循环变量进行赋值和增减运算。每个赋值表达式和增减表达式之间使用逗号分隔符。接下来通过示例演示，具体如例 5-7 所示。

【例 5-7】 多循环变量。

```
1  #include<stdio.h>
2
```

```
3  int main(int argc,const char * argv[])
4  {
5      int i,j,k;
6
7      for(i=5,j=5,k=5;i>0;i--,j--,k--){
8        printf("i=%d j=%d k=%d\n",i,j,k);
9    }
10
11   return 0;
12 }
```

输出：

```
i=5  j=5  k=5
i=4  j=4  k=4
i=3  j=3  k=3
i=2  j=2  k=2
i=1  j=1  k=1
```

分析：

上述示例中，程序先执行i=5，j=5，k=5，再执行i>0判断，判断条件为真，则执行输出，i、j、k的值为5。执行i--，j--，k--，再次执行i>0判断，判断条件为真，继续输出i、j、k的值为4，如此反复，直到判断i>0为假时，跳出循环。

各个变量的赋值表达式与自减表达式使用逗号隔开。

5.3.3 for循环的变体

在for循环中，每个表达式都可以省略，省略不同的表达式会出现不同的效果，省略赋值表达式，需要在for语句之前给变量赋初值；省略判断表达式，即循环条件表达式始终为真，循环会无终止地进行；省略增减表达式，为了保证程序的正常结束，需要在循环体中添加操作表达式。

(1) 省略赋值表达式

for循环语句中的第一个表达式的功能是对循环变量赋初值。因此，如果省略了赋值表达式，就会跳过这一步操作，则应在for语句之前为循环变量赋值。省略赋值表达式的格式如下所示。

```
for(;Num<10;Num++)
```

接下来通过示例展示省略赋值表达式的for语句的使用，如例5-8所示。

【例5-8】 省略赋值表达式。

```
1  #include<stdio.h>
2
3  int main(int argc,const char * argv[])
```

```
4  {
5     int Num=1;
6     int Sum=0;
7
8     for(;Num<=100;Num++){
9         Sum+=Num;
10    }
11
12    printf("The result is %d\n",Sum);
13    return 0;
14 }
```

输出：

```
The result is 5050
```

分析：

上述示例中，程序的功能为计算 1～100 的累加和，for 循环语句中的赋值表达式被省略，因此循环变量需要在执行 for 语句之前完成赋值（对变量 Num 进行赋值）。

（2）省略判断表达式

省略判断表达式，即不判断循环条件，则循环无终止地进行下去，也可以认为判断表达式始终为真。省略判断表达式的格式如下所示。

```
for(Num=1;;Num++)
```

上述表达式省略第 2 个表达式，其操作等同于如下情况。

```
Num=1;
while(1){
    Num++;
}
```

（3）省略增减表达式

省略 for 语句中的最后一个表达式可能会导致程序无法正常结束。因此，在程序设计时需要在循环体语句中补充该表达式的操作，具体如例 5-9 所示。

【例 5-9】 省略增减表达式。

```
1  #include<stdio.h>
2
3  int main(int argc,const char *argv[])
4  {
5     int Num,Sum=0;
6
7     for(Num=1;Num<=100;){
```

```
8        Sum+ = Num;
9        Num+ + ;
10    }
11
12    printf("The result is %d\n",Sum);
13    return 0;
14 }
```

输出：

```
The result is 5050
```

分析：

上述示例中，程序的功能为计算 1～100 的累加和，for 循环语句中的增减表达式被省略，因此在循环体执行语句中需要补充该表达式的操作（即 Num＋＋），避免循环无限执行。

综上所述，for 循环语句中省略任一表达式都是可行的，也可以同时省略两个及以上的表达式，当表达式被全部省略时，表示无终止地执行循环，如下所示。

```
for(;;)< = = > while(1)
```

5.3.4 for 循环嵌套

很多情况下，单层循环不能解决实际的问题，此时则需要使用多层循环嵌套。嵌套指的是在一个循环中包含另一个循环，外层的循环每执行一次，内层的循环需要全部完整地执行一次。

无论是 for 循环、while 循环或 do...while 循环，它们的内部都可以嵌套新的循环。最常见的例子就是多重 for 循环。接下来通过示例展示 for 循环嵌套的情况，具体如例 5-10 所示。

【例 5-10】 for 循环嵌套。

```
1  #include< stdio.h>
2
3  int main(int argc,const char * argv[])
4  {
5     int i,j;
6
7     for(i= 0;i< 5;i+ + ){
8         for(j= 0;j< 5- i;j+ + ){
9             printf(" * ");
10        }
11        printf("\n");  /* 输出换行 */
12    }
```

```
13      return 0;
14  }
```

输出：

```
    * * * * *
    * * * *
    * * *
    * *
    *
```

分析：

上述示例中，在 for 循环语句中嵌套另一个 for 循环语句，外层的 for 循环语句执行一次，内层的 for 循环语句完整执行一次（完成该 for 语句的全部循环操作），即执行循环体语句 5 次。

5.4 三种循环对比

前文一共介绍了 3 种可以执行循环操作的语句，分别为 while、do... while、for，这 3 种循环操作语句的对比如下所示。

① 这 3 种循环都可用来解决同一问题，一般情况下可以相互替换。

② while 和 do... while 循环只在 while 后指定循环条件，在循环体语句中应包含使循环趋于结束的语句，而 for 循环可以在最后一个表达式中包含使循环趋于结束的操作，甚至可以将循环体中所有的操作都放在最后一个表达式中，因此 for 循环的功能更强。

③ 使用 while 和 do... while 循环时，循环变量初始化的操作应该在 while 和 do... while 语句之前完成，而 for 循环可以在第一个表达式中实现循环变量的初始化。

④ 上述 3 种循环语句都可以使用 break 语句跳出循环，用 continue 语句结束本轮循环。

⑤ 上述 3 种循环都可以进行循环嵌套，通常情况下，为了实现某种功能，这 3 种循环需要相互嵌套使用，如在 while 循环中嵌套使用 for 循环。

5.5 本章小结

本章主要介绍了 C 语言中循环语句的使用，包括 while 语句、do... while 语句以及 for 语句。不同的循环语句虽然都能实现同一功能，但不同的场合使用不同的循环语句可以使程序更加高效且易读。本章详细介绍了不同循环语句的使用方法，读者需要熟练掌握每一种循环语句的结构，从而在程序编写时节约更多的时间。本章还介绍了 3 种转移语句，分别为 break 语句、continue 语句、goto 语句，continue 语句用来结束本次循环而不终止整个循环，break 语句可以结束整个循环过程，goto 语句可以跳转到函数体内的任何位置。

5.6 习题

1. 填空题

（1）________语句，只能用在循环中，以中断某次循环，继续下一次循环。

（2）________语句用在循环中，可结束本层循环。

（3）break 语句只能用于________语句和________语句中。

（4）while 循环结构中，当表达式为________时执行循环体；循环体如果包含一个以上的语句，应该用________括起来。

（5）for 循环语句中，省略判断表达式，即循环条件表达式始终为________。

（6）for 循环语句中，省略赋值表达式，需要在 for 语句之前________。

2. 选择题

（1）以下描述正确的是（　　）。

A. continue 语句的作用是结束整个循环的执行

B. 只能在循环体内和 switch 语句体内使用 break 语句

C. 在循环体内使用 break 语句和 continue 语句的作用相同

D. 从多层循环中嵌套中退出时，只能使用 goto 语句

（2）执行语句 for（i＝1；i＋＋＜4）后，变量 i 的值为（　　）。

A. 3　　B. 4　　C. 5　　D. 不确定

（3）设有程序段 int k＝10；while（k＝0）k＝k－1；，则下面描述正确的是（　　）。

A. while 循环执行 10 次　　B. 循环是无限循环

C. 循环体语句一次也不执行　　D. 循环体语句执行一次

（4）语句 while（！e）中的条件！e 等价于（　　）。

A. e＝＝0　　B. e！＝0　　C. e！＝1　　D. ～e

（5）设 i 为整型量，执行循环语句 for（i＝50；i＞＝0；i－＝10）；后，i 值为（　　）。

A. －10　　B. 0　　C. 10　　D. 50

3. 思考题

（1）请简述 while 语句、do...while 语句以及 for 语句的差异。

（2）请简述 continue 语句与 break 语句的区别。

4. 编程题

（1）编辑程序输出所有的“水仙花数”。(水仙花数是指一个 3 位数，其各位数字的立方之和等于该数)

（2）输出 0～100 之间不能被 3 整除的数。

第6章 函数

配套课件

本章学习目标

- 了解函数的概念
- 掌握函数的调用方式
- 掌握局部变量与全局变量
- 了解内外部函数的定义
- 掌握格式输入、输出函数的使用
- 掌握字符输入、输出函数的使用
- 掌握字符串输入、输出函数的使用

一个程序由若干个程序模块组成，每个模块用来实现一个特定的功能，这样的模块称为函数。本章将帮助读者了解函数的概念，掌握函数的定义以及调用，并通过函数讨论变量的问题。最后带领读者掌握基础输入、输出函数的使用。

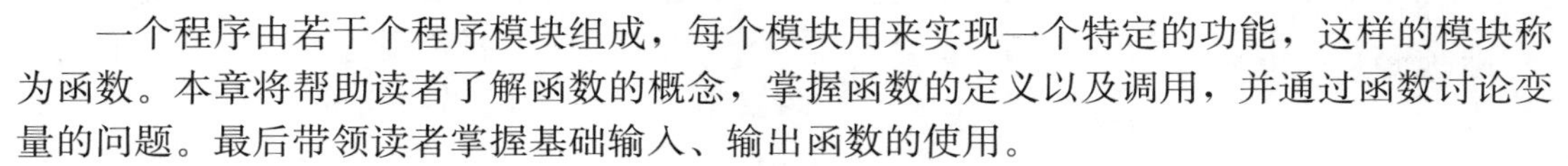

6.1 函数的定义

配套视频

函数是一组一起执行一个任务的语句。每个C语言程序都至少有一个函数，即主函数，所有简单的程序都可以定义其他额外的函数。在程序中编写函数时，函数的定义是让编译器知道函数的功能。定义的函数包括函数头和函数体两部分。

(1) 函数头

函数头一般分为以下3个部分。

① 返回值类型，返回值类型可以是某个C语言数据结构。

② 函数名，即函数的标识符，函数名在程序中必须是唯一的且必须遵守标识符命名规则。

③ 参数表，参数表可以没有变量也可以有多个变量，在进行函数调用时，实际参数将被复制到这些变量中。

(2) 函数体

函数体包括局部变量的声明和函数的可执行代码。

6.1.1 函数定义的形式

C语言程序中的库函数在编写程序时是可以直接调用的，如 printf () 函数。而自定义函数则必须由用户对其进行定义，在其函数的定义中完成函数特定的功能，从而被其他函数调用。

一个函数的定义分为函数头和函数体两个部分，函数定义的语法格式如下所示。

```
返回值类型 函数名(参数列表){
    函数体;
}
```

将上述函数格式转换为具体的函数示例，如下所示。

```
int Add(int Num1,int Num2){      /* 函数头部分 */
    /* 函数体部分,实现函数的功能 */
    int result;
    result= Num1+ Num2;
    return result;
}
```

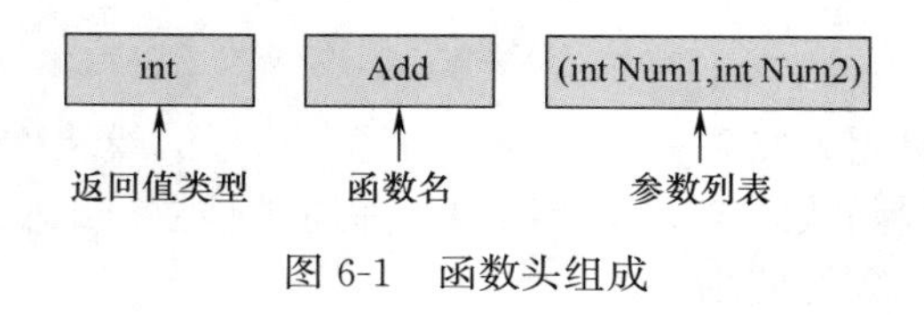

图 6-1 函数头组成

上述代码中，函数头如图 6-1 所示。

函数体由大括号括起来，大括号决定了函数体的范围。函数要实现特定的功能，都是在函数体部分通过代码语句完成的，最后通过 return 语句返回实现的结果。上述代码中，Add () 函数的功能是实现两个整数相加，因此定义一个整型变量用来保存加法的计算结果，之后利用传递来的参数进行加法操作，并将结果保存在 result 变量中，最后函数将所得到的结果返回。

在定义函数时，也可能遇到其他特殊的情况，如无参函数、空函数。无参函数即没有参数的函数，无参函数的语法格式如下所示。

```
返回值类型 函数名(){
    函数体
}
```

将上述函数格式转换为具体的函数示例，如下所示。

```
void Show(){
   printf("hello world\n");
}
```

空函数即没有任何内容的函数，同样也没有实际的作用，空函数存在目的是在程序中占有一个位置，可暂时不实现任何功能，后续可根据实际情况添加功能代码。空函数的语法格式如下所示。

```
类型说明符 函数名(){

}
```

将上述函数格式转换为具体的函数示例，如下所示。

```
void Show(){

}
```

6.1.2 函数的声明与定义

在C语言程序中编写函数时，要先对函数进行声明，再对函数进行定义。函数声明的目的是使编译器知道函数的名称、参数、返回值类型等信息，函数定义的目的是使编译器知道函数的功能。

函数声明的格式由函数返回值类型、函数名、参数列表以及分号4个部分组成，其形式如下所示。

```
返回值类型 函数名(参数列表);
```

注意：

函数声明时需要在末尾添加分号，作为语句的结尾。

函数的声明与定义，如例6-1所示。

【例6-1】 函数的声明与定义。

```
1  #include<stdio.h>
2
3  /* 函数的声明 */
4  void Show(void);
5
6  int main(int argc,const char *argv[])
7  {
8     Show();
9     return 0;
10 }
11
12 /* 函数的定义 */
13 void Show(void){
14        printf("Hello World\n");
15 }
```

输出：

```
Hello World
```

分析：

上述示例中，在 main（）函数之前进行 Show（）函数的声明，声明的作用是告知其函数将在后面进行定义。Show（）函数定义在 main（）函数之后，用来实现函数的具体功能。在 main（）函数中调用 Show（）函数，因此 Show（）函数为被调用函数，main（）函数为调用函数。

注意：

如果将函数的定义放在调用函数之前，就不需要进行函数的声明，此时函数的定义包含了函数的声明，如下所示。

```
#include<stdio.h>

/*函数的声明与定义*/
void Show(void){
    printf("Hello World\n");
}
int main(int argc,const char *argv[])
{
     Show();
     return 0;
}
```

6.1.3 函数的返回

在 C 语言程序的函数中，使用 return 关键字返回函数执行后的结果，这就是返回语句。返回语句有以下两个主要用途。

① 使用返回语句可从所在的函数中退出，如果在被调用函数中使用返回语句，则执行返回语句将返回到调用函数中，如果在主函数［如 main（）函数］中使用返回语句，则执行返回语句将使得程序退出。

② 返回语句可以返回值，有些函数也可以没有返回值，例如返回值类型为 void 的函数就没有返回值。

返回语句的返回值可以是整数，也可以是字符，如以下代码示例。

```
int Add(int x,int y){
    return x+y;
}
```

该函数用来计算两个操作数 x 与 y 相加之和，因为是求和操作，所以必须将计算的结果返回。Add（）函数前的 int 表示返回值的类型，即返回值必须是整数，如果不是整数，编译器将会发出警告。

函数也可以不返回任何值，当函数不返回任何值时，可以将函数的返回值类型定义为void，具体如以下代码。

```
void Show(){
    printf("Hello World\n");
    return;
}
```

6.1.4　函数参数

在调用函数时，经常会出现调用函数与被调用函数之间数据传递的情况，而数据传递通过函数参数实现（函数参数的作用是传递数据给函数使用）。在使用函数参数时，有形式参数与实际参数两种概念。

（1）形式参数

形式参数即形式上存在的参数，在定义函数时，函数名后面括号中的变量名称为“形式参数”。在函数调用之前，传递给函数的值被赋值给这些形式参数。

（2）实际参数

实际参数即实际存在的参数，在调用一个函数时，函数名后面括号中的参数为“实际参数”，实际参数是表达式计算的结果，并且将该结果赋值给函数的形式参数。

关于形式参数与实际参数的区别分析，如例 6-2 所示。

【例 6-2】 实际参数与形式参数。

```
1  #include<stdio.h>
2  
3  int Add(int x,int y){
4      return x+y;
5  }
6  
7  int main(int argc,const char *argv[])
8  {
9     int a,b,Num;
10 
11    a=10;
12    b=20;
13    Num=Add(a,b);
14 
15    printf("Num=%d\n",Num);
16    return 0;
17 }
```

输出：

```
Num=30
```

分析:

上述示例中，在 main () 函数中调用了 Add () 函数，代码 3～5 行为 Add () 函数的定义与声明，其参数列表中有两个参数，这两个参数（x 与 y）都是变量，在该函数被调用之前，参数的值是不确定的，因此系统不会为这两个参数分配内存，只有调用了该函数，并将确切的数值传递给这两个参数时，系统才能为这两个参数分配内存，当函数调用结束后，系统会释放参数所占用的内存空间，因此这样的参数实际上是不存在的，它只是形式上存在，称为形式参数。main () 函数在调用 Add () 函数时（代码第 13 行），为函数传递了变量 a 和 b，这两个变量已经被赋值为具体的数值（10 和 20），它们是实际存在的，是确切的数值，称为实际参数。由此可知，实际参数是确定的，可以是常量、变量或表达式，可以将其传递给形式参数，形式参数在未被使用之前，其值是不确定的。

释疑:

形式参数简称为形参，实际参数简称为实参。形参与实参必须保持类型一致，否则在进行数据传递时会导致数据丢失。

6.2 函数的调用

6.2.1 函数调用的方式

函数调用有 3 种方式，分别为采用语句的形式调用函数，采用表达式的形式调用函数，采用函数参数的形式调用函数。

(1) 函数语句调用

函数语句调用即采用语句的形式调用函数，具体指的是将被调用的函数作为一个语句添加到调用函数中，具体如例 6-3 所示。

【例 6-3】 函数语句调用。

```
1  #include< stdio. h>
2
3  void Func(void){
4     printf("Hello World\n");
5  }
6
7  int main(int argc,const char * argv[])
8  {
9     Func();
10     return 0;
11  }
```

输出：

```
Hello World
```

分析：

上述示例中，在 main（）函数中，当执行第 9 行代码时，Func（）函数被调用，然后程序将执行代码第 3～5 行的内容。上述方式的调用即为函数语句调用。

（2）函数表达式调用

函数表达式调用即采用表达式的形式调用函数，具体指的是将被调用的函数添加到表达式中，此时函数必须返回一个确定的值，并将这个值作为表达式的一部分。具体使用如例 6-4 所示。

【例 6-4】 函数表达式调用。

```
1  #include<stdio.h>
2
3  int Add(int a,int b){
4       return a+b;
5  }
6
7  int main(int argc,const char *argv[])
8  {
9     int Result;
10     int Num=5;
11
12     Result=Num * Add(2,3);
13
14     printf("Result=%d\n",Result);
15     return 0;
16  }
```

输出：

```
Result=25
```

分析：

上述示例中，第 3～5 行代码为被调用的函数 Add（），用来实现两数相加，在 main（）函数中，第 12 行代码使用表达式 Num * Add（2，3）调用 Add（）函数，为 Add（）函数传入实际参数 2 与 3，在 Add（）函数使用形式参数 a 与 b 接收具体的数值并运算，最终返回结果给 Result 变量。类似上述示例中的函数调用为表达式调用，即将被调用的函数添加到表达式中，当表达式语句被执行时，函数将被调用。

（3）函数参数调用

函数参数调用即采用函数参数的形式调用函数，具体指的是将被调用的函数作为函数的实际参数。具体使用如例 6-5 所示。

【例 6-5】 函数参数调用。

```
1  #include< stdio. h>
2
3  int Add(int a,int b){
4    return a+ b;
5  }
6
7  int main(int argc,const char * argv[])
8  {
9    int Result;
10
11    Result= Add(10,Add(5,8));
12
13    printf("Result= %d\n",Result);
14    return 0;
15  }
```

输出:

```
Result= 23
```

分析:

上述示例中，第 3～5 行代码为被调用的函数 Add ()，用来实现两数相加，在 main () 函数中，第 11 行代码调用 Add () 函数，其第 2 个参数再次传入 Add () 函数，该函数传入实际参数 5 和 8，其运算结果为 13，该值作为外层 Add () 函数的第 2 个实际参数，再次被代入运算。类似于上述示例中的函数调用即为参数调用，即将被调用的函数作为某个函数的参数。

6.2.2 函数嵌套

在 C 语言程序中，不允许函数嵌套定义，即在函数内部不能定义另一个函数，如下所示。

```
void Func(){
    void Show(){                    /* 错误操作,不能在函数内定义函数 */
        printf("Hello World\n");
    }
}
```

虽然 C 语言不允许进行嵌套定义，但可以嵌套调用函数。在一个函数中调用另一个函数，具体如例 6-6 所示。

【例 6-6】 函数嵌套。

```
1  #include< stdio.h>
2
3  void Func2(void){
4       printf("Hello World\n");
5  }
6
7  void Func1(void){
8       Func2();
9       return;
10  }
11
12  int main(int argc,const char * argv[])
13  {
14     Func1();
15     return 0;
16  }
```

输出：

```
Hello World
```

分析：

上述示例中，在 main () 函数中调用 Func1 () 函数，在 Func1 () 函数中调用 Func2 () 函数，在 Func2 () 函数中输出字符串信息。

6.2.3 递归调用

函数的递归调用指的是函数直接或间接地调用自己。间接调用即在递归函数调用的下层函数中再调用自己。递归调用并非简单的函数嵌套，除了调用自己外，开发者需要注意函数退出的条件，否则将造成无限循环。

下面通过求阶乘的例子，测试递归如何运行。阶乘 n! 的计算公式如下所示。

$$ni=\begin{cases}1(n=0,\ 1)\\ n*(n-1)!\ (n>1)\end{cases}$$

如上述计算公式，计算某一个数的阶乘，即计算该数值到数字 1 的累积，如计算 5 的阶乘，其计算结果为 5×4×3×2×1=120。

上述需求通过编程实现，可以考虑采用常规思维的循环实现，其核心操作如下所示。

```
    m = 1;
  while(n > 1){
    m= m * n;
    n- - ;
  }
```

采用递归的思维实现上述需求，具体如例 6-7 所示。

【例 6-7】 递归调用。

```
1  #include< stdio. h>
2
3  /* 递归函数 */
4  int Factorial(int n){
5     if(n= =0 || n= =1){
6         return 1;
7    }
8    else{
9         /* 继续调用自己 */
10         return Factorial(n-1) *  n;
11    }
12  }
13
14  int main(int argc,const char  * argv[])
15  {
16     int n;
17
18     scanf("%d",&n);  /* 输入数字 n 的值,计算该值的阶乘 */
19
20     printf("%d\n",Factorial(n));  /* 输出该阶乘的结果 */
21     return 0;
22  }
```

输入：

```
5
```

输出：

```
120
```

分析：

上述示例中，在 main () 函数中调用递归函数 Factorial ()，该函数根据传入的参数执行 if 语句判断，如满足条件则在表达式中继续向下层调用自己，直到某次调用后，条件判断导致调用结束，然后将下层得到的结果依次代入上一层函数中的表达式，最终得到需要的结果。

上述递归调用的核心是设置递归调用的结束条件，其调用流程如图 6-2 所示。

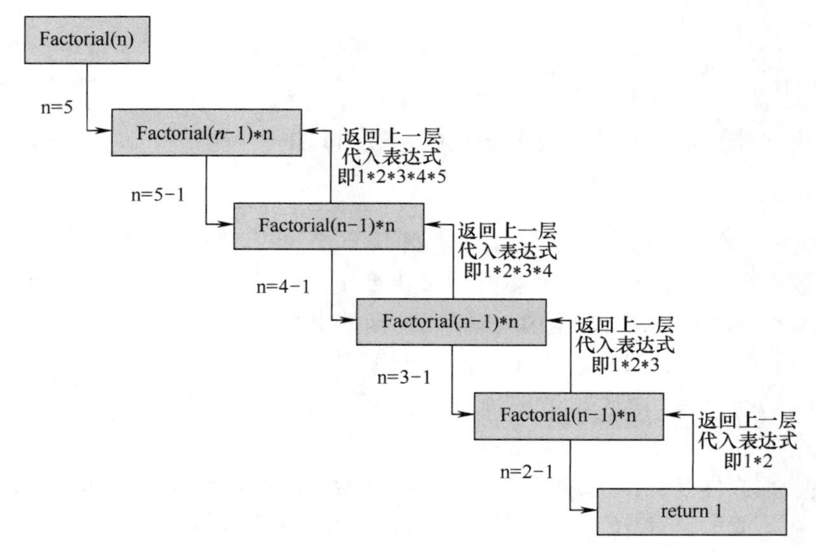

图 6-2　递归调用流程

6.3　局部变量与全局变量

6.3.1　局部变量

定义在函数内部的变量称为局部变量，它的作用域仅限于函数内部，在函数外使用是无效的，程序将会报错。局部变量的使用，如例 6-8 所示。

【例 6-8】　局部变量。

```
1  #include<stdio.h>
2
3  void Func(void){
4       int a=10;
5  }
6
7  int main(int argc,const char * argv[])
8  {
9     Func();
10
11    printf("a=%d\n",a);
12    return 0;
13  }
```

输出：

```
在函数‘main’中：
错误：‘a’未声明(在此函数内第一次使用)
附注：每个未声明的标识符在其出现的函数内只报告一次
```

分析：

上述示例中，在 Func（）函数内部定义一个变量 a，该变量是局部变量，它只在 Func（）函数中有效。在 main（）函数中输出变量 a 的值，由于变量 a 只在 Func（）函数中有效，因此编译器报错变量 a 在 main（）函数中未声明。

上述示例中，关于局部变量还有以下 4 点说明。

① 在 main（）函数中定义的变量同样是局部变量，只能在 main（）函数中使用，与其他函数中的局部变量的性质一样。

② 形式参数同样是局部变量，实际参数给形参传值的过程即为局部变量赋值的过程。

③ 可以在不同的函数中使用相同的变量名，它们表示不同的数据，分配不同的内存，互不干扰。

④ 在语句块中也可定义变量，其作用域只限于当前语句块。

6.3.2 全局变量

在所有函数外部定义的变量称为全局变量，其作用域默认为整个程序。定义全局变量的作用是增加函数间数据联系的“桥梁”，由于同一个文件中的所有函数都能引用全局变量的值，如果在一个函数中改变全局变量的值，其他函数都将会受到影响。

> **注意：**
>
> 全局变量不属于某个函数，而属于整个文件。

全局变量的使用，如例 6-9 所示。

【例 6-9】 全局变量。

```
1  #include<stdio.h>
2
3  int a;            /* 定义全局变量 */
4
5  void Func(){
6    a=5;      /* 操作全局变量 */
7  }
8
9  int main(int argc,const char *argv[])
10 {
11    Func();
12    printf("a=%d\n",a);
```

```
13
14     a=10;  /* 再次操作全局变量 */
15     printf("a=%d\n",a);
16     return 0;
17 }
```

输出：

```
a=5
a=10
```

分析：

上述示例中，变量 a 定义在函数外，在 main () 函数中调用 Func () 函数，在 Func () 函数中对变量 a 进行赋值操作，然后输出变量 a 的值，在 main () 函数中再次对变量 a 进行赋值，然后再输出变量 a 的值。由输出结果可知，函数都可以正确操作全局变量。全局变量虽然可以被文件中的函数使用，但多个函数都在访问同一变量时，将会导致不确定的结果，因此函数在使用全局变量时需要关注全局变量的变化。

6.3.3 作用域

作用域就是有效的访问范围，对于在函数中定义的局部变量来说，它的有效访问范围通常是从它的定义点开始，到函数的右大括号结束。而对于全局变量来说，它的有效访问范围则是从它的定义点开始，一直到程序结束。变量作用域的展示，如例 6-10 所示。

【例 6-10】 作用域。

```
1  #include<stdio.h>
2
3  int i=10;
4
5  void Func(){
6      int i=100;
7      printf("Func i=%d\n",i);
8  }
9
10  int main(int argc,const char *argv[])
11 {
12     printf("i=%d\n",i);
13
14     int i=1000;
15     printf("main i=%d\n",i);
16
17     Func();
18     return 0;
19 }
```

输出：

```
i=10
main i=1000
Func i=100
```

分析：

上述示例中，第 12 行代码输出全局变量 i 的值为 10，该变量的作用域从第 3 行开始到第 19 行结束；第 14 行代码定义局部变量 i 并初始化为 1000，第 15 行代码输出局部变量 i 的值，该变量的作用域从第 14 行开始到第 19 行结束；第 17 行代码调用子函数 Func（），该函数定义变量 i 并初始化为 100，通过第 7 行代码输出变量 i 的值，该变量的作用域从第 6 行开始到第 8 行结束。

释疑：

作用域与生存期是两种不同的概念，变量的生存期是从其被创建到生命结束，而作用域是变量的有效访问范围。如第 14 行代码定义的变量 i，其有效访问范围在 main（）函数中，超过 main（）函数就不能访问，当执行第 17 行代码调用子函数时，超出了 main（）函数的范围，在子函数 Func（）中无法访问第 14 行代码中定义的变量，但该变量的生命还没有结束，因为 main（）函数未执行完。

6.4 内/外部函数

在 C 语言程序中，可以通过一个函数调用另一个函数，当调用函数与被调用函数不在同一个文件时，可以指定函数不能被其他文件调用。据此可将函数分为两类，分别为内部函数以及外部函数。

6.4.1 内部函数

定义一个函数，如果只希望该函数只能被所在的源文件使用，则该函数被称为内部函数，内部函数又被称为静态函数。使用内部函数，可以使函数只局限在函数所在的文件中。定义内部函数时，需要在函数返回值类型前添加关键字 static 进行修饰，具体形式如下所示。

```
static 返回值类型 函数名(参数列表);
```

使用内部函数的优点是不必担心与其他源文件中的函数同名，因为内部函数只能在所在的源文件中使用。定义一个功能为减法运算且返回值是 int 型的内部函数，代码如下所示。

```
static int Sub(int Num1,int Num2);
```

6.4.2 外部函数

外部函数刚好与内部函数相反，外部函数可以被其他源文件调用，外部函数不用任何关键字修饰，但需要考虑函数名是否与系统中已经定义的函数重名，否则将会出现编译错误。当使用一个外部函数时，需要使用 extern 关键字进行引用。

引用其他源文件中定义的函数，需要在使用前使用 extern 进行声明，如下所示。

```
extern int Sub(int Num1,int Num2);
```

在C语言程序中，如果不指明函数是内部函数还是外部函数，则默认函数为外部函数。

6.5 格式输出/输入函数

6.5.1 格式输出函数

配套视频

C语言标准库中，定义了很多输出函数，其中比较常见的是 printf () 函数，printf () 函数定义在头文件 stdio. h 中，该函数为格式输出函数，即可以按照想要的格式输出任意类型的数据。printf () 函数的格式如下所示。

```
printf(格式控制,输出列表);
```

printf () 函数由两部分组成，分别为格式控制以及输出列表。

(1) 格式控制

printf () 函数中的格式控制为双引号括起来的字符串，该字符串包括两个部分，分别为格式字符与普通字符。

① 格式字符用来进行格式说明，其目的是将输出的数据转换为指定的格式输出，格式字符以“%”字符开头，如输出十进制整型数据，则使用“%d”表示。其他常见的格式字符如表 6-1 所示。

表 6-1　printf () 函数的格式字符

格式字符	功能说明	格式字符	功能说明
d、i	以带符号的十进制形式输出整数	c	以字符形式输出，只输出一个字符
o	以无符号的八进制形式输出整数	s	输出字符串
x、X	以十六进制无符号形式	f	以小数形式输出
u	以无符号的十进制形式输出整数	e、E	以指数形式输出实数

② 普通字符为需要原样输出的字符，其中包括双引号内的逗号、空格以及换行符。

(2) 输出列表

输出列表中列出的是需要进行输出的数据，其可以是变量或表达式。如需要输出一个整型变量时，操作如下所示。

```
int i=10;
printf("%d\n",i);
```

如上述代码，“\n”表示换行符，“%d”为格式字符，表示其后输出的i的数据类型是整型。

使用格式输出函数printf()输出不同类型的变量，如例6-11所示。

【例6-11】 格式化输出函数。

```
1  #include<stdio.h>
2
3  int main(int argc,const char *argv[])
4  {
5     int i=10;
6     int j=0x1000;
7     char c='A';
8     float f=12.34f;
9
10     printf("i=%d\n",i);
11    printf("j=%#x\n",j);
12     printf("c=%c\n",c);
13     printf("f=%f\n",f);
14
15     return 0;
16 }
```

输出：

```
i=10
j=0x1000
c=A
f=12.340000
```

分析：

上述示例中，printf()函数使用格式字符“%d”输出整型变量的值，使用格式字符“%x”以十六进制的形式输出整型变量的值，使用格式字符“%c”输出字符型变量的值，使用格式字符“%f”输出单精度变量的值。

6.5.2 格式输入函数

与格式输出函数printf()相对应的是格式输入函数scanf()，该函数用来指定固定的格式接收输入的数据，然后将数据存储在指定的变量中。scanf()函数的格式如下所示。

```
scanf(格式控制,地址列表);
```

scanf()函数格式中的格式控制与printf()函数相同，如“%d”表示十进制整型数据，地址列表需要传入接收数据变量的地址。

注意：

scanf（）函数的地址列表，需要传入接收数据的变量的地址，而非变量名。

使用格式输入函数 scanf（）接收不同类型的数据，如例 6-12 所示。

【例 6-12】　格式化输入函数。

```
1  #include<stdio.h>
2
3  int main(int argc,const char *argv[])
4  {
5     int i,j;
6     char c;
7
8     scanf("%c %d %d",&c,&i,&j);
9
10     printf("c=%c i=%d j=%d\n",c,i,j);
11
12     return 0;
13  }
```

输入：

```
a 3 4
```

输出：

```
c=a i=3 j=4
```

分析：

上述示例中，使用 scanf（）函数读取用户输入的数据，分别为字符数据、整型数据，并将这些数据保存到对应的变量 c、i、j 中，然后通过 printf（）函数输出变量中的值。

释疑：

问：printf（）函数不用获取变量的地址就可输出，而为什么 scanf（）函数一定要获取变量的地址才可存储？

答：A 要借阅 B 的图书，B 复印给他一份（A 不用获得 B 图书的地址），但是 A 假如想要修改 B 的图书，那么再用这种方法，修改的将是复印的图书，而不是 B 的图书，所以必须先找到 B 的图书（获得 B 图书的地址），才能对它的图书进行修改。

同样的道理，printf（）函数仅仅是读取变量的值，不用改变它的值，所以系统只需要将变量复制一份，然后将复制好的变量传递给 printf（）函数即可，但是 scanf（）函数要修改变量的值，那么再用这种方法，修改的将是复制的变量的值，而不是原始变量的值。所以必须获得原始变量的地址，才能对它进行修改。

6.6 字符输出/输入函数

6.6.1 字符输出函数

字符输出函数 putchar（）的功能是输出一个字符，该函数属于标准 I/O 函数，其定义出自标准 I/O 库，并在头文件 stdio. h 中声明。putchar（）函数的语法格式如下所示。

```
putchar(int ch);
```

该函数参数 ch 为要进行输出的字符，其可以是字符型变量或整型变量。

putchar（）函数实现字符输出，具体如例 6-13 所示。

【例 6-13】 字符输出。

```
1  #include< stdio. h>
2
3  int main(int argc,const char * argv[])
4  {
5     char ch;
6
7     ch='A';
8
9     putchar(ch);
10     putchar(10);
11     return 0;
12  }
```

输出：

```
A
```

分析：

上述示例中，定义字符型变量 ch 并赋值为 A，使用 putchar（）函数输出变量 ch 的值，第 10 行代码输出的是 ASCII 码值 10，该值对应的字符为换行符，即“\n”。

6.6.2 字符输入函数

字符输入函数 getchar（）的功能是读取用户输入的字符，该函数同样属于标准 I/O 函数，其定义出自标准 I/O 库，并在头文件 stdio. h 中声明。getchar（）函数的语法格式如下所示。

```
char getchar();
```

getchar（）函数一次只能接收一个字符，该函数的返回值为读取的字符，如需得到读取的字符，可定义变量（变量可以是字符变量也可以是整型变量）接收函数的返回值。

getchar（）函数实现字符输入，具体如例 6-14 所示。

【例 6-14】 字符输入。

```
1   #include<stdio.h>
2
3   int main(int argc,const char * argv[])
4   {
5       char ch;
6
7       ch=getchar();
8
9       putchar(ch);
10      putchar(10);      //换行操作
11      return 0;
12  }
```

输入：

```
q
```

输出：

```
q
```

分析：

上述示例中，使用 getchar（）函数读取用户输入的字符，并将读取的字符保存在 ch 变量中，然后通过 putchar（）函数将变量 ch 中保存的值输出，putchar（10）为输出换行操作。

6.7 字符串输出/输入函数

6.7.1 字符串输出函数

字符串输入函数 puts（）与字符输出函数 putchar（）类似，不同的是，前者输出的是一个字符串，其语法格式如下所示。

```
puts(char * str);
```

puts（）函数同样为标准 I/O 函数，定义于标准 I/O 库，在头文件 stdio.h 中被声明，其参数为字符指针类型，可以用来保存需要输出的字符串。

puts（）函数实现字符串输出，具体如例 6-15 所示。

【例 6-15】 字符串输出。

```
1  #include< stdio. h>
2
3  int main(int argc,const char * argv[])
4  {
5       puts("Hello World");
6       puts("Hello World\0");
7
8       puts("Hello\0World");
9
10
11      return 0;
12 }
```

输出:

```
Hello World
Hello World
Hello
```

分析:

上述示例中，puts () 函数传入的参数为字符串，之后输出该字符串。由输出结果可以看出，代码第 5、6 行输出的内容一致，由此可知，puts () 函数会自动在输出的字符串末尾添加“\0”结束符，表示字符串输出结束，同时自动换行。代码第 8 行输出的内容到结束符“\0”为止，可知 puts () 函数输出字符串以“\0”为结束标志，只要遇到“\0”则输出字符串结束。

6.7.2 字符串输入函数

字符串输入函数 gets () 的功能是读取用户输入的字符串，其语法格式如下所示。

```
char gets(char * str);
```

参数 str 为字符指针，用来保存读取的字符串。

gets () 函数实现字符串输入，具体如例 6-16 所示。

【例 6-16】 字符串输入。

```
1  #include< stdio. h>
2
3  int main(int argc,const char * argv[])
4  {
5    char String[30];  /* 字符型数组 */
6
7    gets(String);
```

```
8
9      puts(String);
10      return 0;
11  }
```

输入:

```
hello world
```

输出:

```
hello world
```

分析:

上述示例中，定义了字符型数组（后续介绍），其中 String 表示数组名称，将其传入 gets（）函数中用来接收用户输入的字符串，最后通过 puts（）函数输出 String 中保存的字符串。

6.8 本章小结

本章主要介绍了 C 语言程序中重要的组成部分——函数，具体包括函数的定义、函数的使用、内外部函数以及标准 I/O 库函数。在程序设计时，需要重点关注函数的功能设计、参数以及返回值，同时掌握函数的调用方式，才能灵活使用函数实现复杂的功能。本章在后半部分着重介绍了标准 I/O 库函数，这些函数主要用来实现程序的输入、输出，作为 C 语言程序中常用的函数接口，读者需要熟练使用才能更好地实现数据处理。

6.9 习题

1. 填空题

（1）函数的定义可分为________和________两部分。

（2）用来结束函数并返回函数值的是________关键字。

（3）按用户指定的格式从标准输入设备上把数据输入到指定变量中的函数是________。

（4）从标准输入设备中获取一个字符的函数是________。

（5）按作用域范围不同可将变量分为局部变量和________变量。

（6）内部函数又可以称为________函数，使用________关键字进行修饰。

（7）外部函数在使用时需要使用________关键字声明。

2. 选择题

（1）C 语言中函数返回值的类型是由（　　）决定。

A. return 语句中的表达式类型　　B. 调用函数的主调函数类型
C. 调用函数时临时　　D. 定义函数时所指定函数返回值类型

（2）在函数体内说明语句后的复合语句中定义了一个变量，则该变量（　　）。
A. 为全局变量，在本文件内有效　　B. 为局部变量，只在该函数内有效
C. 定义无效，为非法变量　　D. 为局部变量，只在该复合语句内有效

（3）定义一个 void 型函数意味着调用该函数时，函数（　　）。
A. 通过 return 返回一个指定值　　B. 返回一个系统默认值
C. 没有返回值　　D. 返回一个不确定的值

（4）以下对函数声明错误的是（　　）。
A. float add（float a，b）；　　B. float add（float b，float a）；
C. float add（float，float）；　　D. float add（float a，float b）；

（5）以下关于函数的叙述中不正确的是（　　）。
A. C 程序是函数的集合　　B. 被调函数必须在 main 函数中定义
C. 函数的定义不能嵌套　　D. 函数的调用可以嵌套

（6）格式输出函数 printf（）中的格式字符，表示输出十进制整数的是（　　）。
A. %d　　B. %c
C. %s　　D. %x

3. 思考题

（1）简述全局变量和局部变量的区别。
（2）简述函数形式参数与实际参数的区别。
（3）简述内外部函数。

4. 编程题

（1）编写一个判断素数的函数，即除了 1 和它本身之外没有其他的约数。
（2）编写一个函数，使得输入的一个字符串反序存放。

第7章

数组

配套课件

本章学习目标

- 掌握一维数组的定义及使用
- 掌握二维数组的定义及使用
- 掌握数组的排序算法
- 掌握字符数组的定义及使用
- 掌握字符串处理函数
- 了解多维数组的概念

数组作为C语言中一种特殊的构造数据类型，用来实现对相同类型的数据进行封装。在编写程序的过程中，经常会遇到处理很多数据的情况，如果这些数据都要单独定义则很烦琐，而使用数组则可以很好地解决这一问题。本章主要帮助读者掌握一维数组、二维以及字符数组的使用，并通过数组了解一些基础的排序算法，最后介绍与字符串相关的操作函数。

7.1 一维数组

配套视频

假如要存储80名学生的成绩，在没有数组之前，就需要定义80个变量，如下所示。

```
int n1,n2,n3,……,n80;
```

很明显这个定义的过程相当琐碎，耗费时间与精力，于是C语言提供了数组来存储相同类型的数据，现在要存储80名学生的成绩，只需定义一个数组，如下所示。

```
int n[80];
```

数组是典型的构造数据类型之一，是具有一定顺序关系的若干个变量的结合，组成数组的各个变量称为数组的元素。数组中各元素的数据类型必须是相同的，数组可以是一维的，也可以是多维的。

7.1.1 一维数组的定义

一维数组指的是存储一维数列中相同数据的集合，其语法格式如下所示。

```
存储类型说明符 数组标识符[常量表达式];
```

存储类型说明符表示数组中存储的所有元素类型，数组标识符表示数组型变量名，命名规则与普通变量名一致，常量表达式表示数组中存放的数据元素的个数，即数组长度。

定义一个一维数组，如下所示。

```
int array[8];
```

如上述一维数组的定义，表示数组中有 8 个元素，每个元素的数据类型都是整型，其下标值从 0 开始到 7 结束，即 array [0] 表示数组的第一个元素，array [4] 表示数组的最后一个元素，以此类推。

7.1.2 数组元素

数组定义完成后即可使用数组中的元素，数组元素是组成数组的基本单元。每一个数组元素都是一个相对独立的变量，访问数组中的元素，可以通过指定数组名称和元素的位置（数组下标）进行确定，其语法格式如下所示。

```
数组名[下标]
```

由上文描述可知，数组的下标从 0 开始，如果数组的大小为 N，则数组的最大下标为 N-1。操作数组元素保存数据，具体如例 7-1 所示。

【例 7-1】 操作数组元素。

```
1  #include<stdio.h>
2
3  int main(int argc,const char *argv[])
4  {
5    int Array[5];
6    int i,j;
7
8    for(i=0;i<5;i++){
9         Array[i]=i;          /*对数组元素依次进行赋值*/
10    }
11
12    /*依次输出数组中元素的值*/
13    for (j=0;j<5;j++){
14        printf("Array[%d]=%d\n",j,Array[j]);
15    }
16    return 0;
17 }
```

输出：

```
Array[0]=0
Array[1]=1
Array[2]=2
Array[3]=3
Array[4]=4
```

分析：

上述示例中，第8～10行代码通过for循环语句对数组中的每一个元素（数组元素类型为整型）进行赋值操作，操作数组元素的方式为数组名与下标的方式，即Array [i]，第13～15行代码通过for循环语句依次输出数组中元素的值。

7.1.3　一维数组初始化

一维数组初始化指的是定义数组时进行数组元素的赋值，其初始化的语法格式如下所示。

```
数据类型 数组名[元素个数]={值1,值2,值3,…,值n};
```

如果需要对数组全部元素赋初值，示例代码如下所示。

```
int a[5]={1,2,3,4,5};
```

在定义数组的同时将常量1、2、3、4、5分别保存到数组元素a [0]、a [1]、a [2]、a [3]、a [4] 中。如果需要将所有的元素赋初值为0，则初始化操作如下所示。

```
int a[5]={0};
```

该初始化操作等价于以下操作。

```
int a[5]={0,0,0,0,0};
```

上述初始化操作只适用于初始值为0，如赋初始值为1，则以下操作为错误操作。

```
int a[5]={1};          //错误操作
```

初始化一维数组，具体如例7-2所示。

【例7-2】 初始化一维数组。

```
1  #include<stdio.h>
2
3  int main(int argc,const char *argv[])
4  {
5     int i;
6     int Array[5]={1,2,3,4,5};
7
8     for(i=0;i<5;i++){
9         printf("Array[%d]=%d\n",i,Array[i]);
```

```
10     }
11
12     printf("=============\n");
13
14     int iArray[5]={0};
15
16     for (i=0;i<5;i++){
17         printf("Array[%d]=%d\n",i,iArray[i]);
18     }
19     return 0;
20 }
```

输出:

```
Array[0]=1
Array[1]=2
Array[2]=3
Array[3]=4
Array[4]=5
=============
Array[0]=0
Array[1]=0
Array[2]=0
Array[3]=0
Array[4]=0
```

分析:

上述示例中，第 6 行代码为数组初始化操作，通过第 8～10 行代码输出初始化后的数组元素的值，由输出结果可知，初始化成功。第 14 行代码同样为数组初始化操作且初始值为 0，通过第 16～18 行代码输出初始化后的数组元素的值，全部为 0。

释疑:

当对数组中的全部元素进行初始化时，可以不指定数组的长度，如 int a []={0, 1, 2, 3}；表示数组的元素共有 4 个，即长度为 4。

如果只需要初始化数组中的部分元素，则其他元素默认为 0，示例代码如下所示。

```
int a[5]={1,2,3};
```

执行上述操作后，a [0]=1，a [1]=2，a [2]=3，a [3]=0，a [4]=0。如例 7-3 所示，初始化部分元素，查看结果。

【例 7-3】 初始化一维数组的部分元素。

```
1  #include<stdio.h>
```

```
2
3  int main(int argc,const char * argv[])
4  {
5      int i;
6      int Array[5]={1,2,3};
7
8      for(i=0;i<5;i++){
9          printf("Array[%d]=%d\n",i,Array[i]);
10     }
11
12     return 0;
13 }
```

输出:

```
Array[0]=1
Array[1]=2
Array[2]=3
Array[3]=0
Array[4]=0
```

分析:

上述示例中，第 6 行代码对数组进行初始化时，只赋值了部分数值，即 1、2、3，分别按顺序赋值给 Array [0]、Array [1]、Array [2]，剩余未赋值的数组元素则默认被赋值为 0。

7.1.4 数组的存储方式

数组在内存中的存储是连续的，即每个元素都被存储在相邻的位置，具体如图 7-1 所示。

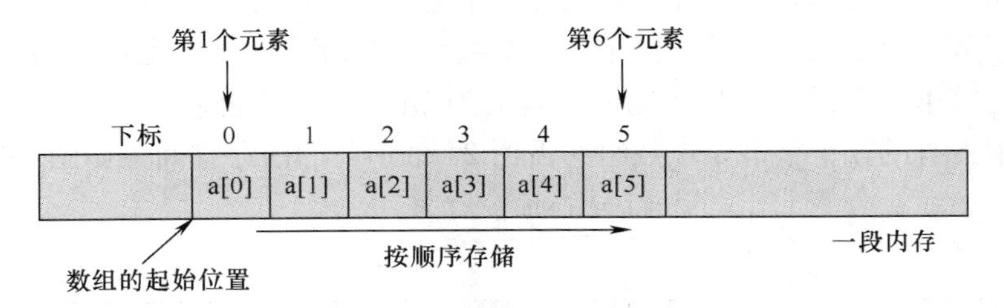

图 7-1 数组的存储

如图 7-1 所示，数组中所有的元素在内存的位置都是连续的，最低的地址对应第一个元素，最高的地址对应最后一个元素，如果数组为整型数组，则数组中的每一个元素在内存中占用 4 个字节，数组变量的长度为 6，共占有 24 个字节。

通过获取内存地址的方式测试上述推理，具体如例 7-4 所示。

【例 7-4】 数组存储。

```
1  #include< stdio.h>
2
3  int main(int argc,const char * argv[])
4  {
5     int Array[6]= {0};
6
7     printf("Array[0]的地址为 %p\n",&Array[0]);
8     printf("Array[1]的地址为 %p\n",&Array[1]);
9     printf("Array[2]的地址为 %p\n",&Array[2]);
10     printf("Array[3]的地址为 %p\n",&Array[3]);
11    printf("Array[4]的地址为 %p\n",&Array[4]);
12     printf("Array[5]的地址为 %p\n",&Array[5]);
13     return 0;
14  }
```

输出：

```
Array[0]的地址为 0x7fff9e97d050
Array[1]的地址为 0x7fff9e97d054
Array[2]的地址为 0x7fff9e97d058
Array[3]的地址为 0x7fff9e97d05c
Array[4]的地址为 0x7fff9e97d060
Array[5]的地址为 0x7fff9e97d064
```

分析：

上述示例中，定义一个整型数组，其元素共有 5 个，使用 printf () 函数进行格式化输出，格式“%p”用来输出内存地址，取地址符“&”用来获取某个元素（变量）的内存地址。由输出结果可知，每个元素的内存地址差值为 4，内存的基本单位为字节，因此差值为 4 个字节。由于数组为整型数组，可知数组在内存中的地址是连续的，最后一个元素的起始地址与第一个元素的起始地址的差值为 14（十六进制数），即 20 个字节，包含最后一个元素占有的 4 个字节，该数组共占用 24 个字节的内存空间，如图 7-2 所示。

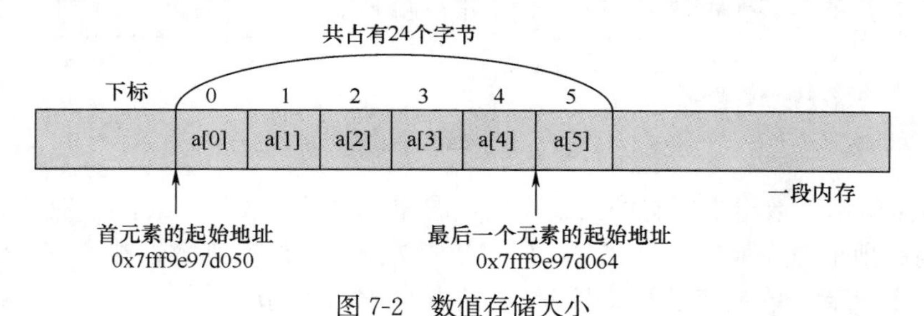

图 7-2 数值存储大小

7.1.5 数组的应用

功能需求：输入 5 个整数，将其倒序存放到数组中，并将结果输出，如例 7-5 所示。

【例 7-5】 倒序输出。

```
1  #include< stdio.h>
2
3  int main(int argc,const char * argv[])
4  {
5    int Array[5]= {0};
6    int i,j;
7
8    printf("输入 5 个整数:\n");
9
10    for(i= 4;i > = 0;i - -){
11        scanf("%d",&Array[i]);
12    }
13
14    printf("倒序输出 5 个整数:\n");
15
16    for(j= 0;j< 5;j+ + ){
17         printf("%d ",Array[j]);
18    }
19    printf("\n");
20     return 0;
21  }
```

输入：

```
输入 5 个整数：
1
2
3
4
5
```

输出：

```
倒序输出 5 个整数：
5 4 3 2 1
```

分析：

上述示例中，第 10～12 行代码通过 for 循环语句依次遍历数组中的每一个元素，scanf () 函数通过用户输入的方式对每一个数组中的元素进行赋值（从数组的最后一个元素开始），第 16～18 行代码再次通过 for 循环遍历数组中的每一个元素（从数组的第一个元素开始），输出元素中的值。

7.2 二维数组

7.2.1 二维数组的定义

配套视频

二维数组的声明与一维数组相同，其语法格式如下所示。

```
数据类型 数组名[常量表达式 1][常量表达式 2];
```

如上述定义形式，不同于一维数组的是，二维数组有两个常量表达式。其中，常量表达式 1 被称为行下标，常量表达式 2 被称为列下标。简单地说，可以将二维数组看作代数中的矩阵，常量表达式 1 表示矩阵的行数，常量表达式 2 表示矩阵的列数。

假设定义一个二维数组 Array [m] [n]，则二维数组的行下标取值范围为 0～m−1，列下标取值范围为 0～n−1，二维数组的最大下标元素是 Array [m−1] [n−1]。

定义一个数组名为 Array，3 行 4 列的整型二维数组，如下所示。

```
int Array[3][4];
```

如上述二维数组定义，该数组的变量共有 3×4 个，分别为 Array[0][0]、Array[0][1]、Array[0][2]、Array[0][3]、Array[1][0]、Array[1][1]、Array[1][2]、Array[1][3]、Array[2][0]、Array[2][1]、Array[2][2]、Array[2][3]，其对应的位置，如图 7-3 所示。

Array[0][0]	Array[0][1]	Array[0][2]	Array[0][3]
Array[1][0]	Array[1][1]	Array[1][2]	Array[1][3]
Array[2][0]	Array[2][1]	Array[2][2]	Array[2][3]

图 7-3 二维数组元素的位置

注意：

如图 7-3 所示的二维数组的元素位置只是为了形象地显示二维数组的元素关系，不代表其在内存中的存储位置，二维数组在内存中的存储为连续存储，按照图 7-3 所示的行进行排序，如 Array [0] [3] 元素在内存中的下一个元素为 Array [1] [0]。

7.2.2 数组元素

使用二维数组中的元素，其一般的形式如下所示。

```
数组名[下标][下标];
```

注意：

无论是行下标还是列下标，其索引值都是从 0 开始，如 Array [2] [3] 表示的是二维数组中第 3 行第 4 列对应的元素。

操作二维数组保存数据，如例 7-6 所示。

【例 7-6】 操作数组元素。

```
1  #include<stdio.h>
2
3  int main(int argc,const char *argv[])
4  {
5     int Array[3][4];
6     int i,j;
7
8     /*为二维数组中的元素赋值*/
9     for(i=0;i<3;i++){
10        for(j=0;j<4;j++){
11            Array[i][j]=i+j;
12        }
13    }
14
15    /*输出二维数组中元素的值*/
16    for(i=0;i<3;i++){
17        for(j=0;j<4;j++){
18            printf("Array[%d][%d]=%d  ",i,j,Array[i][j]);
19        }
20        printf("\n");
21    }
22    return 0;
23 }
```

输出：

```
Array[0][0]=0  Array[0][1]=1  Array[0][2]=2  Array[0][3]=3
Array[1][0]=1  Array[1][1]=2  Array[1][2]=3  Array[1][3]=4
Array[2][0]=2  Array[2][1]=3  Array[2][2]=4  Array[2][3]=5
```

分析：

上述示例中，对二维数组赋值以及输出值，都需要使用 for 语句循环嵌套，外层循环实现按行遍历数组，内存循环实现按列遍历数组，如变量 i 为 0 时，表示操作数组的第一行，变量 j 为 0，表示操作数组某一行的第 1 个元素。

7.2.3 二维数组的初始化

二维数组同样可以在声明的同时对其进行赋值，即初始化。二维数组初始化比一维数组的初始化复杂，其主要可以分为分行初始化以及不分行初始化。

(1) 分行初始化

采用分行的形式对二维数组初始化需要使用大括号，通过大括号将属于同一行的元素包含起来，如下所示。

```
int Array[2][3]={{1,2,3},{4,5,6}};
```

如上述操作，第一行的三个元素分别被赋值为 1、2、3，第二行的三个元素分别被赋值为 4、5、6。在分行赋值时，可以只对部分元素赋值，如下所示。

```
int Array[2][3]={{1,2},{4,5}};
```

完成上述初始化操作后，Array [0] [0] 的值为 1，Array [0] [1] 的值为 2，Array [0] [2] 的值默认为 0，Array [1] [0] 的值为 4，Array [1] [1] 的值为 5，Array [1] [2] 的值默认为 0。

采用分行的方式初始化二维数组，如例 7-7 所示。

【例 7-7】 二维数组分行初始化。

```
1  #include< stdio.h>
2
3  int main(int argc,const char * argv[])
4  {
5     int Array[3][4]={{1,2,3},
6                      {5,6,7},
7                      {9,10,11}};
8     int i,j;
9     for(i=0;i<3;i++){
10        for(j=0;j<4;j++){
11              printf("Array[%d][%d]=%d  ",i,j,Array[i][j]);
12         }
13         printf("\n");
14     }
15     return 0;
16  }
```

输出：

```
Array[0][0]=1   Array[0][1]=2   Array[0][2]=3   Array[0][3]=0
Array[1][0]=5   Array[1][1]=6   Array[1][2]=7   Array[1][3]=0
Array[2][0]=9   Array[2][1]=10  Array[2][2]=11  Array[2][3]=0
```

分析：

上述示例中，采用分行的方式对二维数组进行初始化，其中只初始化了部分元素，通过双层 for 循环输出二维数组元素中的值，可知未被赋值的数组元素被默认赋值为 0。

（2）不分行初始化

不分行初始化即将所有的数据写入到一个大括号中，按照数组元素排列顺序对元素赋值，如下所示。

```
int Array[3][4]={1,2,3,4,5,6};
```

如果大括号内的数据少于数组元素的个数，则系统将默认后面未被赋值的元素的值为 0。在为所有的元素进行赋值时，可以省略行下标，不能省略列下标，如下所示。

```
int Array[][3]={1,2,3,4,5,6};
```

释疑：

采用不分行的形式对二维数组所有元素进行赋值时，不能省略列下标，根据元素的个数以及列数，即可确认二维数组的行数，而如果给定元素的个数以及行数，则不能确认二维数组的列数。

分行初始化与不分行初始化具有一定的区别，如下所示。

```
int Array[2][3]={1,2,3};
int Array[2][3]={{1},{2,3}};
```

上述第一行代码，该初始化操作后，第一行元素分别被赋值为 1、2、3，第二行元素被默认赋值为 0。而执行上述第二行代码的初始化操作后，第一行元素分别被赋值为 1、0、0，第二行元素分别被赋值为 2、3、0。

采用不分行的方式初始化二维数组，如例 7-8 所示。

【例 7-8】 二维数组不分行初始化。

```
1  #include<stdio.h>
2
3  int main(int argc,const char *argv[])
4  {
5      int Array[3][4]={1,2,3,4,5,6};
6      int i,j;
7
8      for(i=0;i<3;i++){
```

```
9        for(j=0;j<4;j++){
10           printf("Array[%d][%d]=%d   ",i,j,Array[i][j]);
11       }
12       printf("\n");
13   }
14
15   return 0;
16 }
```

输出:

```
Array[0][0]=1   Array[0][1]=2   Array[0][2]=3   Array[0][3]=4
Array[1][0]=5   Array[1][1]=6   Array[1][2]=0   Array[1][3]=0
Array[2][0]=0   Array[2][1]=0   Array[2][2]=0   Array[2][3]=0
```

分析:

上述示例中，采用不分行的方式对二维数组进行初始化，其中只初始化了部分元素，通过双层 for 循环输出二维数组元素中的值，可知未被赋值的数组元素被默认赋值为 0。

7.2.4 数组的应用

功能需求：使用二维数组实现输出杨辉三角。如图 7-4 所示，列出杨辉三角的前 6 行。

如图 7-4 所示，杨辉三角每一层所有两端都是 1 并且左右对称，从第一层开始，每个不位于左右两端的数等于上一层左右两个数相加之和。

如果将图 7-4 中等腰三角形转化为直角三角形，如图 7-5 所示。

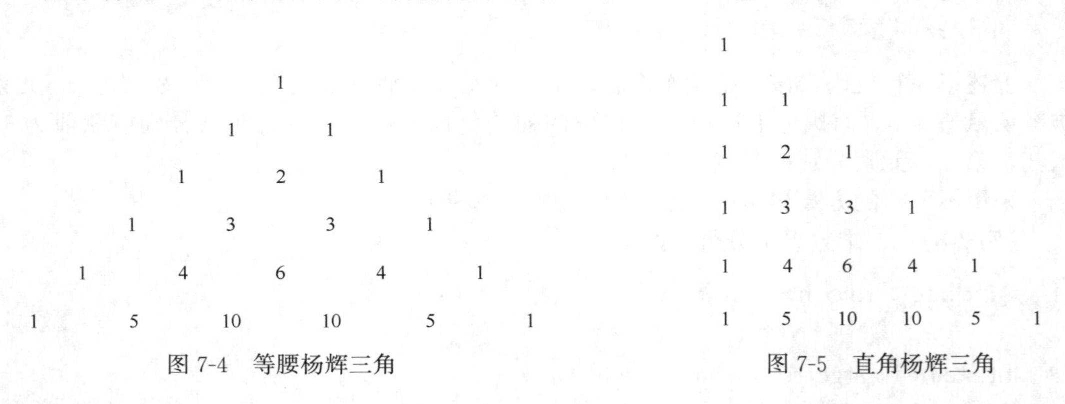

图 7-4 等腰杨辉三角　　图 7-5 直角杨辉三角

如图 7-5 所示，图中的杨辉三角可以视为一个二维模型，即一张表格，因此可以使用二维数组 Array [6] [6] 存储杨辉三角中的所有数字，如第 4 行第 3 列的数字可以用 Array [3] [2] 表示。图 7-5 中，第一列的数字都为 1，即 Array [i] [0]=1，行数等于列数的数字同样为 1，即 Array [i] [i]=1，剩余数字可以通过相邻上层数字相加得到，即 Array [i] [j]=Array [i−1] [j−1]+Array [i−1] [j]。

至此，杨辉三角中的数字即可存放到二维数组中，最后通过控制间距输出等腰杨辉三角形，具体如例 7-9 所示。

【例 7-9】 杨辉三角。

```
1  #include<stdio.h>
2
3  int main(int argc,const char *argv[])
4  {
5     int Array[6][6];
6     int i,j;
7
8     for(i=0;i<6;i++){
9         for(j=0;j<i+1;j++){
10            if(j==0 || j==i){  /*每一层左右两端的元素*/
11                Array[i][j]=1;
12            }
13            else{                    /*其他元素*/
14                Array[i][j]=Array[i-1][j-1]+Array[i-1][j];
15            }
16        }
17    }
18
19    /*输出杨辉三角*/
20    for(i=0;i<6;i++){
21        /*输出每一行第一个元素,为输出预留足够的空间*/
22        printf("%*d",12-i*2,Array[i][0]);
23        for(j=1;j<i+1;j++){
24            printf("%4d",Array[i][j]);  /*输出其他元素*/
25        }
26        printf("\n");
27    }
28    return 0;
29 }
```

输出：

```
          1
        1   1
      1   2   1
    1   3   3   1
  1   4   6   4   1
1   5  10  10   5   1
```

分析：

上述示例中，第 8～17 行代码通过 for 循环实现将杨辉三角的数值保存到二维数组中，外层循环控制行数，内层循环控制列数，保存杨辉三角的值时，需要考虑每一层左右两端的数值为 1，其余数值等于上层相邻的数值之和。第 20～27 行代码通过 for 循环实现输出杨辉三角的值，为了输出更加美观，按照可变的字段宽度先输出每一行第一列的数值，其余按顺序输出。

7.3 数组的排序算法

在讨论 C 语言程序设计中的数组问题时，经常会涉及一些与其相关的经典问题，如排序问题，也可称为数组的排序算法。排序指的是数组元素保存数值的排序，使其变为有序的序列（从小到大或从大到小）。数组排序算法有很多，如直接插入排序、希尔排序、直接选择排序、堆排序、冒泡排序、快速排序、归并排序等。

配套视频

7.3.1 冒泡排序

(1) 冒泡排序的原理

冒泡排序（Bubble Sort）是一种简单且经典的排序算法。冒泡排序的核心思想是重复遍历整个序列，从第一个元素开始，两两比较相邻元素的大小，如果反序则交换，直到整个序列变为有序为止。

冒泡排序算法的具体操作如下所示。

① 比较相邻元素，从第一个元素开始，即第一个元素与第二个元素比较，如果前一个元素大于后一个元素就进行交换。

② 每次比较完成后，移动到下一个元素继续进行比较，直到比较完最后一个元素与倒数第二个元素。

③ 所有元素比较完成后（一轮比较），序列中最大的元素在序列的末尾。

④ 重复上述 3 个步骤。

综上所述，通过图示分析冒泡排序的工作原理，如图 7-6 所示，创建一个初始未排序的序列（以下描述直接使用元素的值代表元素本身）。

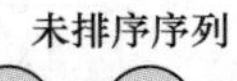

图 7-6 未排序序列

对图 7-6 所示的序列进行第一次排序。从第一个元素开始，先比较第一元素与第二个元素，再比较第二个元素与第三个元素，以此类推，如果前一个元素大于后一个元素，则将二者交换，反之不交换。

如图 7-7 所示，第一次排序后，最大元素 11 位于序列末尾，再次进行下一轮排序。

如图 7-8 所示，第二次排序后，元素 9 位于序列倒数第二位，继续进行下一轮排序。

如图 7-9 所示，第三次排序后，元素 6 位于序列倒数第三位，继续进行下一轮排序。

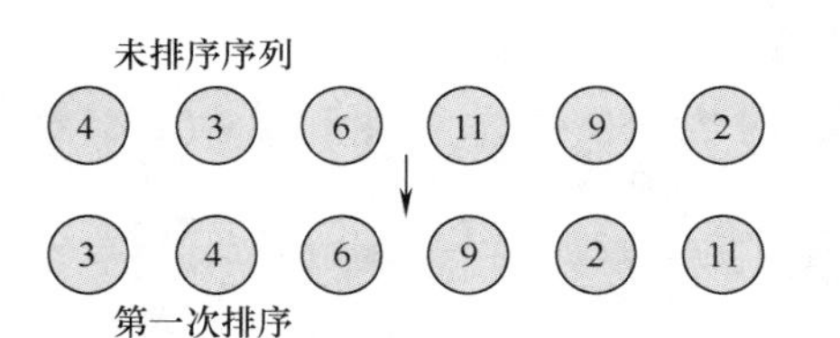

图 7-7　第一次排序后

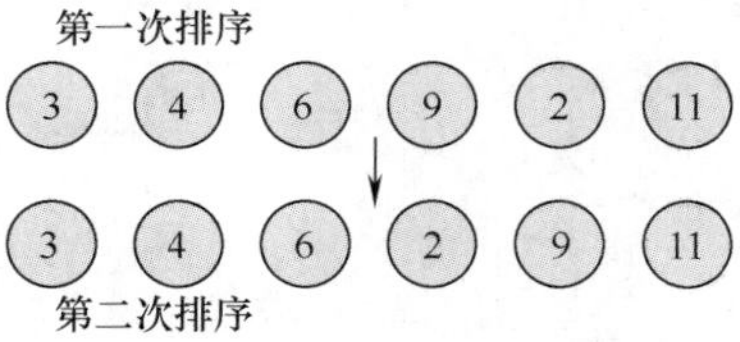

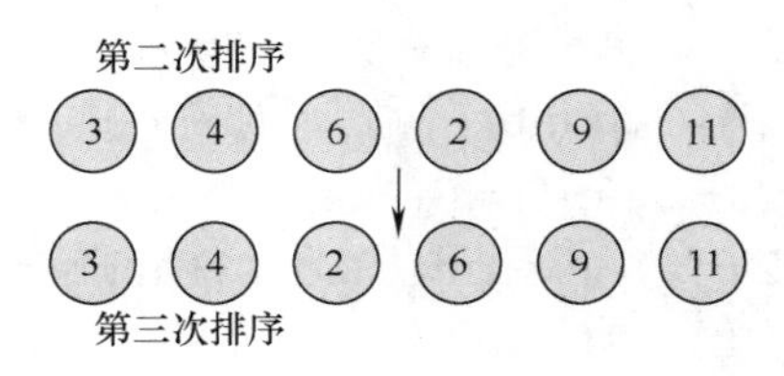

图 7-8　第二次排序后

如图 7-10 所示，第四次排序后，元素 4 位于序列正数第 3 位，继续进行下一轮排序。

如图 7-11 所示，经过排序后，序列为递增序列，至此冒泡排序结束。

图 7-9　第三次排序后

(2) 冒泡排序代码实现

冒泡排序的代码实现，如例 7-10 所示。

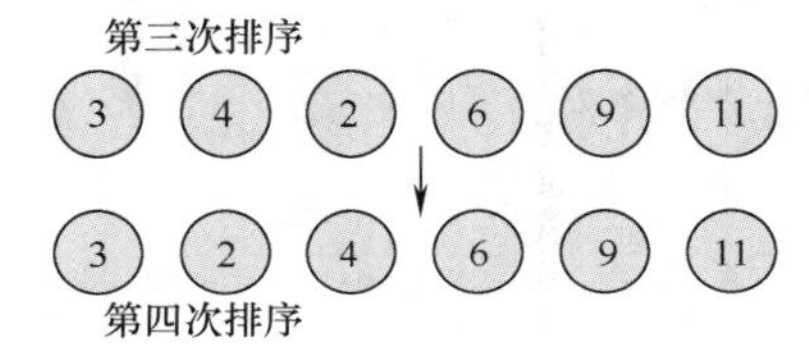

图 7-10　第四次排序后

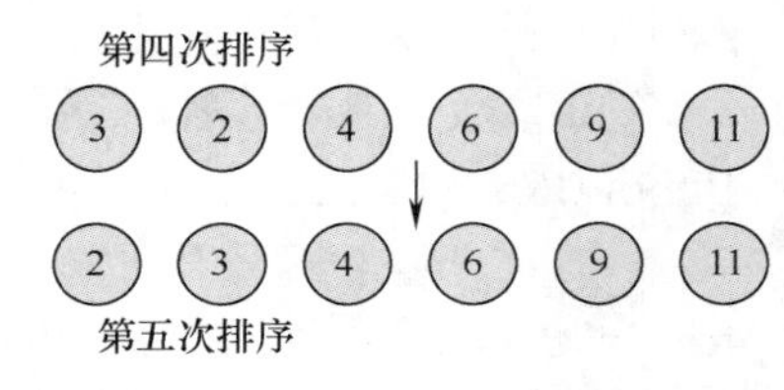

图 7-11　第五次排序后

【例 7-10】 冒泡排序。

```
1  #include<stdio.h>
2
3  void Bubble_Sort(int a[],int n){
4    int i,j,temp;
5    for(j=0;j<n-1;j++){  /*冒泡排序需要执行 n-1 轮排序*/
6         /*每轮循环结束后,最后一个元素都是当前序列中的最大值*/
7         for(i=0;i<n-1-j;i++){/*每次循环后都将从后向前确认一个元素*/
8              if(a[i] > a[i+1]){          /*如果前一个元素大于后一个元素*/
9                 temp=a[i];              /*交换数据*/
10                a[i]=a[i+1];
11                a[i+1]=temp;
12             }
13        }
14    }
15 }
16
17 int Number[32];   /*定义整型数组*/
18
```

```
19 int main(int argc,const char * argv[])
20 {
21   int i,j,n;
22
23    printf("输入数值的个数:\n");
24    scanf("%d",&n);  /* 手动输入排序的元素的个数 */
25
26    /* 输入所有需要排序的元素的数值 */
27    printf("输入所有需要排序的元素的数值:\n");
28    for(j= 0;j< n;j+ + ){
29        scanf("%d",&Number[j]);
30    }
31
32    /* 调用子函数实现冒泡排序 */
33    /* 实际参数 1 为数组名,实际参数 2 为数值的个数 */
34    Bubble_Sort(Number,n);
35
36    for(i= 0;i< n;i+ + ){
37        printf("%d ",Number[i]);
38    }
39
40    printf("\n");
41   return 0;
42}
```

输入:

```
输入数值的个数:
8
输入所有需要排序的元素的数值:
2
4
3
7
9
11
14
1
```

输出:

```
1 2 3 4 7 9 11 14
```

分析：

上述示例中，在主函数［main（）函数］中调用 Bubble _ Sort（）函数实现冒泡排序，该函数的参数分别为存放需要排序元素的数组以及排序元素的个数。第 3～15 行代码为排序核心操作，由于每轮排序都将确定一个当前参与排序元素中的最大值，并将其放到最末尾，假设参与排序的元素共有 n 个，则冒泡排序需要执行 n－1 轮排序操作。第 5 行代码执行 for 循环表示的是执行冒泡排序的轮次，第 7 行代码执行 for 循环表示的是从第一个元素开始依次实现前后元素的比较，即一轮排序的操作。由输出结果可知，经过冒泡排序后，序列为递增序列。

7.3.2　快速排序

(1) 快速排序的原理

快速排序（Quick Sort）的核心思想是通过一轮排序将未排序的序列分隔为独立的两部分，使得一部分序列的值都比另一部分序列的值小，然后分别对这两部分序列继续进行排序，以达到整个序列有序。

快速排序使用分治法将一个序列分为两个子序列，具体的操作如下所示。

① 从序列中选出一个元素，作为基准值。

② 重新排序序列，将所有比基准值小的元素放到基准值前，所有比基准值大的元素放到基准值后（相同的数可以到任意一边）。

③ 采用递归的思想将小于基准值的子序列和大于基准值的子序列排序。

在上述算法描述的基础上，快速排序可以设计出很多版本。这里通过具体的序列展示快速排序的其中一个版本，即单指针遍历法（指针指的是方向选择，不是语法意义上的指针）。

创建一个无序的数字序列，具体如图 7-12 所示。

从图 7-12 所示序列的第一个元素开始，将元素 5 作为基准值，从序列末尾选择元素与基准值进行比较，即元素 2 与元素 5 进行比较。由于元素 2 小于元素 5，二者进行交换，如图 7-13 所示。

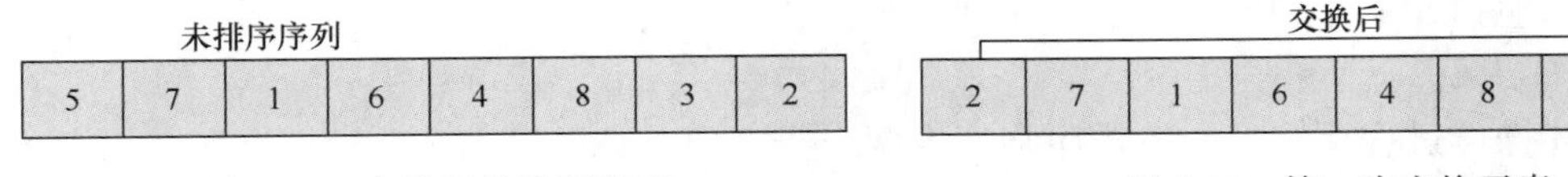

图 7-12　未排序的数字序列　　图 7-13　第一次交换元素

交换完成后，继续从序列开头选择元素与基准值进行比较，即元素 7 与元素 5 进行比较。由于元素 7 大于元素 5，二者进行交换，如图 7-14 所示。

如图 7-14 所示，从序列末尾选择元素与基准值进行比较，即元素 3 与元素 5 进行比较。由于元素 3 小于元素 5，二者进行交换，如图 7-15 所示。

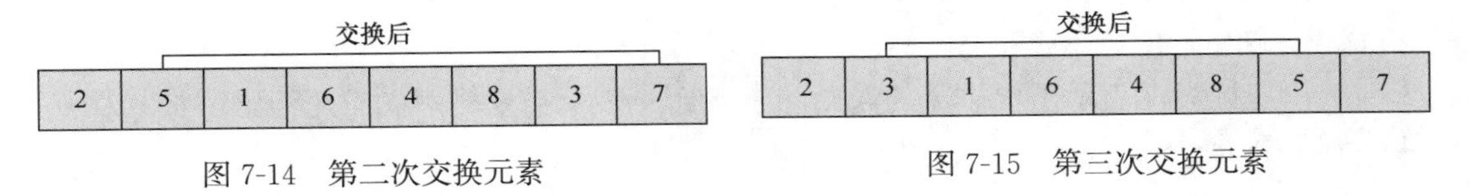

图 7-14　第二次交换元素　　图 7-15　第三次交换元素

如图 7-15 所示，从序列开头选择元素与基准值进行比较，即元素 1 与元素 5 进行比较，由于元素 1 小于元素 5，二者无须交换。移动至下一个元素，比较元素 6 与元素 5，元素 6 大于元素 5，二者进行交换，如图 7-16 所示。

如图 7-16 所示，从序列末尾选择元素与基准值进行比较，即元素 8 与元素 5 进行比较。由于元素 8 大于元素 5，二者无须交换。移动至下一个元素，比较元素 4 与元素 5，元素 4 小于元素 5，二者进行交换，如图 7-17 所示。

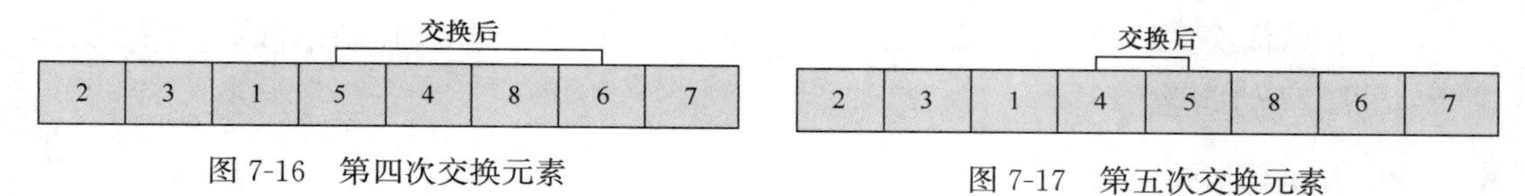

图 7-16　第四次交换元素　　图 7-17　第五次交换元素

如图 7-17 所示，经过一轮排序后，序列被分为两个子序列，元素 5 前的所有元素都小于元素 5 后的所有元素。将元素 5（可包含元素 5）前的序列视为一个子序列，元素 5 后的序列视为另一个子序列，接下来采用与上述描述过程同样的原理，对这两个子序列进行排序。

先处理第一个子序列，即元素 2 到元素 5，将元素 2 作为基准值。将子序列的末尾元素 5 与元素 2 进行比较，元素 5 大于元素 2，无须交换。移动至下一个元素 4，同样无须交换，再次移动至下一个元素 1，元素 1 小于元素 2，二者进行交换，如图 7-18 所示。

如图 7-18 所示，继续从子序列的开头选择元素与基准值进行比较，即元素 3 与元素 2 进行比较，元素 3 大于元素 2，二者进行交换。

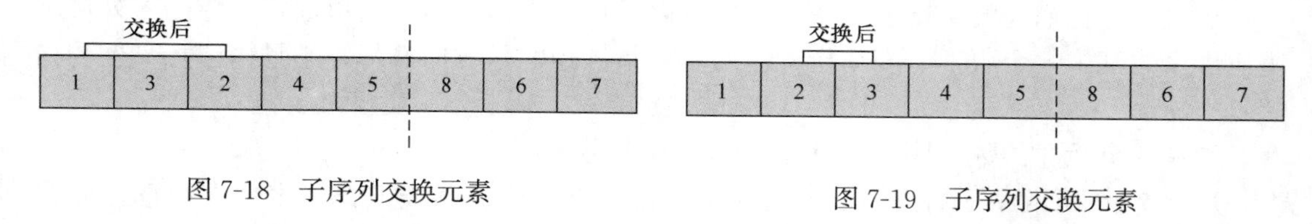

图 7-18　子序列交换元素　　图 7-19　子序列交换元素

如图 7-19 所示，经过交换后，子序列可再次分为两个子序列，即元素 1 到元素 2 视为一个子序列，元素 3 到元素 5 视为另一个子序列，将这两个序列继续按照上述操作方法进行排序，包括元素 8 到元素 7 的子序列。当所有子序列的元素个数变为 1 时，整个序列的排序工作结束。

由上述操作过程可知，一轮排序会产生两个子序列，且子序列会继续产生子序列。排序的轮次越多，子序列越多，子序列中元素的个数越少。无论产生多少子序列，其排序方式不变，因此排序的过程可以采用递归的思想来实现。

（2）快速排序代码实现

采用单指针遍历法实现快速排序，如例 7-11 所示。

【例 7-11】 快速排序。

```
1  #include<stdio.h>
2
3  /* 快速排序,l 表示需要排序的起始元素下标,r 表示需要排序的结尾元素下标 */
4  void Quick_Sort(int a[],int l,int r){
```

```
5     if(l< r){
6        /* x 将起始的元素作为基准值,i 为序列起始位置下标,j 为序列末尾位置下标 */
7        int i= l,j= r,x= a[l];
8        while(i< j){  /* 一轮排序结束后,i 的值将等于 j 的值 */
9              while(i< j && a[j] > = x){  /* 从右向左寻找第一个小于基准值的元素 */
10                  j- - ;
11             }
12             if(i< j){           /* 如果满足条件 */
13                a[i]= a[j];  /* 采用赋值的方式实现交换 */
14                  i+ + ;
15             }
16             while(i< j && a[i]< x){  /* 从左向右寻找第一个大于基准值的元素 */
17                  i+ + ;
18             }
19             if(i< j){           /* 如果满足条件 */
20                a[j]= a[i];  /* 采用赋值的方式实现交换 */
21                j- - ;
22             }
23        }
24           a[i]=x;  /* 由于上述赋值交换将基准值覆盖,最后需要将基准值放入最终的空位 */
25
26           /* 经过一轮操作后,序列分为两个子序列,使用递归继续处理子序列 */
27           Quick_Sort(a,l,i-1);
28           Quick_Sort(a,i+ 1,r);
29     }
30  }
31
32  int main(int argc,const char * argv[])
33  {
34    int i,Array[8]= {5,7,1,6,4,8,3,2};/* 使用数组保存需要排序的序列 */
35
36    Quick_Sort(Array,0,7);  /* 执行快速排序 */
37
38    for(i= 0;i< 8;i+ + ){
39         printf("%d ",Array[i]);
40    }
41
```

```
42      printf("\n");
43      return 0;
44  }
```

输出：

```
1 2 3 4 5 6 7 8
```

分析：

上述示例中，在主函数［main（）函数］中调用 Quick_Sort（）函数实现快速排序，该函数的参数分别为存放需要排序元素的数组以及需要排序元素中的起始、结尾元素的数组下标。第 4～30 行代码为快速排序的核心操作。由于快速排序会不断地拆分子序列，子序列进一步拆分子序列，最终子序列越来越多，其中的元素越来越少。由此可知，第 5 行通过判断参与排序的起始元素与结尾元素的下标确定排序是否继续执行，如果起始元素的下标与结尾元素的下标相等，说明多次拆分后的子序列中只有一个元素，则排序完成。第 8～23 行代码通过 while 循环语句完成一轮排序，通过与基准值对比，判断元素的值是否需要交换，即将所有小于基准值的元素放到左边，大于基准值的元素放到右边，分为两个子序列。在执行元素交换时，采用了“挖坑填数”的方法，其原理如图 7-20 所示。

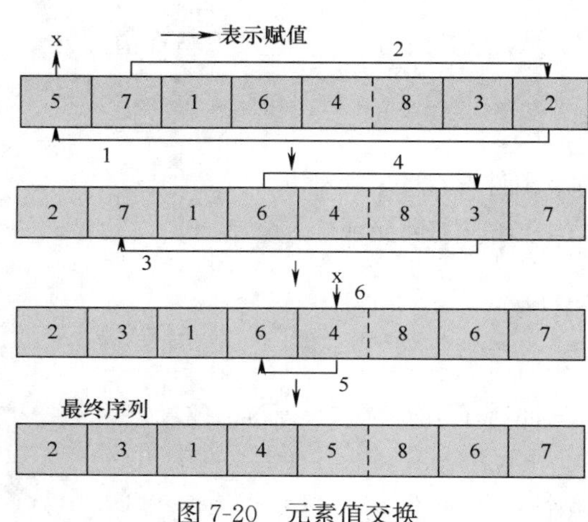

图 7-20　元素值交换

如图 7-20 所示，在执行交换元素值之前将基准值先保存至变量 x 中（以防止被覆盖后数值丢失），后续交换则直接赋值覆盖即可，如元素 2 与元素 5（基准值）进行交换，将元素 2 直接赋值到元素 5 的位置，后续元素 7 将再赋值到元素 2 原来的位置，依次类推，最终将变量 x 中保存的基准值填入到最后一个赋值元素原来的位置。通过相互赋值覆盖掉不需要的数据，实现数据的交换。读者也可以定义交换元素的函数，使用直接交换的方式完成排序。

7.3.3　直接插入排序

(1) 直接插入排序的原理

直接插入排序（Insertion Sort）是一种简单直观的排序算法，其工作原理是通过构建有序序列，对未排序的数据，在已排序序列中从后向前扫描，找到相应位置并插入。

直接插入排序算法的具体操作如下所示。

① 从序列的第一个元素开始，该元素被认定为已排序。

② 将下一个元素，在已经排序的元素序列中从后向前扫描。

③ 如果已经排序的元素大于新插入的元素，则将已经排序的元素移动到下一位。

④ 重复步骤 3，直到已经排序的元素小于或等于新插入的元素。

⑤ 插入新元素。

⑥ 重复步骤 2～5。

如图 7-21 所示，设定一串未经过排序的序列。

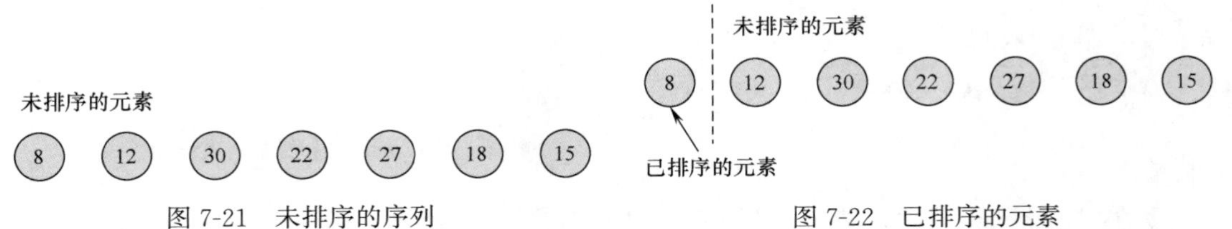

图 7-21　未排序的序列　　图 7-22　已排序的元素

执行上述算法描述的步骤 1，选择第一个元素作为已排序的元素，如图 7-22 所示。

执行上述算法描述的步骤 2，选择下一个元素（元素为 12），在已排序的元素中进行扫描，执行算法描述的步骤 3、4、5，由于新插入的元素 12 大于已排序的元素 8，因此无须移动已排序的元素 8。插入元素 12 后的效果如图 7-23 所示。

重复算法描述的步骤 2，选择下一个元素（元素为 30），在已排序的元素中从后向前扫描，执行步骤 3、4、5，元素 30 先比较元素 12，再比较元素 8，新插入的元素 30 大于元素 8 与元素 12，无须移动已排序的元素。插入元素 30 后的效果如图 7-24 所示。

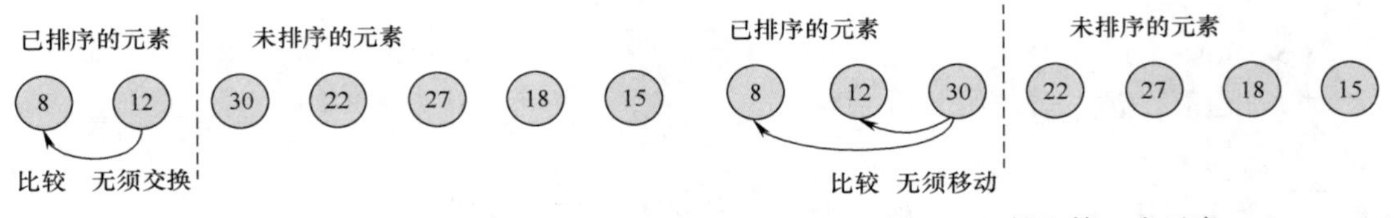

图 7-23　插入第一个元素　　图 7-24　插入第二个元素

重复算法描述的步骤 2，选择下一个元素（元素为 22），在已排序的元素中从后向前扫描，执行步骤 3、4、5，元素 22 小于元素 30，将元素 30 向后移动，即两个元素位置交换。元素 22 大于元素 12，则元素 12 无须移动。插入元素 22 后的效果如图 7-25 所示。

重复上述操作，插入元素为 27，执行算法描述的步骤 3、4、5，元素 27 小于元素 30，大于元素 22。插入元素 27 后的效果如图 7-26 所示。

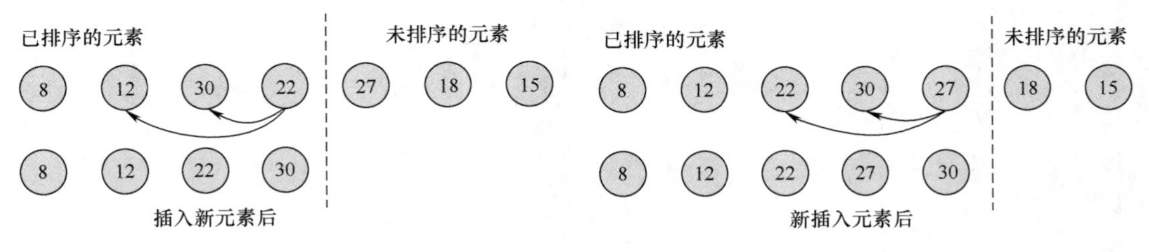

图 7-25　插入第三个元素　　图 7-26　插入第四个元素

重复上述操作，插入元素为 18，执行算法描述的步骤 3、4、5，元素 18 小于元素 30、27、22，大于元素 12。插入元素 18 后的效果如图 7-27 所示。

重复上述操作，插入最后一个元素 15，执行算法描述的步骤 3、4、5，元素 15 小于元素 30、27、22、18，大于元素 12。插入元素 15 后的效果如图 7-28 所示。

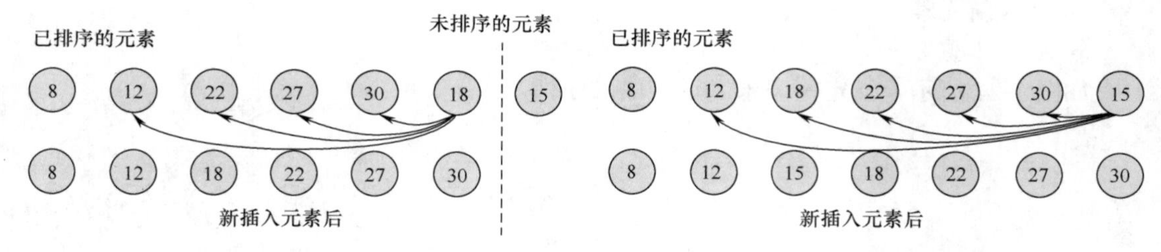

图 7-27　插入第五个元素

图 7-28　插入最后一个元素

元素 15 插入完成后，整个排序过程结束。如图 7-28 所示，新序列为递增序列。由上述分析可知，插入排序最坏的情况是序列是逆序的，最好的情况是序列是有序的。例如，图 7-28 中最后形成序列是递增的，如果最原始的序列成递减状态，则排序过程中，元素比较与移动的次数是最多的。

（2）直接插入排序代码实现

直接插入排序的代码实现，如例 7-12 所示。

【例 7-12】 直接插入排序。

```
1  #include< stdio. h>
2
3  void Insertion_Sort(int a[],int n){
4      int i,j,temp;
5
6    for(i= 1;i< n;i+ + ){  /* 待插入元素的数组下标 */
7        temp= a[i];   /* 将待排序元素赋值给 temp */
8        j= i - 1;      /* 找到待排序元素的上一个元素 */
9
10        /* while 循环实现对已排序的序列从后先前扫描，一一对比 */
11        while((j > = 0)&&(temp< a[j])){
12            a[j+ 1]= a[j];   /* 将比待排序元素大的元素向后移动一个位置 */
13             j- - ;                 /* 继续向前对比 */
14        }
15        /* 插入待排序的元素 */
16        a[j+ 1]= temp;
17    }
18  }
19  int main(int argc,const char  * argv[])
20  {
21    int Array[6]= {2,10,4,5,1,9};
```

```
22
23      int i= 0;
24
25      Insertion_Sort(Array,6);  /* 执行插入排序 */
26
27      for(i= 0;i< 6;i+ + ){
28          printf("%d ",Array[i]);
29      }
30
31     printf("\n");
32      return 0;
33  }
```

输出：

```
1 2 4 5 9 10
```

分析：

上述示例中，在主函数［main（）函数］中调用 Insertion_Sort（）函数实现直接插入排序，该函数的参数分别为存放需要排序元素的数组以及需要排序元素的个数。第 3～18 行代码为直接插入排序的核心代码。第 6 行代码 for 循环语句用来依次遍历未排序的元素，第 11～14 行代码通过 while 循环对已排序的元素进行遍历，使未排序的元素可以选择合适的位置插入。

7.3.4 直接选择排序

(1) 直接选择排序的原理

直接选择排序（Selection Sort）是一种简单直观且稳定的排序算法，排序过程中，无须再占用额外的空间。直接选择排序的工作原理是：首先在未排序的序列中找到最小（大）元素，存放到已排序序列的末尾位置，然后再从剩余未排序元素中寻找最小（大）元素，放到已排序序列的末尾，以此类推，直到所有元素均排序完毕。

由上述描述可知，直接选择排序就是反复从未排序的序列中取出最小的元素，加入到另一个序列中，最后得到已经排好的序列。

未排序 5 7 4 8 6 3

图 7-29 未排序的序列

创建未排序的序列，如图 7-29 所示。

选取第一个元素 5，分别与其他元素进行比较，当比较到元素 4 时（元素 4 小于元素 5），再以元素 4 为比较对象与其他元素进行对比，对比到元素 3 时，对比结束，将元素 3 放入已排序的序列，如图 7-30 所示。

如图 7-30 所示，经过第一次排序后，元素 3 进入已排序的序列。选取未排序序列中的第一个元素 7 再次进行比较，当比较到元素 4 时（元素 4 小于元素 7），以元素 4 作为比较对象与其他元素进行比较。元素 4 为最小值，将其放入到已排序的序列，如图 7-31 所示。

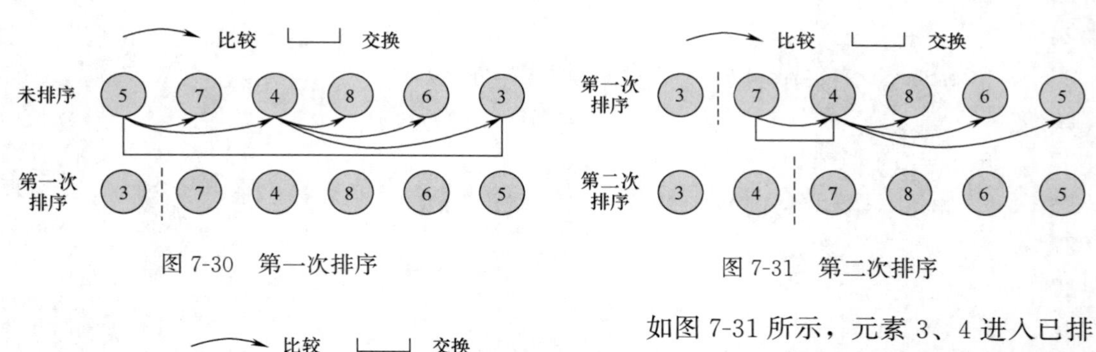

图 7-30　第一次排序　　图 7-31　第二次排序

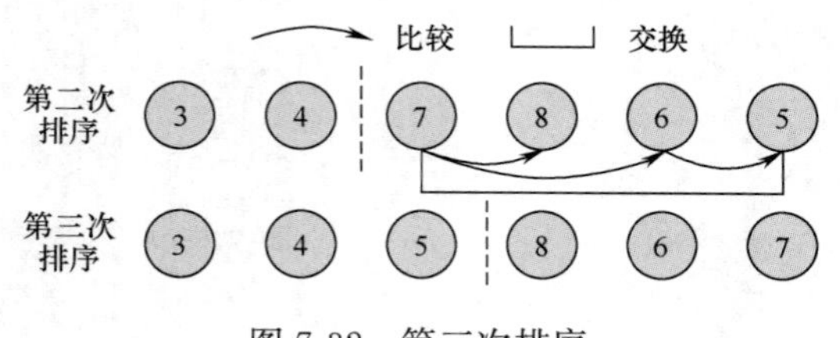

图 7-32　第三次排序

如图 7-31 所示，元素 3、4 进入已排序序列。选取元素 7 与其他元素再次进行比较，比较到元素 6 时，以元素 6 元素作为比较对象与其他元素进行比较。元素 5 为最小值，将其放入到已排序的序列，如图 7-32 所示。

如图 7-32 所示，元素 3、4、5 进入已排序序列。选取元素 8 与其他元素再次进行比较，比较到元素 6 时，以元素 6 元素作为比较对象与其他元素进行比较。元素 6 为最小值，将其放入到已排序的序列，如图 7-33 所示。

如图 7-33 所示，元素 3、4、5、6 进入已排序序列。选取元素 8 与最后一个元素 7 进行比较。元素 7 为最小值，将其放入到已排序的序列，如图 7-34 所示。

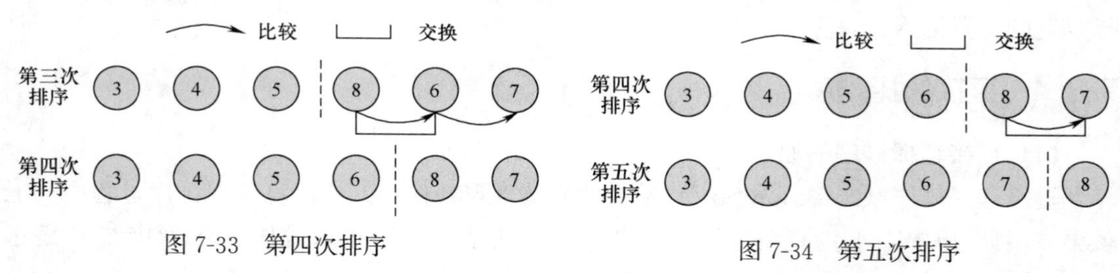

图 7-33　第四次排序　　图 7-34　第五次排序

如图 7-34 所示，经过第五次排序后，序列排序结束，为递增序列。

（2）直接选择排序代码实现

直接选择排序的代码实现，如例 7-13 所示。

【例 7-13】 直接选择排序。

```
1  #include< stdio. h>
2
3  /* 获取数组的长度,得到末尾元素的数组下标 */
4  int Length(int a[]){
5      int i= 0;
6
```

```
7     for (i=0;;i++){
8         if(a[i]==0){
9             return i-1;
10        }
11    }
12 }
13
14 void Selection_Sort(int a[]){
15     int min,k,i;
16     int dex;
17     int temp;
18
19     for(k=0;k<=Length(a)-1;k++){/*从第一个元素开始遍历*/
20         min=a[k];  /*将未排序的第一个元素设置为min*/
21
22         /*寻找未排序序列中的最小值*/
23         for(i=k;i<=Length(a)-1;i++){
24             if(min > a[i+1]){
25                 min=a[i+1];
26                 dex=i+1;
27             }
28         }
29
30         /*将得到最小值与未排序的第一个元素交换,并将其视为已排序*/
31         temp=a[k];
32         a[k]=min;
33         a[dex]=temp;
34     }
35 }
36 int main(int argc,const char *argv[])
37 {
38     int Array[32]={2,7,6,1,9,3,5,8};
39     printf("%d\n",Length(Array));
40
41     int i;
42     Selection_Sort(Array);/*执行选择排序*/
43
44     for(i=0;i<32;i++){
```

```
45          if(Array[i] ! = 0){
46              printf("%d ",Array[i]);
47          }
48      }
49
50      printf("\n");
51      return 0;
52  }
```

输出：

```
7
1 2 3 5 6 7 8 9
```

分析：

上述示例中，在主函数［main（）函数］中调用 Selection _ Sort（）函数实现直接选择排序，该函数的参数为存放需要排序元素的数组。第 14～35 行代码为直接选择排序的核心代码。第 19 行代码通过 for 循环遍历整个数组（除最后一个元素），第 20 行代码暂时将第一个未排序的元素设置为最小值，然后与其后面的未排序的元素进行比较，并选出其中更小的元素（代码第 23～28 行代码），如果有更小的元素则与未排序的第一个元素进行交换，并将其设置为已排序元素，之后再执行第 19 行代码进行遍历。

7.4 字符数组

配套视频

7.4.1 字符数组的定义

字符数组即数组中元素的类型为字符型，其定义与其他类型的数组定义类似，如下所示。

```
char 数组标识符[常量表达式];
```

char 表示元素的类型为字符型，常量表达式表示数组元素的个数。如下所示，定义一个字符数组 cArray，其元素个数为 8，由于元素类型为字符型，该数组所占用的内存大小为 8 字节。

```
char cArray[8];
```

7.4.2 数组元素

字符数组的引用与其他类型数据引用一样，同样使用下标的形式。操作字符数组元素，如例 7-14 所示。

【例 7-14】 操作数组元素。

```
1  #include< stdio. h>
2
3  int main(int argc,const char * argv[])
4  {
5     char cArray[5];
6     int i;
7
8     printf("输入字符:\n");
9     for(i= 0;i< 5;i+ + ){
10        scanf("%c",&cArray[i]);
11       getchar();
12     }
13
14     printf("输出字符:\n");
15     for(i= 0;i< 5;i+ + ){
16         printf("%c ",cArray[i]);
17     }
18     printf("\n");
19     return 0;
20  }
```

输入：

```
输入字符：
a
s
d
f
g
```

输出：

```
输出字符：
a s d f g
```

分析：

上述示例中，第 9～12 行代码通过 for 循环遍历整个数组，并通过 scanf () 函数实现手动输入字符到数组中。每次输入一个字符后，都需要按下 Enter 键，再次输入下一次字符。由于数组为字符数组，物理按键 Enter 键按下后，将会作为字符（“\n”）被赋值到数组中。代码使用 getchar () 函数将每次物理按键 Enter 键产生的“\n”读取，从而不会被赋值到数组中。第 15～17 行代码用来输出字符数组中的所有元素。

7.4.3 字符数组初始化

字符数组初始化即定义字符数组的同时对数组进行赋值，其方式可以按照字符的形式逐个进行赋值，也可以按照字符串的形式直接赋值。

(1) 字符的形式

采用逐个字符的形式对数组进行初始化，需要使用单引号，具体示例如下所示。

```
char cArray[5]={'h','e','l','l','o'};
```

如上述赋值方式，在大括号中，每一个字符对应赋值一个数组元素，字符使用单引号包含。如果在定义字符数组时进行赋值，可以省略数组长度，如下所示。

```
char cArray[]={'h','e','l','l','o'};
```

如果赋值的数值个数与预定的数组长度相同，则可以在定义数组时省略数组长度，系统会自动根据赋值的数值个数来确定数组长度。如上述初始化操作，开发者意图定义数组的长度为 5，且赋值个数为 5 个，则可以省略数组长度。

采用字符的形式对数组进行初始化，如例 7-15 所示。

【例 7-15】 字符形式数组初始化。

```
1  #include<stdio.h>
2
3  int main(int argc,const char * argv[])
4  {
5     char cArray[]={'h','e','l','l','o'};
6     int i;
7
8     for(i=0;i<5;i++){
9          printf("%c ",cArray[i]);
10    }
11    printf("\n");
12
13    return 0;
14 }
```

输出：

```
h e l l o
```

分析：

上述示例中，代码第 5 行通过字符的形式对数组进行初始化，代码第 8～10 行通过循环输出字符数组中保存的字符。

（2）字符串的形式

通常可以用一个字符数组存放一个字符串，因此字符数组初始化也可以采用字符串的形式，具体如下所示。

```
char cArray[]={"Hello"};
```

也可以将上述大括号去掉，如下所示。

```
char cArray[]="Hello";
```

在C语言程序中，使用字符数组保存字符串时，系统会自动为其添加“\0”作为结束符，表示字符串到此结束。由此可知，使用字符串的形式初始化数组比字符的形式多占用一个字节，多占用的字节用来存放字符串结束标志“\0”。如上述初始化操作后，字符数组 cArray 在内存中实际的存储情况如图 7-35 所示。

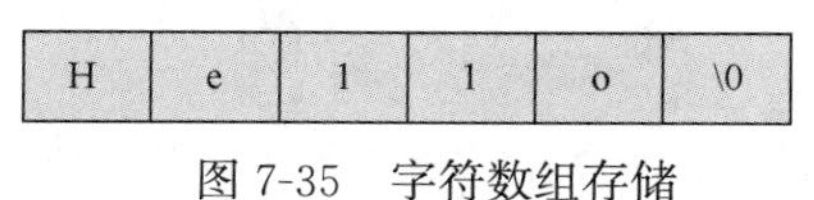

H	e	l	l	o	\0

图 7-35　字符数组存储

如图 7-35 所示，采用上述方式初始化字符数组，在定义字符数组时应估计实际字符串长度，保证数组长度始终大于字符串实际长度，尤其需要考虑结束符“\0”的情况。

采用字符串的形式对数组进行初始化，如例 7-16 所示。

【例 7-16】 字符串形式初始化。

```
1  #include<stdio.h>
2
3  int main(int argc,const char *argv[])
4  {
5      char cArray[]="Hello";
6      int i;
7
8      for(i=0;i<5;i++){
9          printf("%c ",cArray[i]);
10     }
11
12     printf("\n");
13     return 0;
14 }
```

输出：

```
H e l l o
```

分析：

上述示例中，代码第 5 行通过字符串的形式对数组进行初始化，代码第 8～10 行通过循环输出字符数组中保存的字符。

7.4.4 数组的应用

功能需求：实现输入一串字符，然后将其倒序输出。具体如例 7-17 所示。

【例 7-17】 倒序输出。

```
1  #include< stdio.h>
2
3  int main(int argc,const char * argv[])
4  {
5     char cArray[32]= {0},t;
6     int i,j;
7
8     while(gets(cArray)! = NULL){   /* 循环读取用户输入的字符串 */
9          i= 0;                      /* 标记字符数组的开始处 */
10         j= 0;                      /* 标记字符数组的末尾处 */
11
12          while(cArray[j] ! ='\0'){/* 得到字符数组的末尾下标 */
13               j++ ;
14          }
15
16          j-- ;                            /* 得到字符数组的末尾下标 */
17
18          while(i< j){
19               /* 实现前后字符的交换,完成后续倒叙输出 */
20                t= cArray[i];
21               cArray[i]= cArray[j];
22                cArray[j]= t;
23               /* 前后移位,进行下一轮交换 */
24                i++ ;
25                j-- ;
26           }
27
28           puts(cArray);   /* 输出倒序后的字符串 */
29      }
30      return 0;
31  }
```

输入：

```
qwerty
```

输出：

```
ytrewq
```

分析：

实现字符串倒序输出的核心思想为：将字符数组中保存的一串字符，前后进行交换，即第一位字符与最后一位字符进行交换，第二位字符与倒数第二位字符进行交换，以此类推，然后再输出交换后的字符数组的内容。上述示例中，第 8 行代码用来读取用户输入的字符串数据，循环读取即可实现不限次输入以及倒序输出。变量 i 以及 j 分别用来表示字符数组的下标，i 从开始处标记，j 从末尾处标记。第 18～26 行代码通过操作变量 i、j，实现前后字符的交换，完成倒序。

7.5　字符串处理

在 C 语言程序中，经常会涉及一些字符与字符串的处理，如字符串对比、字符串复制、求字符串长度等，虽然开发者可以自行设计程序实现这些功能，但 C 语言标准函数库专门为其提供了一系列处理函数。在实际程序设计时，开发者可直接调用这些函数，从而提高编程的效率。

7.5.1　字符串的长度

在 C 语言程序中使用字符串时，经常需要动态获取字符串的长度。获取字符串长度可以通过循环遍历整个字符串，判断字符串结束符标志“\0”，计算循环的次数得到字符串的长度。而在实际设计程序时，可直接调用标准库中的 strlen（）函数完成上述需求。

strlen（）函数的具体定义如表 7-1 所示。

表 7-1　strlen（）函数定义

函数原型	size_t strlen(const char * s);	
功能	计算字符串的长度	
参数	s	字符指针，指向字符串
返回值	字符串的字符数量，即字符串长度	

如表 7-1 所示，函数原型指的是函数被定义的原始形态。

注意：

strlen（）函数计算的字符串长度不包括结束符“\0”。

strlen（）函数的使用如例 7-18 所示。

【例 7-18】 求字符串长度。

```
1  #include<stdio.h>
2  #include<string.h>
3
4  int main(int argc,const char * argv[])
5  {
```

```
6   char cArray[32]= "Hello World";  /* 定义字符数组保存字符串 */
7
8   printf("Length= %ld\n",strlen(cArray));
9
10   printf("%s\n",cArray);  /* 输出字符串 */
11   return 0;
12 }
```

输出：

```
Length= 11
Hello World
```

分析：

如上述示例中，第 6 行代码将字符串赋值给字符数组，第 8 行代码使用 strlen () 函数计算字符串的长度，在 strlen () 函数中传入数组名（数组名表示数组在内存中的起始地址，同时也是字符串的内存起始地址），第 10 行代码输出字符串的内容。由输出结果可知，得到字符串的长度为 11。

7.5.2 字符串复制

字符串复制是字符串操作常用的操作之一，字符串复制通过 strcpy () 函数实现，该函数可用于复制特定长度的字符串到另一个字符串中。strcpy () 函数的定义如表 7-2 所示。

表 7-2 strcpy () 函数定义

函数原型	char * strcpy(char * dest,const char * src);	
功能	复制字符串	
参数	dest	目的字符串
	src	源字符串
返回值	目的字符串的地址	

如表 7-2 所示，strcpy () 函数的功能为将源字符串复制到目的字符串中，字符串结束标志“\0”同样也被复制。通常情况下，dest 参数传入的是目的字符数组名，即复制后的字符串保存到该字符数组中，而 src 参数可以传入字符数组名，也可以传入字符串常量（相当于将字符串赋值到字符数组中）。strcpy () 函数要求 dest 参数传入的目的字符数组名必须有足够的长度，否则不能全部装入所复制的字符串。

由于 C 语言程序中，不能使用赋值语句将一个字符串常量或字符数组直接赋值给另一个字符数组，如下所示。

```
char cArray[];
cArray= "Hello World";  /* 错误操作 */
char cArray[]= "Hello World";  /* 初始化,正确操作 */
```

为了实现字符串的赋值操作，可以使用 strcpy（）函数，该函数的使用如例 7-19 所示。

【例 7-19】 字符串复制。

```
1  #include<stdio.h>
2  #include<string.h>
3
4  int main(int argc,const char *argv[])
5  {
6     char cArray_dest[32]="aaaaaa";
7     char cArray_src[32]="bbb";
8
9     strcpy(cArray_dest,cArray_src);
10     printf("cArray_dest:%s\n",cArray_dest);
11
12     char string[32];
13     strcpy(string,"Hello World");
14     printf("string:%s\n",string);
15
16     return 0;
17  }
```

输出：

```
cArray_dest:bbb
string:Hello World
```

分析：

如上述示例中，第 6、7 行代码用来初始化字符数组，即将字符串赋值给字符数组。第 9 行代码执行复制操作，将 cArray_src 数组中的字符串复制到 cArray_dest 数组中，由输出结果可知，经过复制后，cArray_dest 字符数组中原有的字符串被覆盖。第 12 行代码定义字符数组 string，第 13 行代码通过 strcpy（）函数将字符串“Hello World”赋值给字符数组 string。

上述代码中，第 13 行代码为 C 语言程序中的常用操作，即字符数组赋值。

7.5.3 字符串连接

字符串连接指的是将两个字符串合并为一个字符串（将一个字符串连接到另一个字符串的末尾），标准库中的 strcat（）函数用来实现这一需求，该函数的定义如表 7-3 所示。

表 7-3 字符串连接

函数原型	char * strcat(char * dest,const char * src);	
功能	合并字符串	
参数	dest	目的字符串
	src	源字符串
返回值	目的字符串的地址	

如表 7-3 所示，strcat () 函数用来将源字符串连接到目的字符串的后面，并删去目的字符串中的“\0”，dest 参数需要传入字符数组名，该字符数组应该有足够的长度，否则无法存放合并后的字符串。

strcat () 函数的使用如例 7-20 所示。

【例 7-20】 合并字符串。

```
1  #include<stdio.h>
2  #include<string.h>
3
4  int main(int argc,const char * argv[])
5  {
6     char str1[32]= "Hello";
7     char str2[32]= "World";
8
9     strcat(str1,str2);   /* 合并字符串 */
10
11     printf("%s\n",str1);
12     return 0;
13 }
```

输出:

```
HelloWorld
```

分析:

如上述示例中，第 6、7 行代码用来初始化字符数组，即将字符串赋值给字符数组。第 9 行代码用来合并字符串，第 11 行代码输出合并后的字符串。

7.5.4 字符串比较

字符串比较就是将一个字符串与另一个字符串从首字母开始，逐个进行比较。C 语言标准库中的 strcmp () 函数用来实现这一需求，该函数的定义如表 7-4 所示。

表 7-4 字符串比较

函数原型	int strcmp(const char * s1,const char * s2);	
功能	字符串对比	
参数	s1	第一个字符串
	s2	第二个字符串
返回值	s1>s2	正数
	s1<s2	负数
	s1=s2	0

如表 7-4 所示，strcmp（）函数按字符对比两个字符串，根据不同的对比结果，返回不同的值。当两个字符串进行比较时，从首字母开始，依次选择字符进行比较，如果出现不同的字符，则以第一个不同的字符（对比字符对应的 ASCII 码值）作为比较对象，得到比较的结果。

strcmp（）函数的使用如例 7-21 所示。

【例 7-21】 字符串比较。

```
1  #include< stdio. h>
2  #include< string. h>
3
4  int main(int argc,const char * argv[])
5  {
6      char str1[32]= "abc";
7      char str2[32]= "abd";
8
9      int num= 0;
10
11     if((num= strcmp(str1,str2))= = 0){
12        printf("str1= str2\n");
13    }
14     else if(num > 0){
15        printf("str1 > str2\n");
16    }
17     else if(num< 0){
18        printf("str1< str2\n");
19     }
20      return 0;
21 }
```

输出：

```
str1< str2
```

分析：

如上述示例中，第 6、7 行代码对字符数组分别进行初始化，第 11 行代码使用 strcmp () 函数对字符数组 str1、str2 中保存的字符串进行比较，str1 数组中保存的字符串为 abc，str2 数组中保存的字符串为 abd，二者的第三个字符不同，由于字符 c 的 ASCII 码值小于字符 d，可知 str1 保存的字符串小于 str2 保存的字符串。由输出结果可知，分析正确。

7.5.5 字符串大小写转换

字符串大小写转换需要使用 strupr () 和 strlwr () 函数。strupr () 函数用来实现将小写字母转换为大写字母，其他字母不变。strlwr () 函数用来实现将大写字母转换为小写字母，其他字母不变。函数具体如表 7-5 所示。

表 7-5 字符串大小写转换

函数原型	char * strupr(char * s); char * strlwr(char * s);	
功能	实现大小写字母的转换	
参数	s	需要转换的字符串
返回值	转换后的字符串的地址	

上述函数的使用如例 7-22 所示。

【例 7-22】 大小写转换。

```
1  #include< stdio. h>
2  #include< string. h>
3
4  int main(int argc,const char * argv[])
5  {
6     char str[32]= "AAAbbbCCCddd";
7
8     strupr(str);
9
10     printf("str:%s\n",str);
11
12     strlwr(str);
13
14     printf("str:%s\n",str);
15     return 0;
16  }
```

输出:

```
AAABBBCCCDDD
aaabbbcccddd
```

分析:

如上述示例中，通过第 8 行代码对 str 字符数组保存的字符串进行转换，strupr () 函数将字符串中的小写字母转换为大写字母，因此第 10 行代码输出的字符串全部为大写字母。通过第 12 行代码再对字符串中的字母进行转换，将大写字母转换为小写字母，因此第 14 行代码输出的字符串全部为小写字母。

7.5.6 字符查找

字符查找指的是从字符串中搜索指定的字符，C 语言标准库中的 strchr () 函数用来实现这一需求，具体定义如表 7-6 所示。

表 7-6 字符查找

函数原型	char * strchr(const char * str,int c);	
功能	从字符串中搜索指定的字符	
参数	str	指定的字符串
	c	指定搜索的字符
返回值	字符串中第一次出现字符 c 的位置	

7.6 多维数组

多维数组由于难于调试以及占用内存较大，在实际开发中很少用到。多维数组的声明与二维数组类似，不同的是多维数组的下标更多，其语法格式如下所示。

```
数据类型 数组名[常量表达式 1][常量表达式 2]…[常量表达式 n];
```

定义一个三维数组的示例代码如下所示。

```
int a[2][3][4];
```

如上述三维数组的定义，其可以理解为两个二维数组，每个二维数组又包含了三个一维数组，每个一维数组包含了 4 个 int 型变量。

三维数组的操作如例所示。

【例 7-23】 三维数组的操作。

```
1  #include< stdio. h>
2
3  int main(int argc,const char * argv[])
4  {
5     /* 对三维数组进行初始化 */
6     int a[2][3][4]= {{{1,2,3,4},{1,2,3,4},{1,2,3,4}},
```

```
7                    {{1,2,3,4},{1,2,3,4},{1,2,3,4}}};
8
9    int i,j,k,index=1;
10
11    /* 对三维数组中的元素进行赋值 */
12    for(i=0;i<2;i++){
13        for(j=0;j<3;j++){
14            for(k=0;k<4;k++){
15                a[i][j][k]=index++;
16            }
17        }
18    }
19    /* 输出三维数组中的值 */
20    for(i=0;i<2;i++){
21        for(j=0;j<3;j++){
22            for(k=0;k<4;k++){
23                printf("a[%d][%d][%d]=%d ",i,j,k,a[i][j][k]);
24            }
25            printf("\n");
26        }
27        printf("\n");
28    }
29    return 0;
30 }
```

输出：

```
a[0][0][0]=1 a[0][0][1]=2 a[0][0][2]=3 a[0][0][3]=4
a[0][1][0]=5 a[0][1][1]=6 a[0][1][2]=7 a[0][1][3]=8
a[0][2][0]=9 a[0][2][1]=10 a[0][2][2]=11 a[0][2][3]=12

a[1][0][0]=13 a[1][0][1]=14 a[1][0][2]=15 a[1][0][3]=16
a[1][1][0]=17 a[1][1][1]=18 a[1][1][2]=19 a[1][1][3]=20
a[1][2][0]=21 a[1][2][1]=22 a[1][2][2]=23 a[1][2][3]=24
```

分析：

如上述示例中，第 6、7 行代码主要实现对三维数组初始化。第 12～18 行代码通过三层 for 循环对三维数组中的元素进行赋值，由输出结果可知，赋值成功，元素中的值递增。第 20～28 行代码通过三层 for 循环遍历三维数组，输出元素的值。

7.7 本章小结

本章主要介绍了C语言程序中另一个重要的组成部分——数组，其内容按照操作的数据类型具体分为一维数组、二维数组、多维数组、数组排序、字符数组以及字符串处理。数组作为C语言程序中核心的数据存储结构，应用十分广泛，读者除了需要掌握数组的基础操作（如赋值，输出等），还需要灵活应用数组完成一些特定的功能（如排序、查找等）。本章除了介绍数组的基本概念外，还介绍了应用数组实现数据排序的方法以及对字符串进行处理的标准库函数，这些都是C语言程序设计经常会涉及的内容。

7.8 习题

1. 填空题

（1）数组是典型的________数据类型之一，数组中各元素的数据类型必须是________。

（2）数组在内存中的存储是________，即每个元素都被存储在________的位置。

（3）数组 int a［4］在内存中占用________个字节。

（4）二维数组 int a［3］［5］，其行下标的上限为________，列下标的上限为________。

（5）假设 int a［3］［3］={{1，2}，{3}，{3，5，7}};，则初始化后，a［1］［2］得到的初值是________，a［2］［1］得到的初值是________。

（6）若定义 a［ ］[3］={0，1，2，3，4，5，6，7};，则数组行的大小是________。

（7）假定一个 int 型变量占用4个字节，若有定义 int x［10］={0，2，4};，则数组在内存中所占字节数是________。

（8）重复遍历整个序列，从第一个元素开始，两两比较相邻元素的大小，如果反序则交换，直到整个序列变为有序为止，这种排序方法称为________。

（9）由于C语言程序中，________（是/否）可以使用赋值语句将一个字符串常量或字符数组直接赋值给另一个字符数组。

2. 选择题

（1）若有定义：int a［10］;，则对数组元素正确访问的是（　　）。

A. a［10］　　B. a［3.5］　　C. a（5）　　D. a［10-10］

（2）若二维数组 a 有5列，则在 a［3］［5］前的元素个数为（　　）。

A. 28　　B. 20　　C. 19　　D. 21

（3）若有说明：int a［3］［4］;，则对数组元素的正确引用是（　　）。

A. a［2］［4］　　B. a［1，3］　　C. a［1+1］［0］　　D. a（2)(1）

（4）在C语言中，引用数组元素时，其数组下标的数据类型是（　　）。

A. 整型常量　　B. 整型表达式

C. 整型常量或常量表达式　　　　　　D. 任何类型的表达式

(5) 以下哪个函数用来实现字符串的复制（　　）。

A. strcpy　　B. strlen　　C. strcat　　D. strcmp

3. 思考题

(1) 简述如何定义数组及访问其中元素。

(2) 简述数组在内存中的存储方式。

(3) 简述冒泡排序、快速排序、插入排序以及选择排序的操作原理。

4. 编程题

(1) 某演讲比赛共有10位评委，每位评委对每个参赛选手打分，每位选手的得分为去掉最高分与最低分后的平均分。试编写程序从键盘输入每位评委的打分，计算出某位选手的成绩。

(2) 假设整型数组共有10个元素，手动输入10个整型数据，程序实现倒序输出。

(3) 编辑程序实现函数strlen()的功能。

第8章 指针

配套课件

本章学习目标

- 了解指针的概念
- 掌握指针的运算
- 掌握指针与数组的关系
- 掌握指针与字符串的关系
- 掌握指针与函数的关系
- 掌握 const 指针与 void 指针

指针是C语言的重要组成部分，是C语言的核心。使用指针不仅可以提高对内存中数据的访问效率，还可以使数据操作变得更加灵活。在实际编程中，指针很少单独使用，而是结合数组、字符串以及函数等其他元素一起使用。本章将致力于帮助读者快速掌握指针的原理以及核心操作，从而编写出更高质量的程序。

8.1 指针概述

配套视频

在C语言中，指针用来保存数据在内存上的地址，通过该地址可以实现访问数据、修改数据、传递数据等操作，也可以形象地认为指针指向了该数据。使用指针可以使程序设计更加灵活、实用以及高效。

8.1.1 内存地址与指针

(1) 内存地址

开发者编写的C语言程序属于逻辑程序，属于具有可读性的文本，这些程序必须要经过预处理、编译、汇编以及链接之后成为可执行文件才能运行在计算机中。一旦运行可执行文件，则程序中的指令、常量和变量等都将载入到内存中，CPU将对内存进行取值操作。计算机的内存是以字节为单位的存储空间，每个字节单元都有一个唯一的编号，这个编号即为内存地址。如果在程序中定义一个变量，则系统会根据变量的数据类型为其分配固定大小的内存空间，因此，通常所说的变量的地址指的是存储变量的内存空间的首地址。在C语言程序中可以通过取地址符“&”获得某种数据在内存中的地址，测试代码如例8-1所示。

【例8-1】 内存地址。

```
1  #include< stdio.h>
2
3  int main(int argc,const char * argv[])
4  {
5     int a= 5;
6
7     printf("变量 a 的地址:%p\n",&a);
8     return 0;
9  }
```

输出：

```
变量 a 的地址:0x7fff0b78bbec
```

分析：

如上述示例中，第7行代码通过取地址运算符“&”获取变量a所在的内存地址，格式符号“%p”表示以十六进制形式输出地址。输出地址并不是始终不变的。

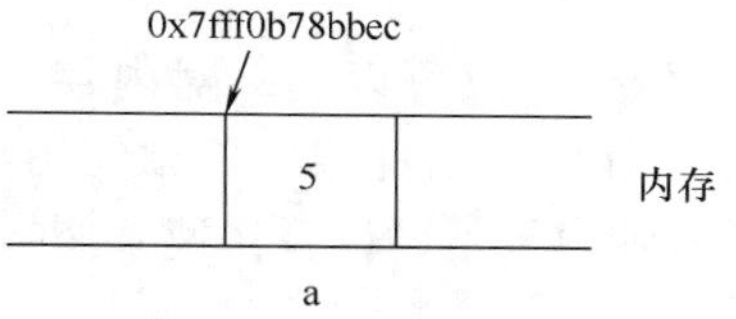

0x7fff0b78bbec

5 内存

a

图8-1 变量与内存地址的关系

上述程序运行后，变量与内存地址的关系如图8-1所示。

如图8-1所示，变量a中保存的数值为5，其占用内存空间为4个字节，该内存空间的起始地址为0x7fff0b78bbec。

(2) 指针变量

由于通过地址能访问指定的内存存储单元，可以认为地址“指向”该内存单元。在C语言中有专门存放内存单元地址的变量类型，即指针类型。如果有一个变量专门用来存放内存地址，则该变量为指针变量。定义指针变量的一般形式如下所示。

```
类型说明 *变量名
```

其中，“*”表示该变量为指针变量，变量名即为定义的指针变量名，类型说明表示指针指向的数据的类型，如int *p;表示指针指向的数据为整型数据。

指针变量存放内存地址，通过指针即可访问内存上保存的数据，也可以认为该指针指向数据，如图8-2所示。

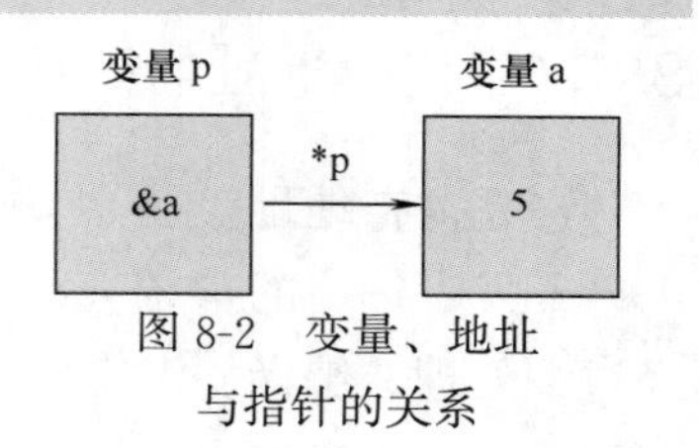

图8-2 变量、地址与指针的关系

8.1.2 指针变量的赋值

指针变量与普通变量一样，不同的是指针变量中保存的是内存地址，在使用指针变量之前不仅需要定义，而且必须赋予具体的值。为指针变量赋值有以下两种方法。

(1) 同时定义与赋值

定义指针变量的同时进行赋值，具体如下所示。

```
int a;              //定义整型变量
int * p= &a;        //定义指针变量 p,被赋值为变量 a 的地址
```

(2) 先定义后赋值

先定义指针变量后再进行赋值，具体如下所示。

```
int a;            //定义整型变量
int * p;          //定义整型指针
p= &a;            //将变量 a 的地址赋值给指针变量 p
```

注意：

先定义后赋值指针变量时，不需要加“ * ”。

8.1.3 指针变量的引用

在上一小节中，指针变量先定义后赋值时，赋值操作中的变量名前不能使用“ * ”号，因为此时使用“ * ”号表示引用该指针变量，即获取指针变量保存的内存地址上的值(获取指针指向的值)。由此可知，在C语言中，指针变量名前的“ * ”号在不同情况下，具有不同的功能，具体如下。

```
    int a;
    int * p= &a;  /* 同时定义与赋值,此时 * 号表示变量 p 为指针变量,除此之外,无
其他意义 */

    int a;
    int * p;
    p= &a;        /* 指针变量 p 保存变量 a 的地址,不能使用 * 号 */
    printf("%d\n", * p);  /* ( * p)表示获取指针变量指向的值,此时 * 号表示引
用 */
```

指针变量的引用如例 8-2 所示。

【例 8-2】 指针变量的引用。

```
1  #include< stdio. h>
2
3  int main(int argc,const char * argv[])
4  {
5     int a= 3,b= 4;
6     int * p= &a;   /* 定义指针变量的同时赋值 */
7
```

```
8     printf("变量 a 的地址:%p\n",&a);
9     printf("指针变量 p 保存的地址:%p\n",p);
10     printf("变量 a 的值:%d\n", * p);
11
12     printf("====================\n");
13     int  * q;   /* 定义指针变量 */
14     q= &b;
15
16     printf("变量 b 的地址:%p\n",&b);
17     printf("指针变量 q 保存的地址:%p\n",q);
18     printf("变量 b 的值:%d\n", * q);
19
20      return 0;
21  }
```

输出:

```
变量 a 的地址:0x7fffba8adf68
指针变量 p 保存的地址:0x7fffba8adf68
变量 a 的值:3
====================
变量 b 的地址:0x7fffba8adf6c
指针变量 q 保存的地址:0x7fffba8adf6c
变量 b 的值:4
```

分析:

如上述示例中，第 6 行代码定义了指针变量 p 并将变量 a 的地址赋值给变量 p。第 8、9 行代码同样都是输出变量 a 的地址，第 8 行代码传入的参数为 &a，第 9 行代码传入的参数为 p，根据输出的地址值（地址相同），可得出 p 与 &a 相等，证明变量 p 保存变量 a 的地址值。第 10 行代码输出变量 a 的值，传入的参数为 * p，此时的“ * ”号表示引用，即获取指针变量 p 指向的变量。第 13、14 行代码分别为定义指针变量 q 以及赋值指针变量 q。第 16、17 行代码同样为输出变量 b 的地址，且传入的参数分别为 &b、q，根据输出的地址值（地址相同），可得出 q 与 &b 相等，证明变量 q 保存变量 b 的地址值。第 18 行代码输出变量 b 的值，传入的参数为 * q，“ * ”号同样表示引用。

8.1.4 空指针

指针变量是用来保存内存地址的变量，如果定义一个指针，且定义时未保存任何内存地址，则该指针为野指针。野指针在程序中保存的地址值是随机的，即内存中的某一段空间的地址，如例 8-3 所示。

【例 8-3】 野指针。

```
1  #include<stdio.h>
2
3  int main(int argc,const char *argv[])
4  {
5    int *p;   /*定义指针*/
6
7    printf("%p\n",p);/*输出指针变量中保存的值*/
8    return 0;
9  }
```

输出:

```
(nil)
```

分析:

如上述示例中，第5行代码定义一个指针变量p，且未进行赋值操作，第7行代码输出指针变量中的值，输出为nil（只表示当前环境情况，不同的环境输出可能不同），表示地址为无或指针指向未知的区域。如果对p进行操作，如*p=1，即将指针指向的未知区域的数据修改为1。如果该区域中保存的数据为与系统有关的数据，则修改该数据容易造成系统崩溃。

综上所述，如果在程序中定义一个指针且不赋予其任何值，则系统会默认使该指针指向未知的区域，即保存不确定的内存地址。如果读取该指针指向的数据，则不会产生影响，相反，如果向该指针指向的区域写数据，即修改数据，则可能会产生不确定的结果。

为了避免这种情况产生，程序除了为指针变量赋地址值外，还可以为指针变量赋NULL值，具体如下所示。

```
int *p;
p=NULL;
```

为指针变量赋NULL值，表示指向的地址值为NULL，系统将不会使指针指向未知的区域，从而消除野指针。在C语言程序中，如果不明确当前指针变量指向的数据，则需要在定义时将上述操作结合在一起，如下所示。

```
int *p=NULL;  /*C语言程序常用的指针定义方式*/
```

如上述定义操作，采用这种方式定义的指针即为空指针。虽然空指针可以有效消除野指针，但不可对空指针直接进行赋值操作，如下所示。

```
/*错误操作,空指针直接赋值常量*/
int *p=NULL;
*p=5;
/*错误操作,空指针直接赋值变量*/
int *p=NULL;
int a=5;
*p=a;
```

如上述操作，无论对空指针直接赋值变量还是常量，都将导致段错误，其原因是：指针指向 NULL，不仅未指向其他未知的区域，同时也未指向实际的内存地址。因此，使用“*”号引用指针变量并接收变量或常量，其实质是在不存在的内存空间上保存数据，将导致程序出错。

8.1.5 指针读写

在 C 语言程序中，可以通过已经定义的指针对它指向的内存进行读写，具体如例 8-4 所示。

【例 8-4】 指针读写。

```
1  #include<stdio.h>
2
3  int main(int argc,const char *argv[])
4  {
5     int *p;   /*定义指针*/
6
7      *p=5;
8
9     printf("%p\n",p);/*输出指针变量中保存的值*/
10     printf("%d\n",*p);/*输出指针指向的数据*/
11     return 0;
12 }
```

输出：

```
段错误(核心已转储)
```

分析：

如上述示例中，第 5 行代码定义一个指针变量 p，且未进行赋值操作，该指针此时为野指针。第 7 行代码使用“*”号引用指针变量，并赋值为 5（写数据），即修改指针指向的数据。第 9 行代码输出指针变量保存指向的内存地址。第 10 行代码输出指针变量指向的数据。由于指针为野指针，通过指针对其指向的内存进行写操作，执行程序提示段错误。

通过指针执行读写操作，首先需要确认指针是否为野指针，否则将会出现不确定的结果。通过指针执行读写的正确操作如例 8-5 所示。

【例 8-5】 指针执行读写。

```
1  #include<stdio.h>
2
3  int main(int argc,const char *argv[])
4  {
5     int *p=NULL;   /*定义指针*/
6
```

```
7      int a=1;
8      p=&a;          /*指针指向变量 a*/
9      printf("*p=%d\n",*p);/*输出指针指向的数据*/
10
11      *p=5;          /*修改指针指向的数据*/
12      printf("*p=%d\n",*p);/*输出指针指向的数据*/
13      return 0;
14  }
```

输出：

```
*p=1
*p=5
```

分析：

如上述示例中，第 5 行代码定义一个空指针 p。第 8 行代码使该指针指向变量 a，此时指针指向明确的内存地址，第 9 行代码通过“*”号引用指针变量 p，获取变量 a 的值。第 10 行代码通过赋值修改指针指向的数据，第 12 行代码同第 9 行代码功能相同。由输出结果可知，指针操作成功。

8.1.6 指针自身的地址

指针变量本身也是变量，其同样占用内存空间，通过取地址符可以获取指针变量自身的地址，具体操作如例 8-6 所示。

【例 8-6】 指针自身的地址。

```
1   #include<stdio.h>
2
3   int main(int argc,const char *argv[])
4   {
5     int *p=NULL;
6     int a=1;
7
8     p=&a;
9
10     printf("指针变量 p 保存的地址:%p\n",p);
11    printf("指针变量 p 自身的地址:%p\n",&p);
12     return 0;
13  }
```

输出：

```
指针变量 p 保存的地址:0x7fff6b3446ec
指针变量 p 自身的地址:0x7fff6b3446e0
```

分析：

如上述示例中，第 5 行代码定义一个空指针 p，第 8 行代码指针变量 p 获取变量 a 的地址，第 10、11 行代码分别输出指针变量 p 保存的地址以及指针变量 p 自身的地址。

由示例输出的结果可知，指针变量保存的地址与指针变量自身的地址不同，二者并非同一概念，切勿混淆。

8.2 指针运算

数值变量可以进行加减乘除算术运算。而对于指针变量，由于它保存的一个内存地址，则对两个指针进行乘除运算是没有意义的。指针的算术运算主要是指针的移动，即通过指针递增、递减、加或者减去某个整数值来移动指针指向的内存位置。此外，两个指针在有意义的情况下，还可以做关系运算，如比较运算。

8.2.1 指针的加、减运算

指针变量保存的值是内存中的地址，因此，一个指针加减整数相当于对内存地址进行加减，其结果依然是一个指针。虽然内存地址是以字节为单位增长的，指针加减整数的单位却不是以字节为单位，而是指针指向数据类型的大小。具体示例如下。

```
int a=0;
int *p=&a;
p++;
```

如上述操作，将指针变量 p 存储的内存地址自加，由于指针 p 指向的是 int 型变量，执行自加操作后，指针指向的内存地址则向后移动 4 个字节（假设整型占 4 个字节），如果指针 p 指向的是 char 型变量，则自加操作后，指针指向的内存地址向后移动 1 个字节，其他类型以此类推。

指针执行加、减运算，如例 8-7 所示。

【例 8-7】 指针加减运算。

```
1  #include<stdio.h>
2
3  int main(int argc,const char *argv[])
4  {
5    int a=1;
6    char b='A';
7
8    int *p=&a;
9    printf("指针变量 p 保存的地址:%p\n",p);
10
```

```
11      p++;   /* 指针自加操作 */
12      printf("自加操作后 p 保存的地址:%p\n",p);
13
14
15      p-=1;   /* 指针减 1 操作 */
16      printf("减 1 操作后 p 保存的地址:%p\n",p);
17
18
19      printf("========================\n");
20
21      char *q=&b;
22      printf("指针变量 q 保存的地址:%p\n",q);
23
24      q++;   /* 指针自加操作 */
25      printf("自加操作后 q 保存的地址:%p\n",q);
26
27      q+=2;
28      printf("加 2 操作后 q 保存的地址:%p\n",q);
29      return 0;
30  }
```

输出：

```
指针变量 p 保存的地址:0x7fff71dc5de8
自加操作后 p 保存的地址:0x7fff71dc5dec
减 1 操作后 p 保存的地址:0x7fff71dc5de8
========================
指针变量 q 保存的地址:0x7fff71dc5def
自加操作后 q 保存的地址:0x7fff71dc5df0
加 2 操作后 q 保存的地址:0x7fff71dc5df2
```

分析：

如上述示例中，第 8 行代码定义指针 p 并使其指向整型变量 a（指针变量 p 保存变量 a 的内存地址）。第 9～16 行代码分别执行输出指针变量 p 保存的地址，输出指针变量 p 自加操作后保存的地址，输出指针变量 p 减 1 操作后保存的地址。由输出结果可知，指针变量 p 执行自加操作后，其指向的地址由 0xe8（低 2 位）变为 0xec，地址值增加 4；执行减 1 操作后，其指向的地址由 0xec 变为 0xe8，地址值减小 4。由此可知，指针增、减操作的基本单位是一个整型数据，即 4 个字节。

第 21 行代码定义指针 q 并使其指向字符型变量 b（指针变量 q 保存变量 b 的内存地址）。第 22～28 行代码分别执行输出指针变量 q 保存的地址，输出指针变量 q 自加操作后保存的地址，输出指针变量 q 加 2 操作后保存的地址。由输出结果可知，指针变量 q 执行自加操作后，其指向的地址由 0xef（低 2 位）变为 0xf0，地址值增加 1；执行加 2 操作后，其指向的地址由 0xf0 变为 0xf2，地址值增加 2。由此可知，指针增操作的基本单位是一个字符型数据，即 1 个字节。

8.2.2 指针的相减运算

指针执行加减操作后，其保存的地址值增减的单位不是字节，而是指针指向的数据类型大小。与指针加减操作一样，两个相同类型的指针相减的结果也不是以字节为单位，而是以指针指向的数据类型大小为单位，具体如例 8-8 所示。

【例 8-8】 指针相减。

```
1  #include<stdio.h>
2
3  int main(int argc,const char *argv[])
4  {
5     int a=1,b=2;
6
7     int *p=&a;
8     int *q=&b;
9
10     printf("p=%p\n",p);
11    printf("q=%p\n",q);
12
13     printf("q-p=%ld\n",q-p);   /*指针相减*/
14     return 0;
15  }
```

输出：

```
p=0x7fff0924d468
q=0x7fff0924d46c
q-p=1
```

分析：

如上述示例中，指针 p、q 分别指向变量 a、b，其保存的地址分别为 0x68（低 2 位）、0x6c。地址值相差为一个整型数据，即 4 个字节。第 13 行代码输出指针相减的结果，结果为 1，表示一个整型数据。

8.2.3 指针的比较运算

相同类型指针可以相减，同样相同类型的指针之间也可以进行比较。如果两个同类型指针相减的结果大于 0，则前者比后者大，小于 0 则后者比前者大。指针之间的大小关系实际上揭示了指针指向的地址在内存中的位置先后。指针比较操作，如例 8-9 所示。

【例 8-9】 指针比较。

```
1  #include< stdio. h>
2
3  int main(int argc,const char * argv[])
4  {
5     int a=1,b=2;
6
7     int *p=&a;
8     int *q=&b;
9
10     printf("p=%p\n",p);
11    printf("q=%p\n",q);
12
13     /*执行指针比较操作*/
14     if(p > q){
15          printf("p > q\n");
16     }
17     else if(p<q){
18          printf("p<q\n");
19     }
20      else{
21          printf("p==q\n");
22      }
23      return 0;
24 }
```

输出：

```
p=0x7fffaf5a2688
q=0x7fffaf5a268c
p<q
```

分析：

如上述示例中，指针 p、q 分别指向变量 a、b，其保存的地址分别为 0x88（低 2 位）、0x8c。按照内存地址的逻辑，指针 p 保存的地址在前，指针 q 保存的地址在后，前者的地址值小于后者。由输出结果可知，执行比较后，指针 p 小于指针 q。

8.3 指针与数组

系统需要提供一段连续的内存存储数组中的元素，内存都有对应的地址，指针变量是用来存放地址的变量，如果将数组的地址赋值给指针变量，就可以通过指针变量引用数组。

配套视频

8.3.1 一维数组与指针

(1) 数组名

在C语言程序中，定义一个一维数组，系统会为该数组在内存上分配一块连续的内存空间，该数组的数组名即为数组的起始地址，如下所示。

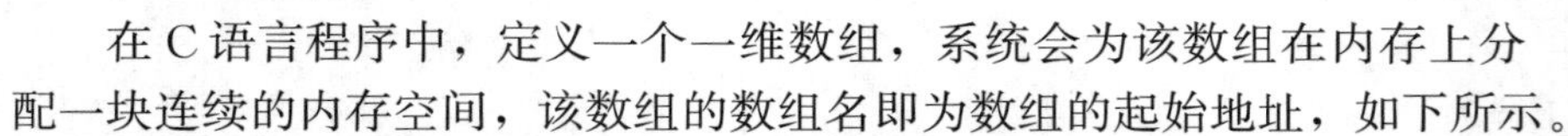

```
int Array[5];
```

如上述操作，整型数组名Array表示该数组在内存的起始地址，数组元素Array [0]的地址也是数组的起始地址，因此二者对应的地址值相等，如例8-10所示。

【例8-10】 数组起始地址。

```
1  #include< stdio.h>
2
3  int main(int argc,const char * argv[])
4  {
5     int Array[5]= {0};
6
7     printf("Array= %p\n",Array);   /* 输出数组的起始地址 */
8
9     printf("&Array[0]= %p\n",&Array[0]);   /* 首元素的地址 */
10     return 0;
11 }
```

输出:

```
Array= 0x7fffd7fc6de0
&Array[0]= 0x7fffd7fc6de0
```

分析:

如上述示例中，第7行代码输出数组的起始地址，传入的参数为数组名。第9行代码输出首元素的地址，使用取地址符&获取首元素的地址。由输出的结果可知，地址相同，说明数组首元素的地址也是整个数组的起始地址，数组名表示数组的起始地址。

(2) 数组名访问数组元素

由上文描述可知，数组名可以表示数组的起始地址，通过数组名即可遍历数组中所有的元素，如例8-11所示。

【例8-11】 数组名访问数组元素。

```
1  #include< stdio.h>
2
3  int main(int argc,const char * argv[])
4  {
```

```
5    int a[3]={1,2,3};
6
7    printf("a=%p\n",a);
8    printf("a+1=%p\n",a+1);
9    printf("a+2=%p\n",a+2);
10
11    printf("&a[0]=%p\n",&a[0]);
12    printf("&a[1]=%p\n",&a[1]);
13    printf("&a[2]=%p\n",&a[2]);
14
15    printf("==================\n");
16
17    printf("*a=%d\n",*a);
18    printf("*(a+1)=%d\n",*(a+1));
19    printf("*(a+2)=%d\n",*(a+2));
20
21    printf("a[0]=%d\n",a[0]);
22    printf("a[1]=%d\n",a[1]);
23    printf("a[2]=%d\n",a[2]);
24    return 0;
25  }
```

输出：

```
a=0x7fffa239ec90
a+1=0x7fffa239ec94
a+2=0x7fffa239ec98
&a[0]=0x7fffa239ec90
&a[1]=0x7fffa239ec94
&a[2]=0x7fffa239ec98
==================
*a=1
*(a+1)=2
*(a+2)=3
a[0]=1
a[1]=2
a[2]=3
```

分析：

如上述示例中，第 7、8、9 行代码用来输出数组第 1、2、3 个元素的地址，传入的参数分别为 a、a+1、a+2。第 11、12、13 行代码同样用来输出数组第 1、2、3 个元素的地址，传入的参数为 &a [0]、&a [1]、&a [2]。由输出结果可知，第 7 行与第 11 行代码输出的结果相同，第 8 行与第 12 行代码输出的结果相同，第 9 行与第 13 行代码输出的结果相同。综上所述，对数组名进行加法运算，即可表示数组其他元素的地址，如上述操作中，加 1 表示移动向后移动一个元素，得到下一个元素的地址。

第 17、18、19 行代码用来输出数组第 1、2、3 个元素的值，传入的参数分别为 * a、* (a+1)、* (a+2)。由于 a、a+1、a+2 分别表示第 1、2、3 个元素的地址，使用 * 号表示引用，即可获得对应内存地址上的值，通过与第 21、22、23 行代码输出的结果对比可得出如下结果。

```
a= = &a[0]
a+ 1= = &a[1]
a+ 2= = &a[2]
 * a= = a[0]
 * (a+ 1)= = a[1]
 * (a+ 2)= = a[2]
```

(3) 指针与数组

如果定义一个指针，并将数组的首地址赋值给指针变量，则该指针指向这个数组，如下所示。

```
int  * p,a[5];
p= a;
```

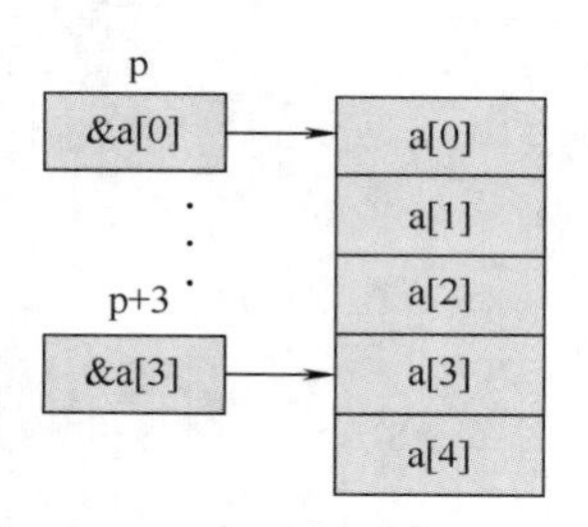

图 8-3 指针访问数组元素

如上述操作，a 既表示数组名也是数组的起始地址，将其赋值给指针变量 p，即可通过指针访问数组中的元素，如图 8-3 所示。

如图 8-3 所示，指针指向一维数组后，通过对指针执行加、减运算，即可移动指针，使其指向数组的其他元素，具体操作如例 8-12 所示。

【例 8-12】 指针访问数组。

```
1   #include< stdio. h>
2
3   int main(int argc,const char  * argv[])
4   {
5     int a[5]= {1,2,3,4,5};
6
7     int  * p= a;
8     int i;
9
10     for(i= 0;i< 5;i+ + ){
```

```
11            /* 移动指针,获取数组元素的地址 */
12            printf("&a[%d]= %p\n",i,p+ i);
13            /* 通过指针获取数组元素的值 */
14            printf("a[%d]= %d\n",i, *(p+ i));
15      }
16
17      return 0;
18  }
```

输出:

```
&a[0]= 0x7fffcb87be70
a[0]= 1
&a[1]= 0x7fffcb87be74
a[1]= 2
&a[2]= 0x7fffcb87be78
a[2]= 3
&a[3]= 0x7fffcb87be7c
a[3]= 4
&a[4]= 0x7fffcb87be80
a[4]= 5
```

分析:

如上述示例中，第 7 行代码使用指针 p 指向数组 a。第 10～15 行代码通过循环输出数组元素的地址以及数组元素的值。第 12 行代码输出数组元素的地址，传入的参数为 p+i，p+i 表示执行指针加法操作，即移动指针。由输出结果可知，地址相差大小为 4，即 4 个字节（1 个整型数据）。第 13 行代码输出数组元素的值，传入的参数为 *（p+i）。

> **注意:**
>
> p+n 与 a+n 都可以表示数组元素 a［n］的地址，即 &a［n］。指针变量 p 与数组名 a 在访问数组中元素时，在一定条件下其使用方法具有相同的形式，因为指针变量与数组名都是地址量。但是，指针变量与数组名在本质上不同，指针变量是地址变量，而数组名是地址常量。因此，p+n 与 a+n 虽然表示相同的地址值，但前者为变量，后者为常量。

8.3.2　二维数组与指针

配套视频

（1）数组名

对于二维数组而言，数组名同样表示数组的起始地址，但二维数组使用数组名表示的地址与一维数组数组名表示的地址性质不同。

```
int a[3][4];
```

如上述二维数组，数组名 a 既表示数组的起始地址也表示首元素的地址，即 &a [0] [0]。不同于一维数组，二维数组可以视为多行一维数组，其数组名表示的地址为行性质，而非一维数组的列性质，具体分析如例 8-13 所示。

【例 8-13】 二维数组名。

```
1  #include<stdio.h>
2
3  int main(int argc,const char *argv[])
4  {
5     int a[3][4]={{1,2,3,4},
6                  {5,6,7,8},
7                  {9,10,11,12}};
8
9     printf("a=%p\n",a);
10     printf("&a[0][0]=%p\n",&a[0][0]);
11    printf("a[0]=%p\n",a[0]);
12
13     printf("========================\n");
14
15     printf("a+1=%p\n",a+1);
16     printf("&a[0][0]+1=%p\n",&a[0][0]+1);
17     printf("a[0]+1=%p\n",a[0]+1);
18     return 0;
19  }
```

输出：

```
a=0x7fff39802210
&a[0][0]=0x7fff39802210
a[0]=0x7fff39802210
========================
a+1=0x7fff39802220
&a[0][0]+1=0x7fff39802214
a[0]+1=0x7fff39802214
```

分析：

如上述示例中，第 9、10 行代码分别输出数组的起始地址以及首元素的地址，由输出结果可知，数组起始地址即首元素地址（地址相同，同为 0x10（低 2 位））。第 11 行代码同样输出地址值，传入的参数为 a [0]，由输出结果可知，其值与数组起始地址、首元素地址相等。虽然上述 3 种参数（a、&a [0] [0]、a [0] ）都表示同一地址，但性质不同。

对这 3 种参数执行加法运算，并通过第 15～17 行代码进行输出，a 与 a+1 对应的地址值分别为 0x10、0x20，二者相差 16，即 16 个字节（对应 4 个整型数据），由于二维数组一行元素有 4 个，可知 a+1 表示的地址为二维数组第 2 行的起始地址，同理 a+2 表示的地址为二维数组第 3 行的起始地址，以此类推。

&a [0] [0] 与 &a [0] [0]+1 对应的地址值分别为 0x10、0x14，二者相差 4，即 4 个字节（对应 1 个整型数据），可知 &a [0] [0]+1 表示的地址为二维数组第 1 行第 2 个元素的地址（&a [0] [1] ），同理 &a [0] [0]+2 表示的地址为二维数组第 1 行第 3 个元素的地址（&a [0] [2] ），以此类推。

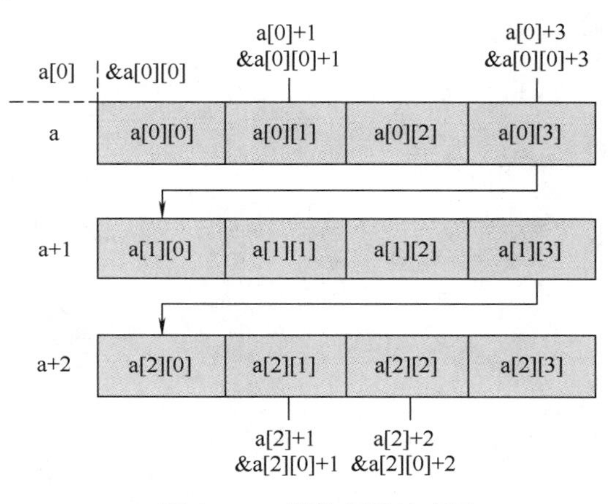

图 8-4　二维数组地址表示

a [0] 与 a [0]+1 对应的地址值分别为 0x10、0x14，二者相差 4，即 4 个字节（对应 1 个整型数据），可知 a [0]+1 表示的地址为二维数组第 1 行第 2 个元素的地址（&a [0] [1] ），同理 a [0]+2 表示的地址为二维数组第 1 行第 3 个元素的地址（&a [0] [2] ），以此类推。

综上所述，a、&a [0] [0]、a [0] 表示的地址值相等，但性质不相同，数组名表示的地址为行性质，&a [0] [0]、a [0] 表示的地址为列性质，如图 8-4 所示。

如图 8-4 所示，二维数组名执行加、减操作，以行为单位表示地址，&a [0] [0]、a [0] 执行加、减操作，以列为单位表示地址。

（2）数组与指针

定义一个指针，使其指向一个二维数组，操作指针如例 8-14 所示。

【例 8-14】 指针与二维数组。

```
1  #include<stdio.h>
2
3  int main(int argc,const char *argv[])
4  {
5     int a[3][4]={{1,2,3,4},
6                  {5,6,7,8},
7                  {9,10,11,12}};
8
9     int *p;
10
11     p=a;  /*指针指向数组*/
12
```

```
13      printf("a= %p\n",a);
14      printf("a+ 1= %p\n",a+ 1);
15      printf("a+ 2= %p\n",a+ 2);
16
17      printf("p= %p\n",p);
18      printf("p+ 1= %p\n",p+ 1);
19      printf("p+ 2= %p\n",p+ 2);
20
21      return 0;
22  }
```

输出：

```
8-14. c:在函数'main'中:
8-14. c:11:4:警告:从不兼容的指针类型赋值 [默认启用]
a= 0x7fff1d6d2160
a+ 1= 0x7fff1d6d2170
a+ 2= 0x7fff1d6d2180
p= 0x7fff1d6d2160
p+ 1= 0x7fff1d6d2164
p+ 2= 0x7fff1d6d2168
```

分析：

如上述示例中，第 11 行代码将数组名赋值给指针 p，表示指针指向该数组，程序输出警告，显示指针类型的赋值不匹配，其原因是：普通指针的性质为列性质，而数组名表示的地址量为行性质。对比 a、a+1、a+2 输出的地址值（差值为 16，4 个整型数据），数组名加 1 表示二维数组下一行起始地址。对比 p、p+1、p+2 输出的地址值（差值为 4，1 个整型数据），p 加 1 表示移动指针到数组的下一个元素。

综上所述，普通指针无法指向二维数组，也无法实现对二维数组的访问。

(3) 数组指针

由上文描述可知，一个普通的指针无法对二维数组进行访问。在 C 语言中，定义了数组指针的概念，数组指针即指向数组的指针，通过该指针即可实现对二维数组的访问。数组指针的定义如下所示。

```
数据类型(*指针变量名)[常量表达式];
```

如上述定义，数据类型表示数组指针指向的数组的元素类型；“() ”号改变了运算符优先级，其中包括了“*”号，表示变量为指针变量；常量表达式表示数组指针指向的数组的元素个数。具体示例如下所示。

```
int a[3][4];
int(*p)[4];
p= a;
```

上述二维数组为“三行四列”，可以将其理解为 3 个一维数组的组合，每个一维数组有 4 个元素。因此在定义数组指针时，常量表达式的值需要与二维数组的列数相同，这样数组指针刚好可以指向二维数组的“一行”，指针每移动一个单位即二维数组的“一行”。具体分析如例 8-15 所示。

【例 8-15】 数组指针。

```
1   #include< stdio. h>
2
3   int main(int argc,const char * argv[])
4   {
5      int a[3][4]= {{1,2,3,4},
6                    {5,6,7,8},
7                    {9,10,11,12}};
8
9
10     int( * p)[4];  /* 定义数组指针 */
11
12     p= a;  /* 数组指针指向二维数组 */
13
14     printf("a= %p\n",a);
15     printf("a+ 1= %p\n",a+ 1);
16     printf("a+ 2= %p\n",a+ 2);
17
18     printf("= = = = = = = = = = = = = = = = = = = = = =\n");
19
20     printf("p= %p\n",p);
21     printf("p+ 1= %p\n",p+ 1);
22     printf("p+ 2= %p\n",p+ 2);
23
24     return 0;
25  }
```

输出：

```
a= 0x7fff1549ab80
a+ 1= 0x7fff1549ab90
a+ 2= 0x7fff1549aba0
= = = = = = = = = = = = = = = = = = = = = =
p= 0x7fff1549ab80
p+ 1= 0x7fff1549ab90
p+ 2= 0x7fff1549aba0
```

分析：

如上述示例中，定义一个二维数组 a［3］［4］，按照逻辑可以理解为该数组为“三行四列”，第 10 行代码定义数组指针 int（＊p）［4］，表示该指针指向的数组元素为 4 个，刚好与二维数组的“一行”匹配。第 12 行代码将数组指针指向二维数组。第 14～16 行代码，用来输出二维数组的地址，传入参数分别为 a、a＋1、a＋2，即输出二维数组每一行的起始地址。第 20～22 行代码同样用来输出二维数组的地址，传入的参数分别为 p、p＋1、p＋2。由输出的结果可知，p、p＋1、p＋2 输出的地址与 a、a＋1、a＋2 表示的地址依次对应（相等）。由此可知，数组指针的性质与普通指针不同，其性质为行性质，每移动一次则指针指向二维数组的“下一行”，具体如图 8-5 所示。

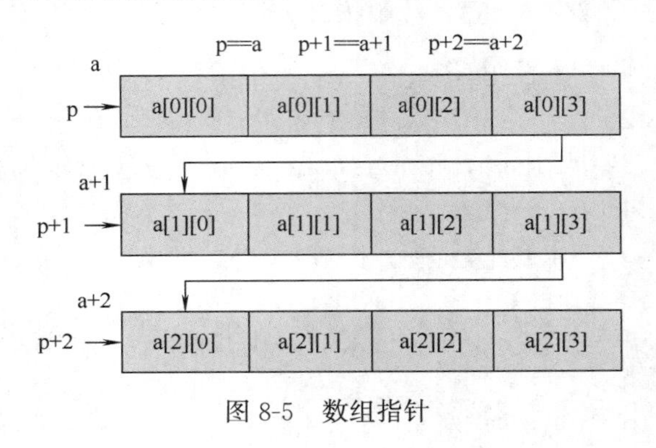

图 8-5 数组指针

（4）数组指针与地址常量

如上文中例 8-15 所示，无论是数组指针指向的地址或数组名表示的地址常量，其性质都为行性质。对于二维数组而言，如果需要对二维数组的任意元素进行访问，则需要对数组指针或数组名表示的地址常量进行性质转换。

使用数组指针以及数组名表示的地址常量访问二维数组的元素，具体如例 8-16 所示。

【例 8-16】 数组指针与地址常量。

```
1   #include<stdio.h>
2
3   int main(int argc,const char *argv[])
4   {
5     int a[3][4]={{1,2,3,4},
6                  {5,6,7,8},
7                  {9,10,11,12}};
8
9     int i,j;
10
11    for(i=0;i<3;i++){
12        for(j=0;j<4;j++){
13            printf("a[%d][%d]=%d  ",i,j,*(*(a+i)+j));
14        }
15        printf("\n");
16    }
17
18    printf("======================\n");
```

```
19
20      int( * p)[4];
21     p= a;
22
23      for(i= 0;i< 3;i+ + ){
24          for(j= 0;j< 4;j+ + ){
25              printf("a[%d][%d]= %d  ",i,j, * ( * (p+ i)+ j));
26          }
27          printf("\n");
28      }
29
30      return 0;
31  }
```

输出:

```
a[0][0]= 1  a[0][1]= 2  a[0][2]= 3  a[0][3]= 4
a[1][0]= 5  a[1][1]= 6  a[1][2]= 7  a[1][3]= 8
a[2][0]= 9  a[2][1]= 10  a[2][2]= 11  a[2][3]= 12
= = = = = = = = = = = = = = = = = = = = = =
a[0][0]= 1  a[0][1]= 2  a[0][2]= 3  a[0][3]= 4
a[1][0]= 5  a[1][1]= 6  a[1][2]= 7  a[1][3]= 8
a[2][0]= 9  a[2][1]= 10  a[2][2]= 11  a[2][3]= 12
```

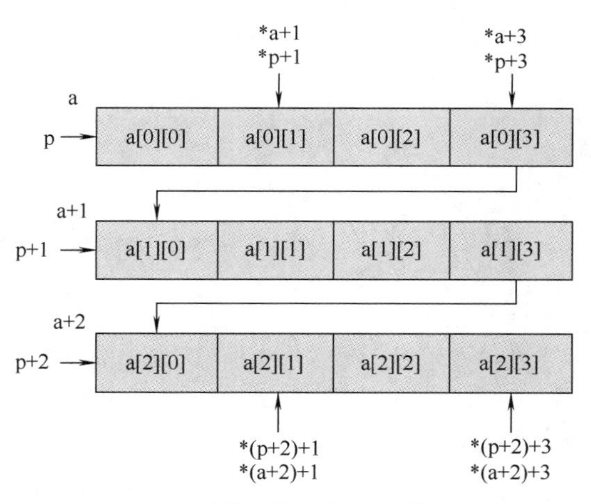

图 8-6 数组指针与地址常量

分析:

如上述示例中，第 11～16 行代码以及第 23～28 行代码的功能为输出二维数组元素的值，第 13、25 行代码分别使用数组名表示的地址常量以及数组指针表示二维数组元素的值。由输出结果可知，＊(＊(a+i)+j) 表示的值与＊(＊(p+i)+j) 表示的值相同。其中，最外层的＊号表示引用（获取内存地址上的数据），(＊(a+i)+j) 与 (＊(p+i)+j) 为元素的地址，内层中的＊号并非表示引用，而表示降级处理，因为 a+i 与 p+i 都表示二维数组某一行的起始地址（即 &a[i][0] 的地址），表示行性质的地址，无论如何进行增加都无法遍历同一行的其他元素，通过使用＊号可使得 a+i 与 p+i 表示的地址性质变为列性质地址，然后再增加 j 即可获得同一行其他元素的地址。具体如图 8-6 所示。

注意：

假设二维数组的数组名为 a，则 a [m]、&a [m] [n] 都表示列性质的地址，其执行加减操作，表示的是前后一个元素的地址；a 表示行性质的地址，其执行加减操作，表示的是前后一行元素的起始地址。

定义数组指针 int（*p）[n]，执行 p=a 后，指针变量 p 保存的地址为行性质的地址，因此 p+m 与 a+m 都表示二维数组某行的起始地址，不同的是前者为变量，后者为常量。

例 8-16 中，*(*(p+i)+j) 与 *(*(a+i)+j) 都表示数组元素的值，需要特别注意的是外层*号表示引用，内层*号表示降级处理。表示数组元素的值可以有很多种方式，如*（a [i]+j）或*（p [i]+j），因此可得出如下结论（只针对二维数组）。

```
*(p+ i)= = p[i]
*(a+ i)= = a[i]
```

8.4 指针与字符串

8.4.1 字符指针

在 C 语言程序中，访问字符串可以通过两种方式，一种是前文介绍的使用字符数组存放字符串，从而对字符串进行操作，另一种是使用字符指针指向一个字符串。具体如例 8-17 所示。

【例 8-17】 字符指针。

```
1  #include< stdio. h>
2
3  int main(int argc,const char *argv[])
4  {
5     char *p= "Hello World";
6
7     printf("%s\n",p);
8
9     return 0;
10 }
```

输出：

```
Hello World
```

分析:

如上述示例中，第 5 行代码执行初始化字符指针 p，需要注意的是，该操作并不是将整个字符串复制到指针中，而是将字符串在内存中的首地址赋值给指针，双引号包含字符串整体表示的是一个地址而非字符串数据。

注意:

向字符指针赋值一个字符串常量时，指针应该指向一个存储空间，从而避免野指针带来的不确定结果。当一个字符指针已经初始化为一个字符串常量时，不能对该字符指针变量进行赋值，如下所示。

```
char *p="hello";  /*指针指向字符串常量*/
*p='A';           /*错误操作,常量是不能修改的*/
```

而如果指针指向的是变量，则可以进行修改，如下所示。

```
char c[32]="hello";
char *p=c;        /*指针指向字符数组变量*/
*p='A';           /*正确操作*/
```

8.4.2 字符指针应用

功能需求：设定两个字符串，并将这两个字符串连接起来。具体实现如例 8-18 所示。

【例 8-18】 合并字符串。

```
1   #include<stdio.h>
2
3   int main(int argc,const char *argv[])
4   {
5     char str1[]="Hello";
6     char str2[]="World";
7
8     char *p,*q;
9
10     p=str1;
11     q=str2;
12
13     while(*p!='\0'){
14         p++;
15     }
16
17     while(*q!='\0'){
18           *p++=*q++;
19     }
```

```
20
21     *p='\0';
22
23     printf("合并后的字符串:%s\n",str1);
24     return 0;
25  }
```

输出:

```
合并后的字符串:HelloWorld
```

分析:

如上述示例中，第5、6行代码分别定义字符数组str1、str2。第10、11行代码分别使字符指针指向字符数组。第13～15行代码通过移动字符指针遍历字符数组str1，并使其指向数组中数据的末尾。第17～19行代码通过移动字符指针遍历字符数组str2，并将数组中的元素依次添加到str1数组末尾。第21行代码在合并后的字符串后添加“\0”结束符。

8.4.3 指针数组

指针数组与数组指针是两种完全不同的概念，前者为数组，后者为指针。指针数组是指由若干个具有相同存储类型和数据类型的指针变量构成的集合。换句话说，指针数组中存储的元素为指针，由于指针变量保存的是地址，也可以认为指针数组中保存的是地址。指针数组的一般形式如下所示。

```
存储类型 *指针数组名[常量表达式]
```

如上述形式，存储类型表示数组元素指向的数据类型，常量表达式为数组的大小。

> **注意:**
>
> 指针数组的定义形式与数组指针的定义非常相似，区分二者只需要关注*号是否被括号包含，如int *p[5]与int (*p)[5]，前者为指针数组，后者为数组指针，由于使用括号改变了运算符优先级，*号与p先结合，表示指针变量，而不使用括号时，p先与[5]结合表示数组。

指针数组的使用如例8-19所示。

【例8-19】 指针数组。

```
1  #include<stdio.h>
2
3  int main(int argc,const char *argv[])
4  {
5     char *p[5]={"Hello","World","Knowledge",
6                 "Change","Destiny"};
```

```
7
8     int i;
9
10     for(i=0;i<5;i++){
11          printf("%s\n",p[i]);
12     }
13     return 0;
14  }
```

输出:

```
Hello
World
Knowledge
Change
Destiny
```

分析:

如上述示例中，第 5 行代码用来定义指针数组，该数组的元素个数为 5，数组中保存的元素类型为 char *，即字符指针，因此可赋值为一系列字符串。第 10～12 行代码通过循环遍历数组，输出数组中的元素。

8.5　多级指针

指针变量可以指向整型变量、字符型变量等，同样也可以指向指针类型变量。一个指向指针变量的指针变量，称为多级指针变量。通常将指向非指针变量的指针变量称为一级指针，将指向一级指针变量的指针变量称为二级指针。二级指针变量的定义形式如下所示。

```
数据类型 * *变量名;
```

如定义二级指针 int * * p;，其含义为定义一个指针变量 p，它指向另一个指针变量，该指针变量又指向一个基本整型变量，具体使用如例 8-20 所示。

【例 8-20】　二级指针。

```
1  #include<stdio.h>
2
3  int main(int argc,const char *argv[])
4  {
5     int a=5;
6     int *p=&a;
7     int **q=&p;
```

```
8
9     printf("&a= %p\n",&a);
10     printf("p= %p\n",p);
11     printf("q= %p\n",q);
12     printf(" * q= %p\n", * q);
13
14     printf("= = = = = = = = = = = = = = = = = = = = = \n");
15
16     printf("a= %d\n",a);
17     printf(" * p= %d\n", * p);
18     printf(" * * q= %d\n", * * q);
19
20     return 0;
21 }
```

输出：

```
&a= 0x7fff52df66ec
p= 0x7fff52df66ec
q= 0x7fff52df66d8
* q= 0x7fff52df66ec
= = = = = = = = = = = = = = = = = = = = =
a= 5
* p= 5
* * q= 5
```

分析：

如上述示例中，第 6 行代码定义整型指针 p 且保存整型变量 a 的地址。第 7 行代码定义二级整型指针 q 且保存整型指针 p 的地址。第 9 行代码输出变量 a 的值。第 10 行代码输出指针变量 p 保存的地址。第 11 行代码输出指针变量 q 保存的地址。第 12 行代码使用 * 号引用，输出的是指针变量 p 保存的地址。第 16 行代码输出变量 a 的值。第 17 行代码使用 * 号引用，输出的是指针 p 指向的数据，即变量 a 的值。第 18 行代码使用 * * 号进行二次引用，同样为变量 a 的值。变量 a、指针 p 以及指针 q 的关系如图 8-7 所示。

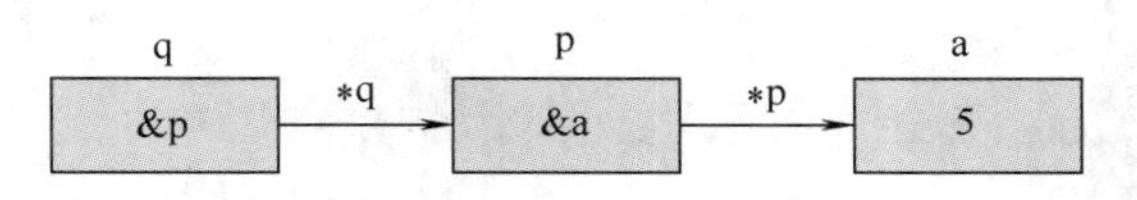

图 8-7　变量 a、指针 p 以及指针 q

如图 8-7 所示，一级指针变量 p 保存的是变量 a 的地址，即 &a，二级指针变量 q 保存的是指针变量 p 的地址，即 &p。因此， * q 表示的是指针变量 p 保存的值，即 &a。

8.6 指针与函数

配套视频

8.6.1 指针函数

指针函数指的是返回值为地址的函数。通常函数都有返回值的数据类型。如果一个函数没有返回值，则该函数是一个无值型函数。指针函数只不过是一个返回值为某一数据类型指针的函数。指针函数的一般形式如下所示。

```
数据类型 *函数名称(参数说明){
    语句序列;
}
```

指针函数的使用如例 8-21 所示。

【例 8-21】 指针函数。

```
1  #include< stdio.h>
2  #include< string.h>
3
4  char *ShowString(){
5     static char str[32];
6
7     strcpy(str,"Hello World");
8
9     return str;
10 }
11
12 int main(int argc,const char *argv[])
13 {
14     printf("%s\n",ShowString());
15     return 0;
16 }
```

输出:

```
Hello World
```

分析:

如上述示例中，第 14 行代码调用指针函数 ShowString ()。第 4～10 行代码为指针函数，该函数返回数组的数组名。

8.6.2 函数指针

函数指针用来存放函数的地址，该地址是函数的入口地址，且为函数调用时使用的起始地址。当函数指针指向函数，即可通过该指针调用函数，函数指针可以将函数作为参数传递给其他函数调用。函数指针的一般形式如下所示。

```
数据类型(＊函数指针变量名)(参数说明列表)；
```

数据类型是函数指针指向的函数的返回值类型，参数说明列表即该指针指向的函数的形参列表，使用（）号包含＊号，表示＊号先与函数指针变量名结合，表明其为函数的指针。函数指针常用在函数调用时，如例 8-22 所示。

【例 8-22】 函数指针。

```
1  #include<stdio.h>
2
3  int Add(int a,int b){
4     return a+b;
5  }
6
7  int main(int argc,const char *argv[])
8  {
9     int ret;
10     int(*p)(int x,int y);   /*定义函数指针*/
11
12     p=Add;/*使用函数指针指向函数*/
13
14     ret=p(2,3);
15
16     printf("ret=%d\n",ret);
17     return 0;
18  }
```

输出：

```
ret=5
```

分析：

如上述示例中，第 10 行代码定义了函数指针。第 12 行代码使用函数指针指向函数 Add ()，此时函数名作为地址，传递给函数指针。第 14 行代码通过函数指针调用函数并传入实际参数。通过第 16 行代码输出结果可知，通过函数指针调用函数成功。

8.6.3 函数指针数组

函数指针数组即数组元素为函数指针的数组，也可以认为，数组中保存的元素为函数名（函数名为地址），函数指针数组的一般形式如下所示。

```
数据类型(*函数指针数组名[常量表达式])(参数说明列表);
```

函数指针数组与函数指针的定义类似，其中的常量表达式表示数组元素的个数。函数指针数组的本质是数组，其使用如例 8-23 所示。

【例 8-23】 函数指针数组。

```
1  #include<stdio.h>
2
3  int Add(int a,int b){
4      return a+b;
5  }
6  int Sub(int a,int b){
7     return a-b;
8  }
9  int Mul(int a,int b){
10     return a*b;
11 }
12 int Div(int a,int b){
13     return a/b;
14 }
15 int main(int argc,const char *argv[])
16 {
17     int(*p[4])(int x,int y);
18
19     p[0]=Add;
20     p[1]=Sub;
21     p[2]=Mul;
22     p[3]=Div;
23
24     int i;
25
26     for(i=0;i<4;i++){
27         printf("p[%d]=%d\n",i,p[i](4,2));
28     }
29     return 0;
30 }
```

输出:

```
p[0]=6
```

```
p[1]=2
p[2]=8
p[3]=2
```

分析：

如上述示例中，第 17 行代码定义了函数指针数组。第 19～22 行代码分别对数组元素进行赋值。第 26～28 行代码使用循环语句调用数组中的指针指向的函数。

8.6.4 指针变量作函数参数

指针变量可以作为函数参数，在函数调用时，完成调用函数与被调用函数之间的数值传递。使用指针变量传递参数可以有效减少值传递带来的开销，同时可以实现值传递无法完成的任务。

如例 8-24 所示，通过函数调用的形式实现数值交换。

【例 8-24】 数值交换。

```
1  #include<stdio.h>
2
3  void swap(int x,int y){
4    int temp;
5
6    temp=x;
7    x=y;
8    y=temp;
9  }
10 int main(int argc,const char *argv[])
11 {
12    int a=3,b=4;
13
14    swap(a,b);
15
16    printf("a=%d b=%d\n",a,b);
17    return 0;
18 }
```

输出：

```
a=3 b=4
```

分析：

如上述示例中，第 14 行代码的功能为交换变量 a、b 的值，变量 a、b 作为实参传递给 swap（）函数的形式参数 x、y。第 3～9 行代码为交换数据的函数。由第 16 行代码输出交换后变量 a、b 的值。由输出结果可知，变量 a、b 的值未发生交换。

? 释疑：

例 8-24 中的 swap（）函数未实现数值的交换，调用函数 main（）与被调用函数 swap（）之间采用值传递，变量 a 的值传递给参数 x，变量 b 的值传递给参数 y，在交换函数中，对变量 x、y 保存的值进行交换，与 main（）函数中的 a、b 没有任何关系，如图 8-8 所示。

如图 8-8 所示，数值传递将实参中的值传递给形参，在函数调用过程中，形参的值发生改变，而实参的值不会发生改变。

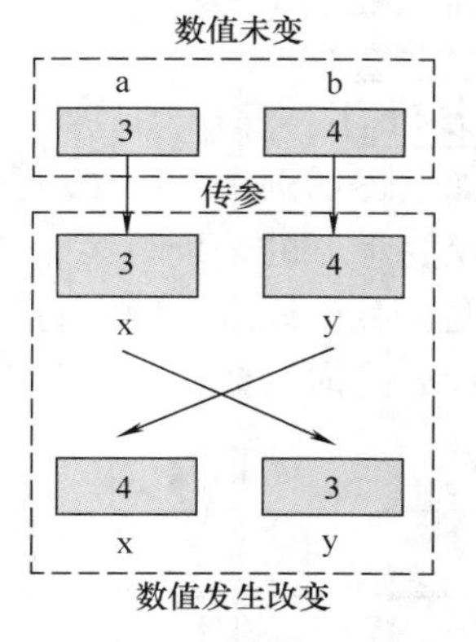

图 8-8　数值交换

为了实现上述数值交换，在交换函数中，需要获取实际参数的地址，并通过地址操作对应的数据。因此，上述交换可以采用地址传递的方式，将实参的地址传递给交换函数，从而使交换函数完成对实参的操作。

使用地址传递的方式实现数值交换，如例 8-25 所示。

【例 8-25】　数值交换。

```
1  #include<stdio.h>
2
3  void swap(int *p,int *q){
4    int temp;
5
6    temp=*p;
7     *p=*q;
8     *q=temp;
9  }
10
11  int main(int argc,const char *argv[])
12  {
13    int a=3,b=4;
14
15    swap(&a,&b);
16
17    printf("a=%d b=%d\n",a,b);
18    return 0;
19  }
```

输出：

```
a= 4 b= 3
```

分析：

如上述示例中，第 15 行代码调用数值交换函数 swap ()，传入的参数为变量 a 的地址以及变量 b 的地址。第 3～9 行为交换函数，其参数指针 p 接收变量 a 的地址，指针 q 接收变量 b 的地址，第 6 行代码将指针 p 指向的数据（变量 a）传递给 temp，第 7 行代码将指针 q 指向的数据（变量 b）传递给指针 p 指向的数据（变量 a），第 8 行代码将 temp 保存的数据传递给指针 q 指向的数据（变量 b）。由输出结果可知，数值交换成功。

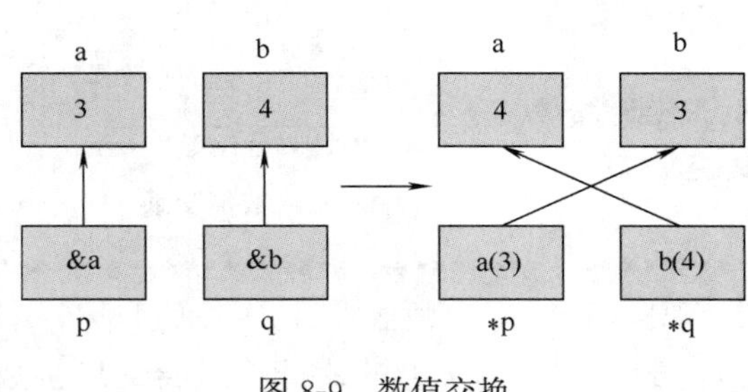

图 8-9　数值交换

由此可知，采用地址传递的方式可实现数值交换，其原理如图 8-9 所示。

如图 8-9 所示，不同于数值传递的是，地址传递获取的是实际参数的地址，始终操作的是实际参数，对实际参数进行地址交换。

8.7　const 指针

在 C 语言中，const 是一个关键字，它除了可以修饰普通变量外，还可以修饰指针变量。

8.7.1　常量化指针变量

常量化指针变量指的是指针中存储的地址不能被修改，但指针指向的内容可以被修改。如下所示。

```
int a= 1;
int * const p= &a;
```

上述代码中，指针 p 不可修改，即保存的地址不可修改，但指针 p 指向的整型变量可以被修改。常量指针在定义时必须同时进行赋值操作，具体如例 8-26 所示。

【例 8-26】 常量化指针变量。

```
1  #include< stdio. h>
2
3  int main(int argc,const char * argv[])
4  {
5     int a= 1;
6
7     int * const p= &a;
```

```
8
9     //p=p+1;
10
11     *p=2;
12
13     printf("%d\n",*p);
14     return 0;
15 }
```

输出：

```
    2
```

分析：

如上述示例中，第 7 行代码定义一个常量指针 p 并赋初值，该指针变量存储的地址不可修改。第 9 行代码修改 p 存储的地址，编译时报错，因此将该行注释。第 11 行代码修改 p 所指向的变量 a 的值为 2，编译成功。由输出结果可知，修改变量值成功。

8.7.2　常量化指针目标表达式

常量化指针目标表达式指的是指针指向的内容不能被修改，但指针变量中的地址可以被修改。

```
    int a=1;
    /*两种写法含义相同*/
    const int *p=&a;
    int const *p=&a;
```

如上述指针定义，const 关键字放在 * 号或数据类型前都可以，表示修饰指针指向的数据，具体使用如例 8-27 所示。

【例 8-27】　常量化指针目标表达式。

```
1  #include<stdio.h>
2
3  int main(int argc,const char *argv[])
4  {
5     int a=1;
6
7     const int *p=&a;
8     printf("p=%p\n",p);
9
10     p=p+1;
11
12     //*p=2;
```

```
13
14     printf("p= %p\n",p);
15
16     return 0;
17  }
```

输出:

```
p= 0x7fff004c260c
p= 0x7fff004c2610
```

分析:

如上述示例中，第 7 行代码定义一个常量化指针 p 并赋初值。第 10 行代码对指针指向的地址进行修改。第 12 行代码修改 p 指向的数据，编译报错，因此将该行注释。第 14 行代码输出修改后 p 保存的地址值。

8.7.3 常量化指针变量及其目标表达式

常量化指针变量及其目标表达式指的是指针指向的内容不能被修改，同时指针保存的地址也不能被修改。如下所示。

```
int a= 1;
const int * const p= &a;
```

常量化指针变量及其目标表达式的使用，如例 8-28 所示。

【例 8-28】 常量化指针变量及其目标表达式。

```
1   #include< stdio. h>
2
3   int main(int argc,const char * argv[])
4   {
5      int a= 1;
6
7      const int * const p= &a;
8
9      //p= p+ 1;
10
11     //* p= 2;
12
13     printf("p= %p\n",p);
14     return 0;
15  }
```

输出：

```
p= 0x7fffa006c1fc
```

分析：

如上述示例中，第 7 行代码定义一个常量化指针 p 并赋初值。第 9、11 行代码分别对 p 存储的地址以及 p 指向的数据进行修改，编译时报错，因此将其注释。

8.8　void 指针

void 意思为“无类型”，是 C 语言中的一个关键字，用 void 修饰的指针为一个无类型的指针，它可以通过强制类型转换指向任何类型的数据。也就是说，对于 void 型的指针变量，实际使用时，一般需要通过强制类型转换才能使 void 型指针变量得到具体的地址，在没有强制类型转换之前，void 型指针变量不能进行任何指针的算术运算。

```
int a= 1;
void * p;
p= &a;
```

上述代码操作中，void 型指针 p 指向变量 a。变量 a 的类型为整型，虽然 void 型指针可以指向任何类型的数据，但无法利用它来访问所指向的数据，因为编译器无法知道 void 指针指向的数据是何种类型，从而无法确定数据在内存中的字节数。如果将 void 指针强制转换为所指数据的数据类型，则可以访问该数据。

void 型指针的使用如例 8-29 所示。

【例 8-29】 void 型指针。

```
1  #include< stdio.h>
2
3  int main(int argc,const char * argv[])
4  {
5     int a= 1;
6     char b= 'A';
7
8     void * p, * q;
9
10     p= &a;
11
12     printf(" * p= %d\n", * ((int * )p));
13
14     q= &b;
15
```

```
16    printf(" * q= %c\n", * ((char  * )q));
17
18    return 0;
19  }
```

输出:

```
* p= 1
* q= A
```

分析:

如上述示例中，第 10 行代码使用 void 型指针 p 指向整型变量 a。第 12 行代码输出指针 p 指向的数据，由于 p 为 void 型指针，变量 a 为整型，类型不匹配，使用（int *）将 p 保存的地址先转换为整型地址，再使用 * 号表示引用，得到指针指向的数据。同理第 14 行代码输出指针 q 指向的字符型变量 b，q 为 void 型指针，变量 b 为字符型，类型不匹配，使用（char *）将 q 保存的地址先转换为字符型地址，再使用 * 号表示引用，得到指针指向的数据。

8.9 本章小结

本章主要介绍了 C 语言中的核心内容——指针，主要包括指针基本操作、指针运算、一维数组与指针、二维数组与指针、字符串与指针、多级指针、函数与指针、const 以及 void 指针。在实际开发中，指针通常与其他数据结构结合使用，灵活运用指针，可以编写出简洁、高效的程序，同时也可以提高程序的运行速度，降低程序的存储空间，实现更加复杂的数据结构。

8.10 习题

1. 填空题

（1）在 C 语言程序中可以通过________获得某种类型变量在内存中的地址。

（2）指针变量专门用来存放________。

（3）如果定义一个指针，且定义时未保存任何内存地址，则该指针为________。

（4）空指针即指针变量中保存的是________。

（5）如果对野指针进行赋值操作，则会产生________。

（6）指针执行加减运算是以________为单位。

（7）若有定义 int a [5]，使用地址常量的形式表示 a [3] 的值，应写为________。

（8）若有定义 int a [2] [3]={2, 4, 6, 8, 10, 12};，则 * （*(a+1)+2)）的值为________。

(9) 若有定义 int a []={2, 4, 6, 8, 10}; 以及 * p=a;, 则 * (p+1) 的值是________, * (a+3) 的值是________。

(10) 若有定义 int a [2] [3]={1, 3, 4, 5, 6, 7};, 则使用地址常量的形式表示元素 a [1] [2] 的地址，应写为________。

(11) 返回值为指针的函数称为________。

2. 选择题

(1) 若有定义 char a [10];, 则在下面表达式中不表示 a [1] 地址的是 (　　)。

A. a+1　　B. a++　　C. &a [0]+1　　D. &a [1]

(2) 若有定义 int a [5], * p=a;, 则对数组 a 元素的正确引用是 (　　)。

A. * &a [5]　　B. a+2　　C. * (p+5)　　D. * (a+2)

(3) 若有定义 int a [5] [5], * b [5], (* c) [5]=a;, 则分别表示 (　　)。

A. 数组、数组指针、指针数组　　B. 数组、指针数组、指针函数

C. 数组、数组指针、函数指针　　D. 数组、指针数组、数组指针

(4) 若有定义 int a [2] [3], (* p) [3]=a,, 则不能表示数组起始地址的是 (　　)。

A. a　　B. p　　C. &a [0] [0]　　D. &a [0]

(5) 以下与 int * p [4] 定义等价的是 (　　)。

A. int p [4]　　B. int * p　　C. int * (p [4])　　D. int (* p) [4]

(6) 若有定义 int a [2] [3], (* p) [3]=a,, 则以下不与 &a [1] [2] 等价的是 (　　)。

A. (* (p+1) +2)　　B. a [1]+2　　C. p [1]+2　　D. * ((a+1)+2)

(7) 若有定义 char * s []={ "china"," hello"," world" };, 则 s [2] 的值是 (　　)。

A. 一个字符　　B. 一个地址　　C. 一个字符串　　D. 一个不定值

(8) 若有定义 int a, * p=&a, * * q=&p;, 则以下不能表示变量 a 的地址的是 (　　)。

A. &a　　B. p　　C. * * q　　D. * q

3. 思考题

(1) 简述指针的概念。

(2) 简述指针变量符 * 和 & 的含义。

(3) 简述数组指针和指针数组的概念。

(4) 简述多级指针的概念。

(5) 简述函数指针与指针函数的概念。

4. 编程题

(1) 编程实现有三个整型变量 i、j、k，设置三个指针变量 p1、p2、p3，分别指向 i、j、k，然后通过指针变量使 i、j、k 三个变量的值顺序交换，即把 i 的原值赋给 j，把 j 的原值赋给 k，把 k 的原值赋给 i。要求输出 i、j、k 的原值和新值。

(2) 编程实现输入 8 个整数存入一维数组，将其中最大数与第一个数交换，最小数与最后一个数交换（用指针完成）。

第9章 结构体与共用体

配套课件

本章学习目标

- 掌握结构体的定义及使用
- 掌握结构体数组的概念
- 掌握结构体指针的使用
- 掌握顺序表的定义及操作
- 掌握链表的定义及操作
- 掌握共用体的定义及使用

与数组一致，结构体与共用体都属于构造数据类型，三者都是由基本数据类型按照一定的规则组合而成的。不同的是，后两者包含的基本数据类型可以是不同的类型。因此结构体与共用体可以处理程序中更加复杂的数据。本章将帮助读者了解结构体以及共用体的概念并掌握其使用方法。同时，根据结构体特性讨论更加深入的概念，如结构体数组及指针、顺序表、链表等。

9.1 结构体

配套视频

数组是一种具有相同类型的数据的集合，属于构造数据类型。然而，在实际的编程过程中，处理的一组数据往往具有不同的类型，如整型、字符型等。此时就需要C语言中的另一种构造数据类型来实现对不同类型数据的封装，即结构体。

9.1.1 定义结构体类型

结构体是一种构造数据类型，它由若干个成员组成，其中的每一个成员可以是一个基本数据类型或一个构造类型。定义结构体类型就是对结构体内部构成形式进行描述，即对每一个成员进行声明，其定义语法格式如下所示。

```
struct 结构体名{
    成员1的类型 变量名;
```

```
    成员 2 的类型 变量名；
    ...
    成员 n 的类型 变量名；
};
```

关键字 struct 表示声明结构，结构体名表示该结构的类型名，大括号中的变量构成成员列表。

> **注意：**
> 在声明结构体时，需要注意大括号最后的分号。

举例：声明一个结构体，如下所示。

```
struct Product{
    int a;
    char b;
    char c[32];
    double d;
};
```

9.1.2　定义结构体变量

定义结构体后即可像定义基本数据类型变量一样定义结构体类型变量。结构体变量的定义语法如下所示。

```
struct 结构体名 结构体变量名;
```

定义一个基本类型的变量与定义结构体类型变量的不同之处在于，后者不仅要求指定变量为结构体类型，而且要求指定为某一特定的结构体类型，如 struct Product，而定义基本类型时，只需指定类型即可，如 int。

举例：定义一个结构体类型变量，如下所示。

```
struct Product Test;
```

也可以在声明结构体类型的同时定义变量，其语法如下所示。

```
struct 结构体名{
    成员列表;
}变量名;
```

举例：声明结构体类型同时定义变量，如下所示。

```
struct Product{
    int a;
    char b;
    char c[32];
```

```
    double d;
}Test;
```

注意:

声明结构体类型的同时定义变量，结构体变量名要在分号之前。

定义结构体类型的变量不仅可以定义一个，也可以定义多个，其语法如下所示。

```
struct 结构体名{
    成员列表;
}变量名 1,变量名 2,...;
```

举例：定义多个结构体类型变量，如下所示。

```
struct Product{
    int a;
    char b;
    char c[32];
    double d;
}Test1,Test2;
```

定义结构体类型变量甚至可以不指定结构体名，其语法格式如下所示。

```
struct {
    成员列表;
}变量名列表;
```

举例：不指定结构体名，定义结构体类型变量，如下所示。

```
struct {
    int a;
    char b;
    char c[32];
    double d;
}Test1,Test2;
```

9.1.3 结构体初始化

结构体类型与其他基本类型一样，也可以在定义结构体变量时指定初始值，示例如下所示。

```
struct Product{
    int a;
    char b;
    char c[32];
}Test= {10,'A',"Hello"};
```

需要注意的是，初始化的值必须与结构体中的成员按顺序一一对应。以上定义也可以写为如下形式。

```
struct Product{   /* 声明结构体 */
    int a;
    char b;
    char c[32];
};
struct Product Test={10,'A',"Hello"};   /* 初始化 */
```

在 Linux 系统内核中，还有另一种初始化方式，如下所示。

```
struct Product{   /* 声明结构体 */
    int a;
    char b;
    char c[32];
};
struct Product Test={   /* 初始化 */
        .a=10,
        .b=A,
        .c="Hello",
};
```

9.1.4　结构体变量的引用

对结构体变量进行赋值、读写或运算，实质上是对结构体成员进行操作。引用结构体中的成员，需要在结构体变量名的后面加成员运算符“.”和成员的名字，其语法如下所示。

```
结构体变量名.成员名
```

举例：对已经定义的结构体进行赋值操作，如下所示。

```
struct Product{   /* 声明结构体 */
    int a;
    char b;
    char c[32];
};
struct Product Test;   /* 定义结构体变量 */
Test.a=10;             /* 对成员进行赋值 */
Test.b='A';
strcpy(Test.c,"Hello");
```

引用结构体变量，对结构体成员进行操作，如例 9-1 所示。

【例 9-1】 结构体操作。

```
1  #include< stdio. h>
2
3  struct Product1{   /* 定义结构体 Product1 */
4    int a;
5    char b;
6    char c[32];
7  };
8
9  struct Product1 Test1= {   /* 定义结构体变量并初始化 * v/
10     . a= 10,
11    . b= 'A',
12     . c= "Hello",
13  };
14
15  struct Product2{   /* 声明结构体以及定义结构体变量并初始化 */
16     char s[32];
17     char c[32];
18  }Test2= {"China","Beijing"};
19
20   int main(int argc,const char * argv[])
21  {
22      printf("Test1. a= %d\n",Test1. a);
23      printf("Test1. b= %c\n",Test1. b);
24      printf("Test1. c= %s\n",Test1. c);
25
26      printf("Test2. s= %s\n",Test2. s);
27      printf("Test2. c= %s\n",Test2. c);
28      return 0;
29  }
```

输出:

```
Test1. a= 10
Test1. b= A
Test1. c= Hello
Test2. s= China
Test2. c= Beijing
```

分析:

如上述示例中，第 3～7 行代码声明结构体 Product1，第 9～13 行代码定义结构体

Product1 的变量名并初始化。第 15～18 行代码声明结构体 Product2 以及定义结构体变量并初始化。第 22～24 行代码引用变量，输出结构体 Product1 中的成员信息。第 26、27 行代码同样引用变量，输出结构体 Product2 中的成员信息。

9.2　结构体数组

结构体数组即数组中的元素都是根据要求定义的结构体，而不是基本类型。

9.2.1　定义结构体数组

定义结构体数组与定义结构体变量类似，其语法定义如下所示。

```
struct 结构体名{
    成员列表;
}数组名;
```

举例：定义结构体数组，具体如下所示。

```
struct Product{
    int a;
    char b;
    char c[32];
}Test[5];
```

如上述定义方式，表示数组的元素个数为 5，每个元素都是结构体 struct Product，结构体中的成员都一致。

9.2.2　初始化结构体数组

初始化结构体数组可采用如下形式。

```
struct 结构体名{
  成员列表;
}数组名={初始值列表};
```

举例：初始化结构体数组，如下所示。

```
struct Product{
  int a;
  char b;
  char c[32];
}Test[3]={{10,'A',"China"},
          {15,'B',"Hello"},
          {20,'C',"World"}};
```

使用结构体数组实现需求：存储部分学生的信息，然后输出学生信息，如例 9-2 所示。

【例 9-2】 结构体数组应用。

```
1  #include< stdio. h>
2
3  struct Student{
4     char Name[32];   /* 名字 */
5     int Number;      /* 学号 */
6     char Sex;        /* 性别 */
7     int Grade;       /* 年级 */
8  }student[5]= {{"ZhangSan",2021301,'M',3},
9                  {"LiSi",2021402,'W',4},
10                 {"WangWu",2021111,'M',1},
11                 {"ZhaoLiu",2021532,'W',5},
12                 {"QianQi",2021206,'M',2}};
13  int main(int argc,const char * argv[])
14  {
15     int i;
16
17     for(i= 0;i< 5;i+ + ){
18          printf("%s  ",student[i]. Name);
19          printf("%d  ",student[i]. Number);
20          printf("%c  ",student[i]. Sex);
21          printf("%d  ",student[i]. Grade);
22
23          printf("\n");
24     }
25     return 0;
26  }
```

输出：

```
ZhangSan   2021301   M   3
LiSi   2021402   W   4
WangWu   2021111   M   1
ZhaoLiu   2021532   W   5
QianQi   2021206   M   2
```

分析：

如上述示例中，第 3～12 行代码定义结构体数组并完成初始化。第 18 行代码输出结构体的名字信息。第 19 行代码输出结构体的学号信息。第 20 行代码输出结构体的性别信息。第 21 行代码输出结构体的年级信息。

9.3　结构体指针

设定一个指针变量用来指向一个结构体变量，此时该指针变量保存的值是结构体变量的起始地址，该指针称为结构体指针。结构体指针的定义形式如下所示。

```
struct 结构体名 *结构体指针变量名；
```

如上述定义形式，结构体名必须是已经定义过的结构体类型。使用结构体指针访问结构体成员，可以采用两种方式。

（1）点运算符引用结构体成员

使用点运算符引用结构体成员，如下所示。

```
(*结构体指针变量名).成员名
```

*结构体指针变量名（*号表示引用）表示的是结构体变量，因此上述访问方式与结构体变量引用一致。

注意：

*结构体指针变量名必须要使用括号，因为点运算符的优先级最高，如果不使用括号，则会先执行点运算再执行*运算。

通过指针使用点运算符引用结构体变量的成员，如例 9-3 所示。

【例 9-3】 点运算符引用结构体变量的成员。

```
1  #include<stdio.h>
2
3  struct Student{
4     char Name[32];  /*名字*/
5     int Number;     /*学号*/
6     char Sex;       /*性别*/
7     int Grade;      /*年级*/
8  }student={"ZhangSan",2021301,'M',3};
9
10 int main(int argc,const char *argv[])
11 {
12     int i;
13
14     struct Student *p;
15     p=&student;  /*结构体指针指向结构体变量*/
16
```

```
17     printf("%s\n",(*p).Name);
18     printf("%d\n",(*p).Number);
19     printf("%c\n",(*p).Sex);
20     printf("%d\n",(*p).Grade);
21
22     return 0;
23 }
```

输出:

```
ZhangSan
2021301
M
3
```

分析:

如上述示例中，第3～8行代码定义结构体并完成初始化。第14行代码定义结构体类型指针。第15行代码使用结构体类型指针指向结构体变量。第17～20行代码通过指针使用点运算符引用结构体变量的成员，输出成员信息。

(2) 使用指向运算符引用结构体成员

使用“(*结构体指针变量名).成员名”这种表示形式必须使用括号，从编程角度而言，不够简练。因此，对于结构体指针访问结构体成员还有另一种方法，即指向运算符。语法形式如下所示。

```
结构体指针变量名->成员名
```

使用指向运算符引用结构体成员，如例9-4所示。

【例9-4】 指向运算符引用结构体成员。

```
1  #include<stdio.h>
2
3  struct Student{
4    char Name[32];   /*名字*/
5    int Number;      /*学号*/
6    char Sex;        /*性别*/
7    int Grade;       /*年级*/
8  }student={"ZhangSan",2021301,'M',3};
9
10 int main(int argc,const char *argv[])
11 {
12    int i;
13
14    struct Student *p;
15    p=&student;   /*结构体指针指向结构体变量*/
```

```
16
17      printf("%s\n",p->Name);
18      printf("%d\n",p->Number);
19      printf("%c\n",p->Sex);
20       printf("%d\n",p->Grade);
21
22       return 0;
23  }
```

输出：

```
ZhangSan
2021301
M
3
```

分析：

如上述示例中，第 3～8 行代码定义结构体并完成初始化。第 14 行代码定义结构体类型指针。第 15 行代码使用结构体类型指针指向结构体变量。第 17～20 行代码使用指向运算符引用结构体变量的成员，输出成员信息。

9.4　结构体嵌套

结构体嵌套即在结构体中包含另一个结构体，采用这种封装形式，在实际编程中应用十分广泛，用来处理更加复杂的数据。

结构体的成员不仅可以是基本类型，也可以是结构体类型。对于嵌套的结构体，其初始化与普通结构体初始化方法一致。通过示例演示嵌套结构体的初始化，如例 9-5 所示。

【例 9-5】 结构体嵌套。

```
1  #include<stdio.h>
2
3  struct Date{
4     int Year;  /*年*/
5     int Month;/*月*/
6     int Day;  /*日*/
7  };
8
9  struct Student{
10     char Name[32];  /*名字*/
11     int Number;      /*学号*/
12     char Sex;         /*性别*/
13     struct Date Birthday;
```

```
14 }student={"ZhangSan",20210317,'M',{2010,7,22}};
15
16 int main(int argc,const char *argv[])
17 {
18    printf("Name:%s\n",student.Name);
19    printf("Number:%d\n",student.Number);
20    printf("Sex:%c\n",student.Sex);
21
22    printf("Birthday:%d-%d-%d\n",
23    student.Birthday.Year,student.Birthday.Month,student.Birthday.Day);
24    return 0;
25 }
```

输出：

```
Name:ZhangSan
Number:20210317
Sex:M
Birthday:2010-7-22
```

分析：

如上述示例中，第 9～14 行代码定义结构体并完成初始化，其中该结构体中嵌套了另一个结构体 struct date。第 3～7 行代码定义被嵌套的结构体。由第 14 行代码可知，嵌套的结构体初始化时，其对应的值也需要进行嵌套。第 18～23 行代码使用点运算符引用结构体变量的成员。其中，如 student. Birthday. Year 表示 student 变量中结构体变量 Birthday 的成员 Year 变量的值。

9.5 线性表

9.5.1 线性表概述

线性结构指的是数据元素之间的一种逻辑关系。线性结构中的数据元素之间是一对一的关系，即数据元素存在依次排列的先后次序关系，且只有一个起始数据元素和一个终止数据元素，如数组就是一种典型的线性结构，如图 9-1 所示。

如图 9-1 所示，线性表是 n 个数据元素的有限序列（n 为 0 时，线性表为空表），一般记为，线性表中存在唯一的首个数据元素和唯一的末尾数据元素。除了首个数据元素，其他每个数据元素都有一个直接前驱（a_i 的直接前驱为 a_{i-1}），除了末尾数据元素，其他每个数据元素都有一个直接后继（a_i 的直接后继为 a_{i+1}），如图 9-2 所示。

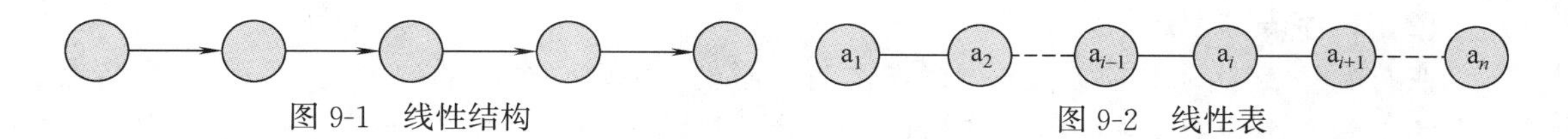

图 9-1　线性结构　　　　图 9-2　线性表

9.5.2 顺序表

配套视频

采用顺序存储的线性表称为顺序表。顺序表指的是集合中数据元素之间的逻辑结构为线性结构，并且数据元素按照逻辑顺序依次存放在地址连续的存储单元中。

(1) 顺序表的定义

一般情况下，线性表中的所有数据结点的类型是相同的。在C语言中，通常使用一维数组和结构体来表示顺序表，代码实现如下所示。

```
/* 重定义 int 类型为 datatype_t,表示顺序表中数据元素的类型为 datatype_t */
typedef int datatype_t;
typedef struct{                    /* 定义结构体 */
/* 顺序表中各元素存储在该数组中,元素最多为 32 个(数据类型不固定,本代码展示为整型) */
    datatype_t data[32];
    int last;                      /* 顺序表最后一个结点的下标值 */
}seqlist_t;
```

由上述代码可知，结构体中的第1个成员为一维数组，使用该数组表示顺序表（因为数组中的元素在计算内存中为连续存储），数组中保存的元素称为顺序表的数据结点；结构体中的第2个成员 last 表示数组的下标，其初始值为−1，表示数组中没有数据结点，每插入一个数据结点，last 的值加1。如图 9-3 所示。

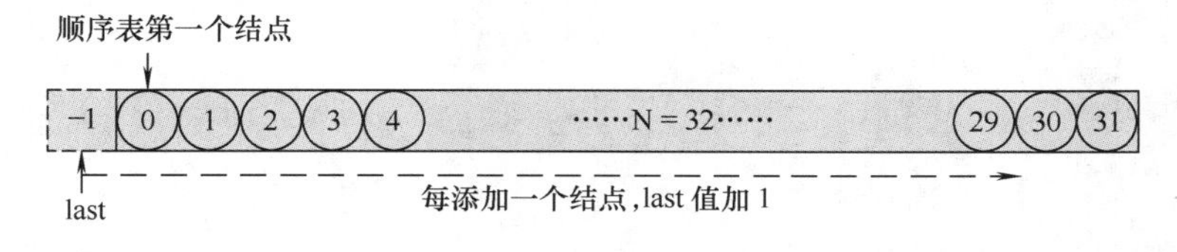

图 9-3　顺序表的定义

释疑：

在C语言中，允许使用关键字 typedef 定义新的数据类型，其语法格式如下所示。

```
typedef 已有数据类型 新数据类型
```

如 typedef int INTEGER；表示新定义数据结构 INTEGER，其等价于 int，上文中的顺序表结构定义中，使用 typedef 将 int 类型重新定义为 datatype_t，将结构体类型重新定义为 seqlist_t，这种重定义的方式有利于简化代码以及提升代码阅读性，相当于起别名。

(2) 顺序表的创建

在对顺序表中的数据结点进行操作之前，需要先创建一个空的顺序表。假设一个结点所占的空间大小为 L，顺序表中的结点有 n 个，则线性表所占的空间为 n * L。但实际的情况是顺序表中的结点数是不确定的，其占有的内存空间也是不确定的，因此需要先分配 max * L 个连续的内存空间，使其能存储 max 个结点。

通过代码实现创建空的顺序表，如例 9-6 所示。

【例 9-6】 创建空的顺序表。

```
1  #include< stdio.h>
2  #include< stdlib.h>
3
4  typedef int datatype_t;
5
6  typedef struct{                        /* 定义结构体 */
7    datatype_t data[32];
8    int last;
9  }seqlist_t;
10
11 seqlist_t * seqlist_create(){
12 /* 使用 malloc 函数在内存上申请一块连续的空间,大小为 sizeof(seqlist_t) */
13 /* seqlist_t 为结构体的类型 */
14    seqlist_t * sl=(seqlist_t *)malloc(sizeof(seqlist_t));
15
16    sl->last= -1;
17
18    return sl;
19 }
20
21 int main(int argc,const char * argv[])
22 {
23    seqlist_t * sl;              /* 定义结构体指针 */
24    sl= seqlist_create();       /* 调用子函数创建空的顺序表 */
25    return 0;
26 }
```

输出:

无输出

分析:

如上述示例中，第 6～9 行代码定义结构体，并进行重新命名，结构体类型为 seqlist_t。

第 22 行代码定义结构体指针。第 23 行代码通过自定义函数 seqlist_create () 创建空顺序表，并返回结构体地址，使用指针指向该结构体。第 11～19 行代码为创建空顺序表函数，其中第 14 行代码使用 malloc () 函数在内存中申请一块空间，用来存储 seqlist_t 结构体，并使用结构体指针指向该内存空间（避免指针成为野指针），第 15 行代码使用结构体指针引用结构体中的成员 last，使其赋值为－1，第 18 行代码返回结构体指针变量，即结构体的地址。

通过上述操作后，程序在内存中开辟了一块新的空间，用来存储类型为 seqlist_t 的结构体，然后使用结构体指针 sl 指向该空间，即指向该结构体。

? 释疑：

malloc () 函数的原型定义如下所示。

```
void * malloc(unsigned int size);
```

malloc () 函数的功能是在内存中动态分配一块大小为 size 的内存空间，其返回值为 void 指针，表示申请的内存空间的起始地址，因为 malloc () 本身不确定申请的内存空间存放的数据为何种类型，因此返回值为 void 类型。例 9-6 中，已经明确申请的内存空间需要存放的结构体类型为 seqlist_t，因此需要在返回值地址之前进行强制类型转换，使用 (seqlist_t *) 将返回的地址转换为结构体类型地址。

例 9-6 中，malloc () 函数的传入的参数为 sizeof (seqlist_t)。sizeof 本身为函数，用来计算结构体所占用的内存空间的大小，将该值作为 malloc () 函数的参数，表示按照需求的大小申请内存。

(3) 存入数据

存入数据即在顺序表中添加新的数据，也就是说，在顺序表中插入新的数据结点。在插入数据结点之前，需要判断顺序表是否为满，如果为满则不允许插入数据，否则会造成数据在内存上越界（数组的大小为有限），其代码实现如下所示。

```
int seqlist_full(seqlist_t *l){            /* 参数为指向结构体的指针 */
    return l->last==N-1? 1: 0;  /* 判断数组的下标值 */
}
```

seqlist_full 为自定义的函数，当 last 的值（list 初始值为－1）等于数组元素的最大下标值时条件为真，返回值为 1，表示顺序表已满，否则返回 0，表示顺序表还有空间。

按照先后顺序在顺序表中依次插入数据元素，具体如例 9-7 所示。

【例 9-7】 顺序表存入数据。

```
1  #include<stdio.h>
2  #include<stdlib.h>
3
4  typedef int datatype_t;
5
6  typedef struct{                /* 定义结构体(顺序表) */
```

```
7     datatype_t data[32];
8     int last;  /* 数组下标值 */
9  }seqlist_t;
10  /* 判断顺序表是否为满 */
11  int seqlist_full(seqlist_t *l){
12     return l->last==32-1? 1: 0;
13  }
14  /last 初始值为-1) * 按顺序依次存入数据 */
15  int seqlist_insert(seqlist_t *l,int value){
16     if(seqlist_full(l)){
17           printf("seqlist full\n");
18           return -1;
19     }
20
21     l->last++;  /* 移动下标 */
22     l->data[l->last]=value;  /* 将数据存入顺序表 */
23
24     return 0;
25  }
26  /* 输出顺序表中所有数据 */
27  int seqlist_show(seqlist_t *l){
28     int i=0;
29     for(i=0;i<=l->last;i++){
30        printf("%d ",l->data[i]);/* 输出结点中的数据 */
31     }
32     printf("\n");
33     return 0;
34  }
35  /* 创建空的顺序表 */
36  seqlist_t *seqlist_create(){
37     /* 使用 malloc 函数在内存上申请一块连续的空间,大小为 sizeof(seqlist_t) */
38     /* seqlist_t 为结构体的类型 */
39     seqlist_t *sl=(seqlist_t *)malloc(sizeof(seqlist_t));
40
41     sl->last=-1;
42
43     return sl;
44  }
45  /* 主函数 */
```

```
46  int main(int argc,const char * argv[])
47  {
48      seqlist_t * sl;                    /* 定义结构体指针 */
49      sl= seqlist_create();          /* 调用子函数创建空的顺序表 */
50
51     seqlist_full(sl);                  /* 判断顺序表是否为满 */
52
53      seqlist_insert(sl,10);         /* 顺序表插入数据 */
54      seqlist_insert(sl,20);
55      seqlist_insert(sl,30);
56      seqlist_insert(sl,40);
57
58      seqlist_show(sl);                   //显示顺序表中的数据
59
60      return 0;
61  }
```

输出：

```
10 20 30 40
```

分析：

如上述示例中，第 49 行代码创建一个空的顺序表。第 51 行代码判断顺序表是否为满。第 53～56 行代码在顺序表中插入数据，执行 seqlist_insert（）函数一次可插入一个数据，其第 2 个参数为插入的数据。第 15～25 行代码实现插入数据，其本质是通过结构体指针控制数组的下标，依次将数据保存到数组中。第 58 行代码输出顺序表中的所有数据，其功能通过第 27～34 行实现。

(4) 删除数据

在删除数据结点之前，需要判断顺序表是否为空，如果为空，不允许删除数据。

删除数据结点需要先判断顺序表是否为空，代码实现如下所示。

```
int seqlist_empty(seqlist_t * l){
    return l->last==-1? 1:0;
}
```

seqlist_empty 为自定义函数，当 last 的值等于−1 时，条件为真，返回值为 1，表示顺序表为空，否则返回 0，表示顺序表非空。

完成判断即可删除数据结点，代码实现如下所示。

```
datatype_t seqlist_delete(seqlist_t * l){
    if(seqlist_empty(l)){            /* 判断顺序表是否为空 */
        printf("seqlist empty\n");
        return -1;
```

```
    }
    datatype_t value;
    value=l->data[l->last];        /*获取最后一个结点的值*/
    l->last--;  /*数组最后一个元素的下标向前移动等同于删除最后的元素*/

    return value;
}
```

上述删除数据代码只能实现按顺序从末尾向开始依次删除数据，删除操作代码可添加到例 9-7 中进行调试。

(5) 修改数据

修改结点数据指的是将顺序表中某一结点的数据进行修改，具体实现代码如下所示(供参考)。

```
/*第2个参数用来确认满足条件的数据结点,第3个参数为结点需要修改的新数据*/
int seqlist_change(seqlist_t *l,datatype_t old_value,datatype_t new_value){
    int i=0;
    for(i=0;i<=l->last;i++){          /*for循环遍历整个顺序表*/
        if(l->data[i]==old_value){   /*找到满足条件的数据结点*/
            l->data[i]=new_value;     /*将结点中的数据替换为新数据*/
            return 0;
        }
    }
    printf("input value no exist\n");  /*找不到满足条件的结点,输出提示*/
    return -1;                          /*返回-1表示异常结束,未找到匹配结点*/
}
```

上述代码通过遍历整个顺序表按元素值寻找符合条件的数据，并将该数据元素的修改为新的数据值，如出现数值重复的数据元素，则修改第一个符合条件的元素。

(6) 查找数据

查找数据即获取满足条件的数据元素，并输出该数据元素的数组下标，其代码实现如下所示。

```
int seqlist_search(seqlist_t *l,datatype_t value){
    int i=0;
    for(i=0;i<=l->last;i++){          /*for循环遍历整个顺序表*/
            if(value==l->data[i]){    /*找到满足条件的结点*/
                return i;               /*返回满足条件的结点的下标值*/
            }
    }
    return -1;
}
```

上述代码通过传入的第 2 个参数（数据元素值）进行判断，遍历整个顺序表查找否则条件的元素，然后返回数据元素的下标值。

（7）顺序表总结

顺序表是将数据结点放到一块连续的内存空间上（使用数组表示顺序表，数组在内存上占有连续的空间），因此顺序表结构较为简单，根据数据结点的下标即可完成数据的存取，如图 9-4 所示。

虽然通过结点下标的方式访问数据十分高效，但是用户每次从指定位置存取数据时，都需要重新遍历表，批量移动数据结点，如图 9-5 所示。

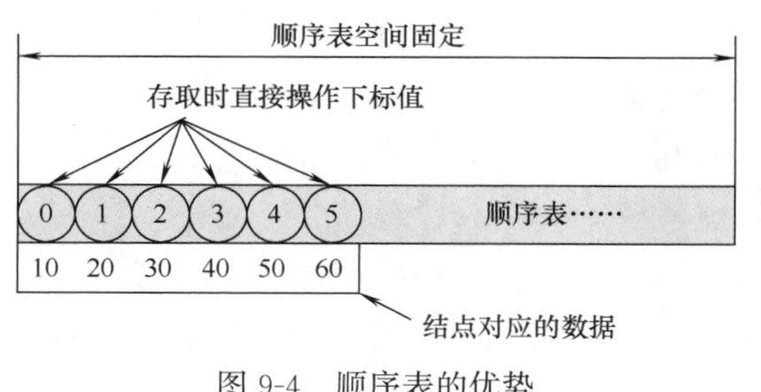

图 9-4　顺序表的优势

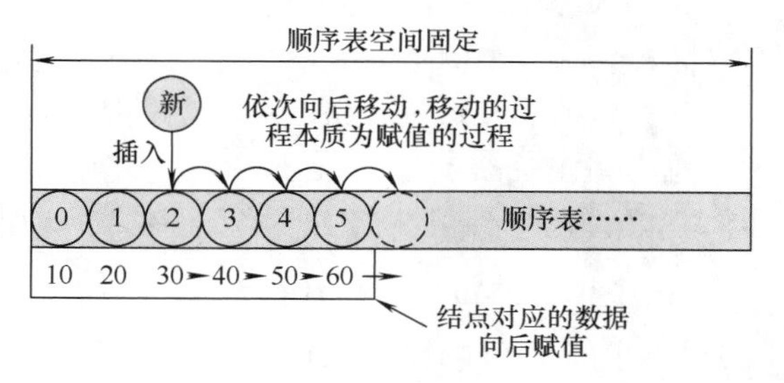

图 9-5　顺序表插入数据

如图 9-5 所示，移动数据是将前一个结点的数据赋值给后一个结点。因此，无论是删除还是插入操作，都会产生批量的赋值操作，而赋值操作的本质是重写内存，频繁地重写内存势必加大 CPU 的消耗。

综上所述，顺序表并不适合完成频繁存取数据的需求，而使用线性表的另一种存储形式——链式存储（单链表），则可以很好地解决这一问题。

9.5.3　链表

配套视频

采用链式存储的线性表称为单链表。单链表指的是集合中数据元素之间的逻辑结构为线性结构，但是数据元素所在的存储单元在内存地址上是不连续的。

（1）单链表的定义

单链表不同于顺序表，其结点存储在内存地址非连续的存储单元上，并通过指针建立它们之间的关系。需要注意的是，单链表中的结点形式不同于顺序表，如图 9-6 所示。

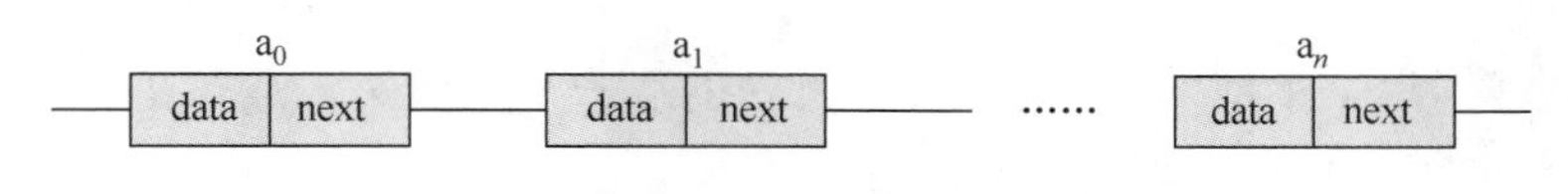

图 9-6　单链表中的结点形式

由图 9-6 可知，单链表中的结点都是由两部分组成，一部分为数据域（data），另一部分为指针域（next）。简单地说，data 域用来存放结点的数据，而 next 域存放的是一个指针，该指针保存的是下一个结点所在的内存地址，或者说该指针指向下一个结点，如图 9-7 所示。

根据图 9-7 所示的单链表结构可知，表中每一个结点的结构都是相同的。因此，通过

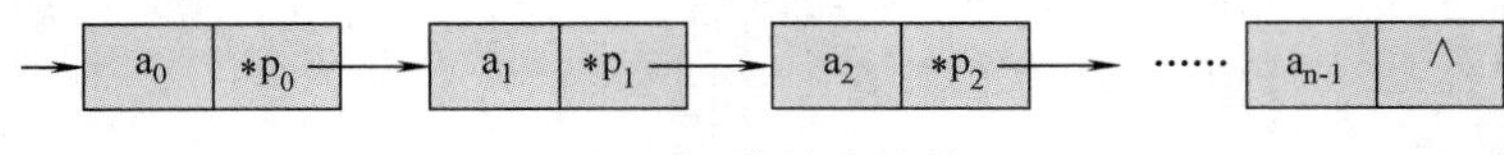

图 9-7 单链表结构

代码对单链表进行定义时，默认的做法是定义一个结构体，且一个结构体对应一个结点。根据图 9-6 所示的结点结构可知，结构体中需要定义的成员为两部分，即存储的数据与指向下一个结点的指针，代码实现如下所示。

```
typedef int datatype_t;   /* 重定义 */
/* 定义结点结构体 */
typedef struct node{
    datatype_t data;        /* 数据域,类型不固定,本次展示为整型数据 */
    struct node * next;     /* 指针域,指针指向下一个结点 */
}linklist_t;
```

由上述代码可知，结构体的第 1 个成员为结点数据（结点数据的类型是不固定的，上述代码中的 data 为整型数据，仅作为参考）；第 2 个成员为指针变量，保存的是该结点的下一个结点的内存地址。

(2) 单链表的创建

在对单链表中的数据进行操作之前，需要先创建一个空的单链表。通过代码实现创建一个空的单链表，如例 9-8 所示。

【例 9-8】 单链表创建。

```
1  #include< stdio.h>
2  
3  typedef int datatype_t;
4  
5  /* 定义结点结构体 */
6  typedef struct node{
7    datatype_t data;        /* 数据域 */
8    struct node * next;     /* 指针域,指针指向下一个结点 */
9  }linklist_t;
10 
11 /* 子函数,创建一个空的单链表,其本质为创建一个链表头 */
12 linklist_t * linklist_create(){
13     /* 使用 malloc 函数在内存上申请空间,空间大小为一个结构体的大小 */
14     linklist_t * h= (linklist_t * )malloc(sizeof(linklist_t));
15 
16    /* 初始化 */
17    h- > next= NULL;
18 
```

```
19     return h;
20  }
21
22  int main(int argc,const char * argv[])
23  {
24     linklist_t  * h;
25
26     h= linklist_create();       /* 调用子函数 */
27
28     return 0;
29  }
```

输出：

无输出

分析：

如上述示例中，第 6～9 行代码用来定义结构体，该结构体表示链表的结点，结点内部的数据域只有整型数据，指针域定义的指针用来链接其他结点。第 26 行代码使用 linklist_create () 函数实现创建空链表。第 12～20 行代码完成创建空链表。其中，第 14 行代码使用 malloc () 函数申请内存空间，用来存放 linklist_t 类型结构体，该结构体表示链表的头结点，然后使用结构体指针 h 指向链表的头结点。第 17 行代码将链表头结点中的指针指向为 NULL，表示不指向任何结点（即当前链表没有其他结点）。

创建空单链表与创建顺序表完全不同。如上述示例 9-8 的第 12～20 行代码，其功能并非是在内存上申请一块空间存放单链表中所有的结点，而是在内存上申请一个结点（一个结构体）所需的空间，该结点的结构与其他结点一致，只是不保存任何数据，仅作为单链表的头结点使用，如图 9-8 所示。

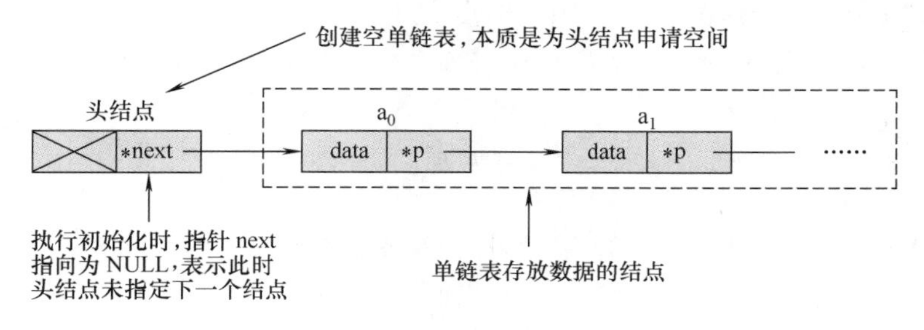

图 9-8　创建空链表

(3) 存入数据

向单链表中插入数据的方法很多，包括头插法、尾插法、顺序插入、指定位置插入。这里选择尾插法进行介绍，尾插法即从单链表的末尾插入数据结点，如图 9-9 所示。

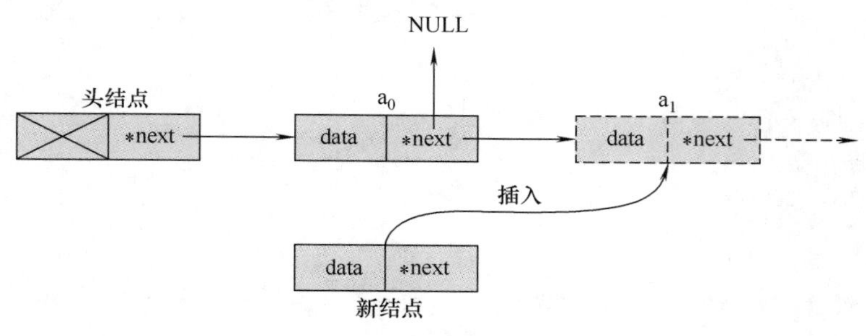

图 9-9 尾插法

如图 9-9 所示，如果单链表中没有其他结点（只有头结点），则新插入的结点作为头结点的下一个结点，如果有其他结点，则新插入的节点作为末尾结点的下一个结点。代码实现如下所示。

```
/* 末尾插入数据结点,参数 1 为头结点指针,参数 2 为插入的数据 */
int linklist_tail_insert(linklist_t *h,datatype_t value){
    linklist_t *temp;
    /* 为需要插入的数据结点申请内存空间 */
    temp=(linklist_t *)malloc(sizeof(linklist_t));
    /* 为需要插入的数据结点赋值数据 */
    temp->data=value;
    /* 遍历整个单链表,找到最后一个结点 */
    while(h->next != NULL){
        h=h->next;
    }
    h->next=temp;          /* 插入结点 */
    temp->next=NULL;       /* 将插入结点的指针指向 NULL */
    return 0;
}
```

由上述代码可知，尾插法需要先找到单链表末尾的结点，然后将末尾结点的指针指向新插入的结点。

(4) 显示数据

插入数据结点完成后，即可通过打印结点数据，判断结点是否插入成功。遍历整个单链表的方法很简单，只需要使用指针依次访问结点中的数据即可，如图 9-10 所示。

如图 9-10 所示，由于每个结点的指针域都保存了下一个结点的地址，通过上一个结点的指针即可访问下一个结点中的数据，代码实现如下所示。

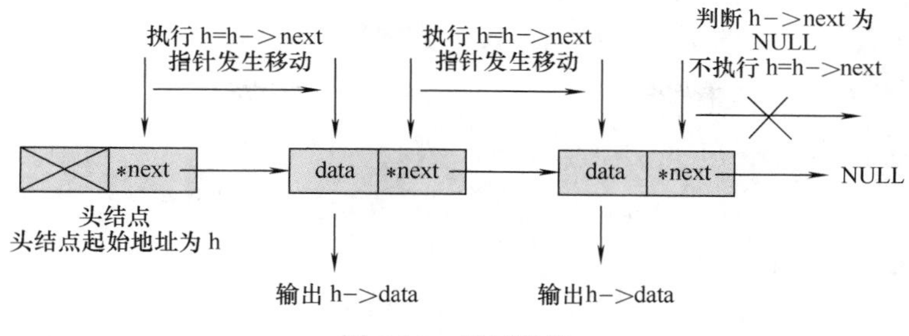

图 9-10　显示数据

```
/* 参数为单链表的结点地址 */
int linklist_show(linklist_t *h){
    /* 判断该结点的下一个结点是否存在,存在则移动指针 */
    while(h->next != NULL){
        h=h->next;                    /* 将指针指向下一个结点的地址 */
        printf("%d ",h->data);        /* 打印结点数据 */
    }
    printf("\n");
    return 0;
}
```

(5) 删除数据

在删除数据结点之前，需要判断单链表是否为空（如果为空，则不允许删除数据）。从单链表删除数据结点的方法包括头删法、指定数据删除法（这里选择头删法进行介绍）。删除数据结点需要先判断单链表是否为空，代码实现如下所示。

```
/* 判断链表是否为空,参数为头结点的地址 */
int linklist_empty(linklist_t *h){
   return h->next==NULL? 1 : 0;
}
```

如果单链表不为空，则可使用头删法删除数据结点。其实现的原理是：定义一个指针，指向要删除的数据结点，然后改变指针指向，最后释放指针指向的空间，如图 9-11 所示。

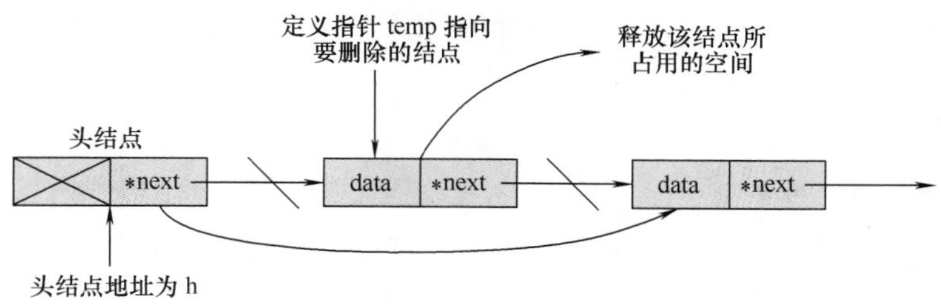

图 9-11　头删法

如图 9-11 所示，头删法即删除头结点的下一个结点（即带有数据的第一个结点），然后将头结点指向删除结点的下一个结点，代码实现如下所示。

```
/* 参数为指向头结点的指针 * /
int linklist_delete_head(linklist_t * h){
   linklist_t * temp;              /* 定义指针,接收删除的结点 */
   datatype_t value;

   temp= h-> next;                 /* 将需要删除的结点的地址赋值给新定义的指针 */
   value= temp-> data;             /* 获取需要删除的结点的数据 */

   h-> next= temp-> next; /* 将头结点的指针重新指向需要删除结点的下一个
                             结点 */
   free(temp);                    /* 释放删除结点占有的内存空间 */
   temp= NULL;                    /* 定义的指针指向空,避免成为野指针 */

   return value;
}
```

(6) 修改数据

修改结点数据指的是通过指定的数据在链表中寻找匹配的结点，并将该结点的数据修改，代码实现如下所示。

```
/* 参数 1 为指向头结点的指针,参数 2 为指定的数据,参数 3 为新修改的数据 */
int linklist_change(linklist_t *h,datatype_t old_value,datatype_t new_value){
     /* 循环遍历整个链表,查找是否有匹配的结点 */
     while(h-> next != NULL){
        if(h-> next-> data== old_value){   /* 如果有数据匹配的结点 */
           h-> next-> data= new_value;     /* 修改结点中的数据 */
           return 0;
        }
        else{
           h= h-> next;                 /* 如果未找到则继续对比下一个结点 */
        }
     }
     printf("no value\n");              /* 未发现匹配的结点,输出提示信息 */
     return -1;                         /* 返回异常,表示未发现匹配结点 */
}
```

(7) **整体测试**

将上文链表的操作代码结合，展示链表的基础操作，如例 9-9 所示。

【例 9-9】 链表操作。

```
1  #include< stdio. h>
2  #include< stdlib. h>
3
4  typedef int datatype_t;
5
6  /* 定义结点结构体 */
7  typedef struct node{
8     datatype_t data;           /* 数据域 */
9     struct node  * next;       /* 指针域,指针指向下一个结点 */
10  }linklist_t;
11
12  /* 子函数,创建一个空的单链表,其本质为创建一个链表头 */
13  linklist_t  * linklist_create(){
14     /* 使用 malloc 函数在内存上申请空间,空间大小为一个结构体的大小 */
15     linklist_t  * h= (linklist_t  * )malloc(sizeof(linklist_t));
16
17     /* 初始化 */
18     h- > next= NULL;
19
20      return h;
21  }
22  /* 子函数,末尾插入数据结点,参数 1 为指向头结点的指针,参数 2 为插入的数据 */
23  int linklist_tail_insert(linklist_t  * h,datatype_t value){
24     linklist_t  * temp;
25     /* 为需要插入的数据结点申请内存空间 */
26     temp= (linklist_t  * )malloc(sizeof(linklist_t));
27     /* 为需要插入的数据结点赋值数据 */
28     temp- > data= value;
29
30     /* 遍历整个单链表,找到最后一个结点 */
31     while(h- > next !  = NULL){
32          h= h- > next;
33     }
34
35     h- > next= temp;        /* 插入结点 */
36     temp- > next= NULL;
```

```
37
38    return 0;
39  }
40  /* 子函数,修改结点中的数据 */
41  /* 参数 1 为指向头结点的指针,参数 2 为指定的数据,参数 3 为新修改的数据 */
42  int linklist_change(linklist_t *h,datatype_t old_value,datatype_t new_value){
43    /* 循环遍历整个链表,查找是否有匹配的结点 */
44    while(h->next != NULL){
45        if(h->next->data == old_value){  /* 如果有数据匹配的结点 */
46            h->next->data= new_value;   /* 修改结点中的数据 */
47            return 0;
48        }
49        else{
50            h= h->next;             /* 如果未找到则继续对比下一个结点 */
51        }
52    }
53
54    printf("no value\n");          /* 未发现匹配的结点,输出提示信息 */
55    return -1;                     /* 返回异常,表示未发现匹配结点 */
56  }
57
58  /* 参数为指向头结点的指针 */
59  int linklist_delete_head(linklist_t *h){
60    linklist_t *temp;             /* 定义指针,接收删除的结点 */
61    datatype_t value;
62
63    temp= h->next;                /* 将需要删除的结点的地址赋值给新定义的指针 */
64    value= temp->data;            /* 获取需要删除的结点的数据 */
65
66    h->next= temp->next;  /* 将头结点的指针重新指向需要删除结点的下一个结点 */
67
68    free(temp);                   /* 释放删除结点占有的内存空间 */
69    temp= NULL;                   /* 定义的指针指向空,避免成为野指针 */
70
71    return value;
72  }
73
```

```
74  /* 子函数,参数为单链表的结点地址 */
75  int linklist_show(linklist_t *h){
76      /* 判断该结点的下一个结点是否存在,存在则移动指针 */
77      while(h->next != NULL){
78          h=h->next;              /* 将指针指向下一个结点的地址 */
79          printf("%d ",h->data);  /* 打印结点数据 */
80      }
81  
82      printf("\n");
83  
84      return 0;
85  }
86  int main(int argc,const char *argv[])
87  {
88      linklist_t *h1;
89  
90      h1=linklist_create();          /* 创建链表1 */
91  
92      linklist_tail_insert(h1,70);   /* 尾插法插入数据结点 */
93      linklist_tail_insert(h1,50);
94      linklist_tail_insert(h1,20);
95      linklist_tail_insert(h1,10);
96  
97      linklist_show(h1);             /* 查看链表结点数据,判断是否插入成功 */
98  
99      linklist_change(h1,20,30);     /* 修改链表中结点的数据为30 */
100 
101     linklist_show(h1);             /* 查看链表结点数据,判断是否修改成功 */
102 
103     linklist_delete_head(h1);      /* 头删法,删除第一个结点 */
104 
105     linklist_show(h1);             /* 查看链表结点数据,判断是否删除成功 */
106 
107     return 0;
108 }
```

输出:

```
70 50 20 10
70 50 30 10
50 30 10
```

分析：

如上述示例中，第 90 行代码创建空链表，即创建头结点。第 92～95 行代码通过调用 linklist_tail_insert () 函数向链表中插入数据，分别插入数据 70、50、20、10。第 99 行代码通过调用 linklist_change () 函数修改链表中的数据，将数据 20 修改为 30。第 103 行代码通过调用 linklist_delete_head () 函数删除链表中的元素。第 97、101、105 行代码分别输出操作后的链表数据。由输出结果可知，链表插入数据、修改数据、删除数据成功。

9.6 共用体

共用体与结构体类似，不同的是关键字由 struct 变为 union。共用体与结构体的区别在于，前者是由多个数据成员组成的特殊类型，后者则是定义了一块所有数据成员共享的内存。

共用体也可以称为联合体，在共用体中可以包含不同类型的数据，但这些不同类型的数据共同存在同一起始地址开始的连续存储空间中，它允许多个成员使用同一块内存，灵活使用共同体可以减少程序所使用的内存。

定义与使用共同体的方法与结构体类似，其语法格式如下所示。

```
union 共用体名称
{
    成员 1 的类型 变量名；
    成员 2 的类型 变量名；
    …
    成员 n 的类型 变量名；
};
```

定义共用体变量，可以采用与结构体相同方法，举例如下所示。

```
union DataUnion{
    int a;
    char b;
    float c;
}variable;
```

如上述代码，variable 为定义的共用体变量，union DataUnion 为共用体类型，该共用体共有 3 个成员组成。如果上述结构为结构体，则结构体的大小是其所包含的所有数据成员大小的总和，其中每个成员分别占用自己的内存单元。而共用体的大小为所包含数据成员中最大内存长度的大小。通过共用体变量使用点运算符即可引用其中的成员数据，语法形式如下所示。

```
共用体变量名 . 成员名；
```

使用共用体变量，引用共用体成员，具体如例 9-10 所示。

【例 9-10】 引用共用体成员。

```
1  #include< stdio. h>
2
3  union DataUnion{
4     int a;
5     char b;
6     float c;
7  }Union;
8
9  int main(int argc,const char * argv[])
10 {
11    printf("union size:%ld\n",sizeof(Union));
12
13    printf("&a= %p\n",&Union. a);
14    printf("&b= %p\n",&Union. b);
15    printf("&c= %p\n",&Union. c);
16    return 0;
17 }
```

输出:

```
union size:4
&a= 0x601038
&b= 0x601038
&c= 0x601038
```

分析:

如上述示例中，第 3～7 行代码定义共用体，其成员有 3 个。第 11 行代码通过 sizeof () 计算共用体的大小，由输出结果可知，其大小不等于成员大小的总和，而等于所占内存最大的成员的大小。第 13～15 行代码输出共用体成员所占的内存地址，由输出结果可知，地址相同，可知共用体成员共用一块内存空间。

由于共用体成员共用同一块内存空间，在对共用体成员进行赋值操作时，只有最后一个成员的赋值有效，如例 9-11 所示。

【例 9-11】 共用体成员赋值。

```
1  #include< stdio. h>
2
3  union DataUnion{
4     int a;
5     char b;
6     long c;
```

```
7  }Union;
8
9  int main(int argc,const char * argv[])
10 {
11     Union.a=1;
12     Union.b='A';
13     Union.c=2;
14
15     printf("%d\n",Union.a);
16     printf("%d\n",(int)Union.b);
17     printf("%ld\n",Union.c);
18     return 0;
19 }
```

输出：

```
2
2
2
```

分析：

如上述示例中，第 11～13 行代码分别对共用体中的成员进行赋值。第 15～17 行代码分别输出赋值后的成员的值，由输出结果可知，只有最后一次赋值是有效的。

综上所述，使用共用体类型时，需要注意以下特点。

① 同一个内存段可以存放几种不同类型的成员，但是每一次只能存放其中一种，而不是同时存放所有的类型。

② 共用体变量中起作用的成员是最后一次存放的成员，在存入一个新的成员后原有的成员将会失去作用。

③ 共用体变量的地址等于其各成员的地址。

④ 不能对共用体变量名赋值。

9.7 本章小结

本章主要介绍了 C 语言中的特殊构造数据类型——结构体与共用体，结构体在 C 语言程序开发中应用十分广泛，通过结构体可实现对不同数据类型的封装，从而满足程序对数据的处理需求，由此衍生出一系列数据结构，如结构体数组（即顺序表）、链表以及数据结构中常见的栈、队列等。共用体同样是特定需求场合下的一种特殊构造数据类型，相较于结构体，其可以减少程序对内存的使用。读者需要熟练掌握结构体、共用体的使用，通过一些编程技巧，提升对数据的处理能力。

9.8 习题

1. 填空题

（1）结构体变量引用结构体成员时，需要使用________。

（2）结构体数组即数组中的元素都是根据要求定义的________。

（3）结构体指针引用结构体成员时，可使用点运算符以及________。

（4）线性结构中的数据元素之间是________的关系。

（5）顺序表指的是集合中数据元素之间的逻辑结构为________，并且数据元素按照逻辑顺序依次存放在________的存储单元中。

（6）在C语言中，用来实现定义的新的数据类型使用的关键字是________。

（7）单链表指的是集合中数据元素之间的逻辑结构为________，但是数据元素所在的存储单元在内存地址上是________。

（8）单链表通过________实现结点与结点的连接。

（9）单链表的结点由两部分组成，分别为________和________。

2. 选择题

（1）使用共用体变量，不可以（　　）。

A. 节省存储空间　　B. 简化程序设计

C. 进行动态管理　　D. 同时访问所有成员

（2）以下描述错误的是（　　）。

A. 单链表中的数据元素之间是一对一的关系

B. 单链表中的数据元素存在依次排列的先后次序关系

C. 线性表只有一个起始数据元素和一个终止数据元素

D. 顺序表中的数据元素之间的逻辑关系是不连续的

3. 思考题

（1）简述结构体与共用体的区别。

（2）简述共用体的特点。

（3）简述顺序表与链表的区别。

4. 编程题

（1）定义一个顺序表，编写伪代码实现删除顺序表中重复数据的功能，顺序表的结构定义如下所示。

```
typedef int datatype_t;
typedef struct{
    datatype_t data[32];
    int last;
}seqlist_t;
```

（2）定义单链表的结点结构，编写伪代码实现链表数据翻转，即倒序输出，结点结构的定义如下所示。

```
typedef int datatype_t;
typedef struct node{
    datatype_t data;
    struct node *next;
}linklist_t;
```

C语言内存管理

本章学习目标

- 掌握C语言存储类的使用
- 掌握C程序内存组织方式
- 掌握动态内存分配的函数使用

配套课件

程序在运行时，常常需要对内存进行动态地分配及释放，如链表结点的添加及删除。本章将帮助读者掌握一些动态内存管理的函数以及与内存相关的关键字。

10.1 存储模型

存储类可定义C程序中变量以及函数的范围和生命周期，使用时将这些说明符放在其需要修饰的类型之前即可，常见的存储类如auto、register、static、extern等。

10.1.1 auto存储类

使用auto存储类型说明的变量都是局限于某个程序范围内的，只能在某个程序范围内使用，通常在函数体内或函数中的复合语句里。auto存储类是所有局部变量的默认存储类。

C语言中，在函数体的某程序段内说明auto存储类型的变量时，可以省略关键字auto，如下所示。

```
{
    int count;
    auto int count;
}
```

如上述代码，定义了两个相同存储类的变量，即意义相同。

10.1.2 register存储类

register称为寄存器型，使用register关键词说明变量，其主要的目的是将所说明的变量放入 CPU 的寄存器存储空间中，这样可以加快程序的运行速度。由于变量不在内存中，不能对其使用 & 运算符。如下所示。

```
register int count;
```

10.1.3 static 存储类

配套视频

static 存储类指示编译器在程序的生命周期内保持局部变量的存在，而不需要在每次它进入和离开作用域时进行创建和销毁。因此，使用 static 修饰局部变量可以在函数调用之间保持局部变量的值。究其原因是，static 存储类型的变量在内存中是以固定地址存放的，而不是以堆栈方式存放。

static 修饰全局变量时，会使变量的作用域限制在声明它的文件内，不能被其他文件访问。

static 修饰局部变量，如例 10-1 所示。

【例 10-1】 static 修饰局部变量。

```
1   #include<stdio.h>
2
3   int func1(int arg){
4     int num=0;
5
6     num=num+arg;
7
8     printf("func1 num=%d\n",num);
9   }
10
11  int func2(int arg){
12    static int num=0;
13
14    num=num+arg;
15
16    printf("func2 num=%d\n",num);
17  }
18  int main(int argc,const char *argv[])
19  {
20     int a=10;
21
22     func1(a);
23     func1(a);
24     func1(a);
```

```
25
26     printf("====================\n");
27
28     int b=10;
29
30     func2(b);
31     func2(b);
32     func2(b);
33
34     return 0;
35 }
```

输出:

```
func1 num=10
func1 num=10
func1 num=10
====================
func2 num=10
func2 num=20
func2 num=30
```

分析:

如上述示例中，第22～24行代码分别调用func1（）函数，将参数与局部变量num相加。第30～32行代码分别调用func2（）函数，同样将参数与局部变量num相加。不同的是，func2（）函数中使用static修饰局部变量num，因此在程序未退出时，该变量总能保持上一次执行后的结果，第一次操作后num的值为10，第二次操作后num的值为20，第三次操作后num的值为30。

10.1.4 extern存储类

extern称为外部引用型，用于提供一个全局变量的引用，全局变量对所有的程序文件都是可见的。当有多个文件且定义了一个可以在其他文件中使用的全局变量或函数时，可以在其他文件中使用extern来得到已定义的变量或函数的引用，也就是说，在文件中引用在其他文件中函数体外部说明的变量。

使用extern引用外部变量，如例10-2、例10-3所示。

【例10-2】 定义变量。

```
1  int a=5;
2  int b=10;
```

【例 10-3】 引用变量。

```
1  #include< stdio. h>
2
3  extern int a;
4  extern int b;
5
6  int main(int argc,const char * argv[])
7  {
8    printf("a+ b= %d\n",a+ b);
9    return 0;
10 }
```

输出:

```
a+ b= 15
```

分析:

如上述示例中，例 10-2 中定义了全局变量 a、b 并初始化。在例 10-3 中，第 8 行代码使用变量 a、b，由于变量 a、b 不属于本文件，因此使用 extern 声明引用例 10-2 中的变量。编译时将以上两个文件共同编译。

10.2 内存组织方式

10.2.1 程序的内存分配

配套视频

源程序经过编译后，变为可被机器识别并运算的指令和数据，存储在同一逻辑内存空间中。运行后的程序在内存中主要被分为 4 个逻辑段。

① 程序代码段，具有只读属性。

② 数据段，存放全局变量和静态变量（static 修饰的变量）。

③ 栈，由系统自动分配释放，存放函数的参数值、局部变量以及返回值等。

④ 堆，存放动态分配的数据，一般由程序动态分配和释放，如果程序不释放，程序结束时可能由操作系统回收。

有些操作对象只有在程序运行时才能确定，这样编译器在编译时就无法为它们预定存储空间，只能在程序运行时，系统根据运行时的要求进行内存分配，这种方式称为动态分配。所有动态存储分配都在堆区中进行。

当程序运行到需要一个动态分配的变量或对象时，必须向系统申请取得堆中的一块所需大小的存储空间，用于存储该变量或对象。当不再使用该变量或对象时，要显式释放它所占用的存储空间，这样系统就能对堆空间进行再次分配，做到重复使用有限的资源。

10.2.2　动态管理

在C语言程序中，由C库提供的一系列函数，可实现从堆区中动态申请和释放内存。

(1) malloc () 函数

malloc () 函数的原型定义如表10-1所示。

表10-1　malloc () 函数原型

函数原型	void * malloc(size_t size);	
功能	动态分配一块大小为size的内存空间	
参数	size	分配的内存空间大小
返回值	申请的内存空间的地址	

malloc () 返回值为void型指针，可知malloc () 函数本身并不识别要申请的内存是何种类型，其只关心申请内存的总字节数。malloc有时会申请不到内存，此时函数返回值为NULL。由于malloc () 函数的返回值为void *，在调用malloc () 函数时需要显式地进行类型转换，将void *转换为存放数据的类型。

注意：

使用malloc () 函数分配的内存空间在堆区中，因此在使用完该内存区域后必须将其释放掉。

(2) free () 函数

释放内存函数free () 与malloc () 函数对应，其原型定义如表10-2所示。

表10-2　free () 函数原型

函数原型	void free(void * ptr);	
功能	释放ptr指向的内存空间	
参数	ptr	需要释放的内存空间的地址
返回值	无	

free () 函数用来释放参数指向的内存空间，而非释放参数对应的指针，因此释放内存空间后，参数对应的指针变为空悬指针。

使用malloc () 函数动态分配空间，如例10-4所示。

【例10-4】 动态申请与释放内存。

```
1  #include<stdio.h>
2  #include<stdlib.h>
3
4  int main(int argc,const char * argv[])
5  {
6     int * p=(int * )malloc(sizeof(int));
7
8      * p=10;
```

```
9
10      printf("%d\n", * p);
11
12      free(p);
13
14      p= NULL;
15      return 0;
16  }
```

输出:

```
10
```

分析:

如上述示例中，第 6 行代码使用 malloc () 函数在堆区中申请一块内存空间，存放整型数据，并返回空间的起始地址，使用指针 p 接收该地址。第 8 行代码引用指针变量对申请内存空间进行写数据。第 10 行代码输出空间中的数据。第 12 行代码释放申请的内存空间。第 14 行代码将指针指向 NULL，避免出现野指针访问。

(3) calloc ( ) 函数

calloc () 函数的原型定义如表 10-3 所示。

表 10-3　calloc ( ) 函数原型

函数原型	void * calloc(size_t nmemb,size_t size);	
功能	动态分配 nmemb 个长度为 size 的连续内存空间	
参数	nmemb	分配大小为 size 的内存空间的数量
	size	每块内存空间的大小
返回值	连续内存空间的起始地址	

calloc () 函数与 malloc () 函数功能类似，同样是动态分配内存空间，并返回内存空间的地址。

使用 calloc () 函数动态分配空间，如例 10-5 所示。

【例 10-5】 动态申请内存。

```
1  #include< stdio. h>
2  #include< stdlib. h>
3
4  int main(int argc,const char * argv[])
5  {
6      int * pArray;
7      int i,j= 5;
8
9      pArray= (int * )calloc(5,sizeof(int));
```

```
10
11      for(i=1;i<=5;i++){
12          *pArray=5*i;
13          pArray++;
14      }
15
16      while(j > 0){
17          printf("%d\n",*(pArray-j));
18          j--;
19      }
20      return 0;
21  }
```

输出：

```
5
10
15
20
25
```

分析：

如上述示例中，第 9 行代码使用 calloc（）函数在堆区中申请了 5 块大小为 sizeof（int）的连续内存空间，可以将其理解为动态分配一个数组使用的内存，元素数量为 5，然后使用指针 pArray 指向该数组。第 11～14 行代码通过循环移动指针对数组进行赋值。

（4）realloc（）函数

realloc 用来修改指针指向的空间的大小，其原型定义如表 10-4 所示。

表 10-4　realloc（）函数原型

函数原型	void *realloc(void *ptr,size_t size);	
功能	改变 ptr 指针指向的空间大小为 size	
参数	ptr	空间的起始地址
	size	修改后的空间的大小
返回值	修改后的空间的地址	

使用 realloc（）函数重新分配内存，具体如例 10-6 所示。

【例 10-6】　重新分配内存。

```
1  #include<stdio.h>
2  #include<stdlib.h>
3
4  int main(int argc,const char *argv[])
```

```
5  {
6     double  * fDouble= (double * )malloc(sizeof(double));
7
8     printf("%ld\n",sizeof( * fDouble));
9
10
11     int  * iInt;
12
13      iInt= realloc(fDouble,sizeof(int));
14
15      printf("%ld\n",sizeof( * iInt));
16
17      return 0;
18  }
```

输出:

```
8
4
```

分析:

如上述示例中，第 6 行代码使用 malloc () 函数在堆区中申请了大小为 sizeof (double) 的内存空间，并使用 fDouble 指针指向该区域。第 13 行代码使用 realloc () 函数修改分配空间的大小。

10.3 本章小结

本章主要介绍了与内存相关的存储类关键字以及程序的内存分配。每一种存储类关键字都有自己特定的使用场合，读者需要根据程序使用需求，合理使用关键字。同时本章还介绍了程序对内存的使用情况，以及一些与内存相关的函数。读者需要熟练这些函数，从而灵活使用指针实现对内存的访问。

10.4 习题

1. 填空题

(1) auto 存储类是所有________变量的默认存储类。

(2) ________关键字用于提供一个全局变量的引用，全部变量对所有的程序文件都是可见的。

（3）程序在内存的逻辑段中，________用来存放动态分配的数据。

2. 选择题

（1）以下哪个逻辑段用来存储程序使用的全局变量（　　）。

A. 程序代码段　　B. 数据段　　C. 堆区　　D. 栈区

（2）malloc（）函数申请的内存空间属于程序哪一个逻辑段（　　）。

A. 程序代码段　　B. 数据段　　C. 堆区　　D. 栈区

（3）free（）函数的功能是（　　）。

A. 释放指针指向的内存区域　　B. 释放参数给定的指针

C. 释放指针与其指向的内存区域　　D. 将指针指向为空

（4）使用 malloc（）函数动态分配 100 个字节的空间，使用 int * 型指针指向该内存，则使用 free（）函数，传入该指针，释放的内存大小为（　　）。

A. 100　　B. 4　　C. 104　　D. 不确定

3. 思考题

（1）简述 static 关键字修饰局部变量与全局变量的作用。

（2）简述运行的程序在内存中的 4 个逻辑段。

第⑪章 预处理

本章学习目标

配套课件

- 掌握宏定义的概念及使用
- 掌握文件包含的方法
- 掌握条件编译的方法

预处理是程序源代码到可执行文件的编译流程的第一步。预处理功能是C语言的特有功能，预处理包含很多实用的功能，如宏定义、条件编译等。使用预处理功能便于程序的修改、阅读以及调试。

11.1 宏定义

配套视频

宏定义是最常用的预处理功能之一。对于预处理器而言，其在遇到宏定义之后，会将随后在源代码中出现的宏名进行简单的替换操作。

11.1.1 define与undef

宏定义指令以＃define开头，后面跟随宏名和宏体，其语法格式如下所示。

```
#define 宏名 宏体
```

上述操作等同于为指定的宏体起别名，新名称为宏名。为了和其他变量以及关键字进行区分，宏定义中的宏名一般由全大写英文字母以及下划线组成。具体示例如下所示。

```
#define PI 3.14
```

上述宏定义中定义了一个标识符PI，它所代表的值是3.14。预编译时在随后的源代码中凡是出现了PI的地方都会被替换为3.14，这个过程称为宏展开。

注意：

宏定义不是C语句，不需要在末尾加分号。在编写程序时通常将所有的＃define放在文件的开始处或独立的文件中，而不是将其分散到整个程序中。

＃define 的使用如例 11-1 所示。

【例 11-1】 宏定义。

```
1  #include< stdio.h>
2
3  #define PI 3.14
4
5  int main(int argc,const char * argv[])
6  {
7    printf("%f\n",PI);
8
9    return 0;
10 }
```

输出：

```
3.140000
```

分析：

如上述示例中，第 7 行代码输出 PI 的值，由于 PI 已经被＃define 定义为 3.14，输出值为 3.140000。

除了＃define 之外相应地还有＃undef 指令。＃undef 指令用于取消宏定义。在＃define 定义一个宏后，如果预处理器在接下来的源代码中遇到了＃undef 指令，则从＃undef 之后该宏将不再存在。如例 11-2 所示。

【例 11-2】 取消宏定义。

```
1  #include< stdio.h>
2
3  #define PI 3.14
4
5  int main(int argc,const char * argv[])
6  {
7    printf("%f\n",PI);
8
9  #undef PI
10    printf("%f\n",PI);
11    return 0;
12 }
```

输出：

```
11-2.c:在函数‘main’中：
11-2.c:10:17:错误：‘PI’未声明(在此函数内第一次使用)
11-2.c:10:17:附注：每个未声明的标识符在其出现的函数内只报告一次
```

分析：

如上述示例中，第 9 行代码通过 # undef 取消宏 PI，PI 将无任何意义。因此，第 10 行代码输出宏 PI 的值时，显示宏未定义。

11.1.2 不带参数的宏定义

宏定义分为不带参数的宏定义和带参数的宏定义，在 11.1.1 节中，使用 # define 指令完成简单的字符替换工作就属于不带参数的宏定义，两者的区别在于是否有参数列表，本节将介绍不带参数的宏定义的其他用法。

使用宏定义可替换表达式以及字符串，具体如例 11-3 所示。

【例 11-3】 不带参数的宏定义。

```
1  #include<stdio.h>
2
3  #define PLUS 1+2
4  #define STR "Hello World\n"
5
6  int main(int argc,const char *argv[])
7  {
8      printf("1+2=%d\n",PLUS);
9      printf(STR);
10
11     return 0;
12 }
```

输出：

```
1+2=3
Hello World
```

分析：

如上述示例中，第 3 行代码使用宏 PLUS 替换表达式。第 4 行代码使用宏 STR 替换字符串。第 8、9 行代码分别输出宏对应的值。由输出结果可知，在 C 语言中，使用宏可替换字符串以及表达式。

11.1.3 带参数的宏定义

除了无参数的宏定义之外，有的程序更希望能够使用带参数的宏定义，从而在完成替换的过程中会有更多的灵活性，其语法格式如下所示。

```
#define 宏名(形参列表)宏体
```

带参数宏定义的操作如例 11-4 所示。

【例 11-4】 带参数宏定义。

```
1  #include<stdio.h>
2
3  #define PI 3.14
4  #define CIR(x)2 * PI * x
5
6  int main(int argc,const char * argv[])
7  {
8     double r=2.0;
9     printf("2 * pi * r=%f\n",CIR(r));
10
11     return 0;
12 }
```

输出：

```
2 * pi * r=12.560000
```

分析：

如上述示例中，第 4 行代码使用宏 CIR() 替换表达式，该宏属于带参数的宏，其值取决于传入的参数。对于带参数的宏定义，在预处理过程中首先会将参数替换进宏定义中，再用替换参数后的宏定义在源代码中做替换。第 9 行代码使用 CIR（r），则在第 4 行代码的宏定义中，将参数 x 换为 r，宏定义 CIR（r）的值为 2 * PI * r，由于嵌套了宏定义 PI，则最终经过预处理之后，宏定义 CIR（r）的值为 2 * 3.14 * r。

带参宏的参数不同于函数中的参数，带参宏的参数只是简单的替换，因此将一个表达式传递给带参宏，如果不加括号的话，很有可能会出现问题，如例 11-5 所示。

【例 11-5】 带参宏注意事项。

```
1  #include<stdio.h>
2
3  #define S(i)i * i
4  int main(int argc,const char * argv[])
5  {
6     printf("%d\n",S(2+2));
7
8     return 0;
9  }
```

输出：

```
8
```

分析：

如上述示例中，第 3 行代码使用带参数宏 S（i）计算参数值的乘积。第 6 行代码输出带参数宏的值，传入的参数为 2＋2，由于带参数宏的参数仅仅是简单的替换，因此最终宏的计算结果为 2＋2 * 2＋2＝8。而程序的本意是计算（2＋2）*（2＋2），符号 * 的优先级大于符号＋，导致程序计算错误。

综上所述，在使用带参数的宏定义时，需要根据实际情况，使用括号来保护表达式中低优先级的操作符，以确保调用时达到想要的效果。

注意：

在宏定义时，宏名与带参数的括号之间不能加空格，否则会将空格之后的字符都作为替代字符串的一部分。在带参数宏定义中，形式参数不分配内存空间，因此不必做类型定义。

从程序功能的角度看，带参数的宏可以实现某些函数的功能，一定程度上可以替代一些函数定义，但宏定义本身与函数存在本质的区别，具体如下。

① 宏定义会在编译器在对源代码进行编译时，完成简单地替换，不会进行任何逻辑检测。

② 宏定义时不考虑参数的类型。

③ 参数宏的使用会使具有同一作用的代码块在目标文件中存在多个副本，即会增长目标文件的大小。

④ 参数宏的运行速度会比函数快，因为不需要执行参数压栈/出栈操作。

⑤ 函数只在目标文件中存在，比较节省程序空间。

⑥ 函数的调用会牵扯到参数的传递，压栈/出栈操作，速度相对较慢。

⑦ 函数的参数存在传值和传地址（指针）的问题，参数宏不存在。

11.2 文件包含

文件包含是指一个文件可以将另外一个文件的全部内容包含进来，C 语言中通过 #include 指令来实现文件包含。在预处理过程中出现 #include，被包含的文件的内容会被直接插入到文件包含指令相对应的位置，然后再对合并后的文件进行编译。使用文件包含指令，可以减少重复性的劳动，有利于程序的修改和维护，同时也符合模块化设计思想。

11.2.1 源文件与头文件

在 C 语言程序中，头文件被大量使用。一般而言，每个 C 程序通常由头文件（.h）和源文件（.c）组成。头文件作为一种包含功能函数、数据接口声明的载体文件，用于保存程序的声明，它就像一本书中的目录，读者可通过目录，可以很方便就查阅其需要的内容（函数库）。而源文件用于保存程序的实现。

在开发过程中把源文件与头文件分开写成两个文件是一个良好的编程风格，程序中需要使用到这些信息时，就用 #include 命令把它们包含到所需的位置上，从而免去每次使用它们时都要重新定义或声明的麻烦。

11.2.2 引入头文件

一般来说，在程序中包含头文件的方式有两种，具体示例如下所示。

```
#include<stdio.h>
#include "stdio.h"
```

第 1 种方式将通知预处理在编译器自带的头文件中搜索文件名 stdio.h。

第 2 种方式将通知预处理在当前程序的文件夹下搜索该文件，如果搜索不到，再去编译器自带的头文件中进行搜索。通常用户自定义的头文件使用这种包含方式。

可根据情况选择这两种方式，假如程序建立在/temp 目录下，同时用户将 stdio.h 文件也复制到该目录下，那么采用第 2 种方式会提高搜索效率。

11.3 条件编译

配套视频

条件编译指令用来告诉编译系统在不同的条件下，需要编译不同位置的源代码。一般情况下源程序中所有语句都将参加编译。但有时用户希望在满足一定条件的情况下，编译其中的一部分语句，在不满足条件时编译另一部分语句，这就是所谓的条件编译。

11.3.1 #if#else#endif

#if 指令、#else 指令以及 #endif 指令三者经常结合在一起使用，其使用方法与 if...else 语句类似，语法格式如下所示。

```
#if 条件
    源代码 1
#else
    源代码 2
#endif
```

如上述代码操作，编译器只会编译源代码 1 和源代码 2 两段中的一段。当条件为真时，编译器会编译源代码 1，否则编译源代码 2。具体如例 11-6 所示。

【例 11-6】 条件编译。

```
1  #include<stdio.h>
2
3  #define N 32
4  int main(int argc,const char *argv[])
5  {
6  #if N > 10
7     printf("值大于 10\n");
```

```
8   #else
9       printf("值小于等于 10\n");
10  #endif
11
12      return 0;
13  }
```

输出：

```
值大于 10
```

分析：

如上述示例中，第 3 行代码定义宏 N 的值为 32，第 6 行代码判断常量表达式，如果为真，执行第 7 行代码，如果为假，执行第 9 行代码。

> **注意：**
>
> #if/#else/#endif 条件编译语句中，#if 后的条件与 if 语句不同，前者只能是常量表达式，而后者可以是常量也可以是变量。

#if 条件编译语句可以屏蔽部分代码段，实现与“//”相同的注释代码功能，具体示例如下所示。

```
#if 0
    需要注释的代码
#endif
```

11.3.2 #elif

为了提供更多便利，预处理器还支持#elif 指令，#elif 的作用和 else...if 语句类似，它可以和#if 指令结合使用，来测试一系列条件，其语法格式如下所示。

```
#if 条件
    源代码 1
#elif 条件
    源代码 2
#else
    源代码 3
#endif
```

如上述操作，使用#elif 语句可以使用更多条件选择，如例 11-7 所示。

【例 11-7】 #elif 语句。

```
1   #include<stdio.h>
2
```

```
3  #define N 32
4  int main(int argc,const char * argv[])
5  {
6  #if N > 10
7       printf("值大于 10\n");
8  #elif N==10
9       printf("值等于 10\n");
10  #else
11       printf("值小于 10\n");
12  #endif
13
14       return 0;
15  }
```

输出:

```
值大于 10
```

分析:

如上述示例中，第 3 行代码定义宏 N 的值为 32，第 6 行代码判断常量表达式，如果为真，执行第 7 行代码，否则执行第 8～12 行代码。第 8 行代码再次判断常量表达式，如果为真，执行第 9 行代码，否则执行第 11 行代码。

11.3.3 # ifdef

条件编译指令＃ifdef 用来确定某一个宏是否已经被定义，它需要与＃endif 一起使用。如果这个宏已经被定义，则编译＃ifdef 到＃endif 中的内容，否则就跳过。

与＃if/＃else/＃endif 不同的是，＃if/＃else/＃endif 用来从多段源码中选择一段编译，而＃ifdef 可以用来控制单独的一段源码是否需要编译，它的功能和一个单独的＃if/＃endif 类似。

＃ifdef 的一个典型应用是控制是否输出调试信息，如例 11-8 所示。

【例 11-8】 ＃ifdef 的使用。

```
1  #include<stdio.h>
2
3  #define DEBUG
4
5  int main(int argc,const char * argv[])
6  {
7    int a=1;
8
9  #ifdef DEBUG
10    printf("a=%d\n",a);
```

```
11 #endif
12
13     int b=2;
14
15 #ifdef DEBUG
16     printf("b=%d\n",b);
17 #endif
18
19     return 0;
20 }
```

输出:

```
a=1
b=2
```

分析:

如上述示例中，第3行代码定义宏DEBUG。第9行代码通过#ifdef判断宏DEBUG是否定义，如果定义则执行第10行代码。第15～17行代码与第9～11行代码同理。由于DEBUG宏已经定义，第10、16行代码被执行。

11.3.4 #ifndef

#ifndef用来确定某一个宏是否被定义，它也需要和#endif一起使用。#ifndef的用法与#ifdef相反，表示如果这个宏未被定义，则编译#ifndef到#endif中间的内容，否则就跳过。

#ifndef经常和#define一起使用，它们用来解决头文件中的内容被重复包含的问题。在一个源文件中如果相同的头文件被引用了两次就很有可能出现类型重定义，具体示例如下所示。

定义3个头文件，其中data.h头文件如下所示。

```
/* data.h */
struct data
{
    int i;
    int j;
};
```

func1.h头文件如下所示。

```
/* func1.h */
#include "data.h"
int func1(struct data d);
```

func2.h 头文件如下所示。

```
/* func2.h */
#include "data.h"
int func2(struct data d);
```

定义源文件，实现 func1（）函数功能，如下所示。

```
#include "func1.h"
int func1(struct data d)
{
    return d.i+ d.j;
}
```

定义源文件，实现 func2（）函数功能，如下所示。

```
#include "func2.h"
int func2(struct data d)
{
    return d.i - d.j;
}
```

定义源文件，分别调用 func1（）函数以及 func2（）函数，如例 11-9 所示。

【例 11-9】 主函数文件。

```
1  #include< stdio.h>
2  #include "data.h"
3  #include "func1.h"
4  #include "func2.h"
5
6  int main(int argc,const char * argv[])
7  {
8    struct data a= {2,1};
9
10     printf("func1 函数返回值为:%d\n",func1(a));
11    printf("func2 函数返回值为:%d\n",func2(a));
12
13     return 0;
14  }
```

输出：

```
In file included from func1.h:1:0,
                 from 11-9.c:3:
data.h:1:8:错误：'struct data'重定义
data.h:1:8:附注：原先在这里定义
In file included from func2.h:1:0,
```

```
            from 11－9.c:4:
data.h:1:8:错误:'struct data'重定义
data.h:1:8:附注:原先在这里定义
```

分析:

直接编译上述程序会发现编译无法通过，这是因为例 11-9 的源文件中，结构体 data 的定义被多次包含。具体地说，在第 1 行使用#include 指令将 data 的定义引入一次，后两行引入的 func1.h 和 func2.h 中虽然没有定义 data，但是两个头文件都分别引用了 data.h，因此编译会出现结构体被重复定义的错误。

利用#ifndef 和#define 的组合可以解决上述问题，修改 data.h，如下所示。

```
#ifndef _DATA_H_
#define _DATA_H_

struct data{
   int i;
   int j;
};

#endif
```

修改后的 data.h 中包含了#ifndef 的条件编译指令。注意在#ifndef 的编译指令内部包括一条#define 指令，当这一段代码初次编译时，宏_ DATA _H_尚未被定义，符合#ifndef 的条件，因此结构体 data 的定义可以被编译。当 data.h 的内容再次被编译时，由于在初次编译时已经定义了宏_ DATA _H_，因此#ifndef 的条件不符合，下面的代码段不被编译。这样就保证了在例 11-9 中即使多次引用 data.h，data 结构体的定义也仅仅会被编译一次。

11.4 本章小结

本章主要介绍了C语言中各式各样的预处理指令，主要包括三个部分，即宏定义、文件引用以及条件编译。这些操作都是在编译程序之前进行的，所以叫预处理。当预处理操作完成后，会生成一个新的源代码文件给编译器，这个文件中删除了所有的预处理指令以及一些空白字符和注释语句。读者需要熟练掌握本章全部内容，从而提高C语言编程能力。

11.5 习题

1. 填空题

（1）宏定义分为________的宏定义和________的宏定义。

(2) 在C语言中，一个文件将另外一个文件的全部内容包含进来，通过________指令来实现。

(3) ________指令用来告诉编译系统在不同的条件下，需要编译不同位置的源代码。

2. 选择题

(1) 下面有关宏替换的叙述中，不正确的是（　　）。

A. 宏名不具有类型　　B. 宏替换不占用运行时间

C. 宏名必须用大写字母表示　　D. 宏替换只是字符替换

(2) 下列说法中正确的是（　　）。

A. 用＃include包含的头文件的后缀只能是“.h”

B. 对头文件进行修改后，包含此头文件的源程序不必重新编译

C. 宏命令是一行C语句

D. C编译中的预处理是在编译之前进行的

(3) 设有以下宏定义，则执行语句int z=4*N+Y（3+2）；后，z的值是（　　）。

```
#define N 2
#define Y(n)((N+2)*n)
```

A. 28　　B. 18

C. 22　　D. 出错

(4) 以下哪个不是条件编译的指令（　　）。

A. ＃elif　　B. ＃define

C. ＃ifndef　　D. ＃ifdef

(5) 在以下关于带参数宏定义的描述中，正确的说法是（　　）。

A. 宏名和它的参数都无类型　　B. 宏名有类型，它的参数无类型

C. 宏名无类型，它的参数有类型　　D. 宏名和它的参数都有类型

3. 思考题

(1) 简述宏定义的概念。

(2) 简述C提供的三种预处理功能。

(3) 简述带参宏定义与函数的区别。

(4) 简述源文件如何根据＃include来关联头文件。

(5) 简述条件编译有哪些指令。

4. 编程题

(1) 利用条件编译实现计算圆的面积和矩形的面积。

(2) 利用文件包含实现计算圆的面积和矩形的面积。

(3) 用宏定义实现交换两个数。

第12章

文件操作

本章学习目标

配套课件

- 了解文件与流的概念
- 掌握文件操作的相关函数
- 掌握文件读写的定位处理

文件操作是程序设计的一个重要概念。对于 Linux 操作系统而言，一切皆文件，即要实现数据的处理往往需要通过文件的形式来完成。本章将着重介绍与文件处理相关的标准库函数，完成对文件数据的处理。

12.1 文件概述

12.1.1 文件

计算机系统是以文件为单位对数据进行管理的，打开 Windows 系统中的资源管理器，进入任意一个文件夹即可看到相关文件，如图 12-1 所示。

c_w7_32.cpa	2016/8/15 15:55	CPA 文件	828 KB
c_w7_64.cpa	2016/8/15 15:55	CPA 文件	1,484 KB
cpa_w7_32.vp	2016/8/15 15:55	VP 文件	1 KB
cpa_w7_64.vp	2016/8/15 15:55	VP 文件	1 KB
dev_w7_32.vp	2016/8/15 15:55	VP 文件	22 KB
dev_w7_64.vp	2016/8/15 15:55	VP 文件	22 KB
h_w7_32.vp	2016/8/15 15:55	VP 文件	16 KB

图 12-1　Windows 系统中的文件

文件名是由文件路径、文件名主干和文件后缀组成的唯一标识，以便用户识别和引用。注意此时所称的文件名包括三部分内容，而不是文件名主干。文件名主干的命名规则遵守标识符的命名规则。后缀名用来表示文件的形式，一般不超过 3 个字母，如 exe（可执行文件）、c（C 语言源程序文件）、cpp（C++源程序文件）、txt（文本文件）等。

12. 1. 2　文本文件与二进制文件

C 语言中将文件视为一个字符的序列，即由多个字符（字节）的数据顺序组成，根据数据的组织形式可分为 ASCII 文件和二进制文件两种。ASCII 文件又称为文本文件（text），每一个字节放一个 ASCII 代码，代表一个字符。二进制文件是把内存中的数据按其在内存中的存储形式原样输出到磁盘。例如，整数 1034 用 ASCII 码存放占用 4 个字节，若按二进制形式存放只占用 2 个字节，如图 12-2 所示。

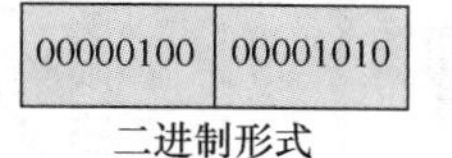

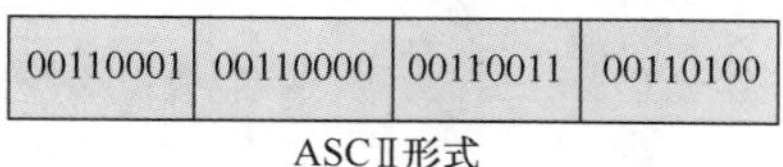

图 12-2　整数 1034 的存放形式

如图 12-2 所示，用 ASCII 码形式输出时字节与字符一一对应，一个字节代表一个字符，因此便于对字符进行逐个处理，也便于输出字符。但一般占存储空间较多，而且要花费二进制转化为 ASCII 码的转换时间。用二进制形式输出数值，可以节省外存空间和转换时间，把内存存储单元中的内容原样地输出到磁盘（或其他外部介质）上，此时每一个字节并不一定代表一个字符。如果程序运行过程中有中间数据需要保存到外部介质上，以便在需要时再输入到内存，一般用二进制文件比较方便。在事务管理中，常有大批数据存放在磁盘上，随时调入计算机进行查询或处理，然后又把修改过的信息再存回磁盘，这时也常用二进制文件。

此外 windows 系统有一个明显的区别是对待文本文件读写时，会将换行 \ n 自动替换为 \ r \ n。文本文件和二进制文件是 windows 系统下的概念，UNIX/Linux 系统并没有区分这两种文件，对所有文件一视同仁，将所有文件都视为二进制文件。

12. 1. 3　流

C 语言中引入了流的概念，它将数据的输入输出看作是数据的流入和流出，这样无论是磁盘文件或者是物理设备（打印机、显示器、键盘等），都可看作一种流的源和目的。这种把数据的输入输出操作对象，抽象化为一种流，而不管它的具体结构的方法很有利于编程，而涉及流的输出操作函数可用于各种对象，与其具体的实体无关，即具有通用性。

C 语言中流可分为两大类，即文本流和二进制流。

① 文本流是由文本行组成的序列，每一行包含 0 个或多个字符，并以“\ n”结尾。在某些环境中，可能需要将文本流转换为其他表示形式（如将“\ n”映射为回车符和换行符），或从其他表示形式转换为文本流。

② 二进制流是由未经处理的字节构成的序列，这些字节记录着内部数据，如果在同一系统中写入二进制流，然后再读取该二进制流，则读出和写入的内容完全相同。

程序开始执行时，会默认打开标准输入流（stdin）、标准输出流（stdout）和标准错误输出流（stderr），它们都是文本流。有关文件操作的函数属于 C 语言标准输入输出库中的函数，为使用其中的函数，应在源程序文件的开头包含<stdio. h>头文件。

C 语言对文件的输入输出是由库函数来完成的。从内存向磁盘输出数据必须先送到内存中的缓冲区，装满缓冲区后再一次性送往磁盘。反之，从磁盘读出数据到内存，也要先将一批数据送入内存缓冲区，然后再从缓冲区逐个将数据送到内存数据区，各个具体 C

版本的缓冲区大小不完全相同，一般为 512 字节，缓冲区对文件进行操作的原理，如图 12-3 所示。

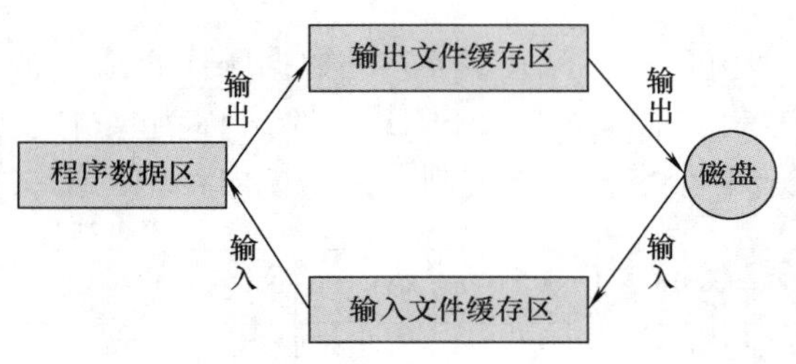

图 12-3 缓存区对文件的操作

一些与流相关的函数只能通过标准流进行操作，如 printf () 只能输出到 stdout，perror () 只能输出到 stderr，scanf () 只能从 stdin 读入数据等。还有一些流函数可以由开发者指定一个流作为数据来源或输出目标，如 fprintf ()、fputs () 函数等，如果指定一个文件流作为这些函数的参数，则函数就可以操作文件。使用 fprintf () 实现与 printf () 相同的效果，具体如例 12-1 所示。

【例 12-1】 流函数 fprintf。

```
1  #include<stdio.h>
2
3  int main(int argc,const char *argv[])
4  {
5     fprintf(stdout,"Hello World\n");
6
7     return 0;
8  }
```

输出:

```
Hello World
```

分析:

fprintf () 函数与 printf () 函数都是标准输出函数，prinf () 函数默认操作标准输出流 stdout，而 fprintf () 函数需要指定流。

释疑:

问：什么是输入/输出设备？

答：对程序而言，从某些途径接收新数据叫作输入，而将数据传输到除内存以外的某些地方就叫作输出。输入的来源设备和输出的目标设备被统称为输入/输出设备 (input/output devices)。常见的输入设备有键盘、鼠标、扫描仪、触摸屏等，常见的输出设备包括显示器、打印机等。最常接触到的输入/输出设备是硬盘，因为大部分文件数据都要存到硬盘上，再从硬盘读取到程序里。因此，硬盘既是输入设备，又是输出设备。

问：什么是缓存区？

答：系统为了避免频繁地从输入/输出设备存取数据，在内存中预留了一块内存区域作为缓存使用，这块区域被称作缓存区（buffer）。有了缓存区之后，向输出设备输出的数据不会直接进入输出设备，而是在缓存区中累积到一定量之后再写入输出设备；而从输入设备读取数据时，则是一次性读取一整块数据放到缓存区中，然后再将程序真正请求的部分数据从缓存区中取出交给程序使用。由于缓存区是一块内存区域，因此对缓存区的操作速度远远大于对输入/输出设备的访问，从而起到加速的作用。

以操作系统为磁盘准备的缓存区为例，某应用程序向操作系统发送5次请求，分别向硬盘写入10个字节，假如该操作系统不提供硬盘缓存区的支持，那么每当操作系统接收到程序的请求时就会直接将数据写入硬盘，所以前后就会发生5次硬盘写入的操作。如果操作系统支持硬盘缓存区，而且缓冲区的大小大于50字节，那么数据就会被放入缓存区，操作系统随后选一个合适的时机将数据写入硬盘（如缓存区填满时），这样只需一次硬盘写入的操作即可，相当于节省了4/5的时间。

通常缓存区分为输入和输出两部分，因此不会出现新的输入数据将缓存区中的输出数据覆盖的情况。

12.2 文件操作

12.2.1 文件指针

配套视频

在C语言中文件指针是一个指向文件的文件名、文件状态及文件当前位置等信息的指针，这些信息保存在一个结构体变量中。在使用文件时，需要在内存中为其分配空间，用来存放文件的基本信息，该结构体类型由系统定义，C语言规定该类型为FILE型，其原型如下所示。

```
typedef struct
{
    short level;
    unsigned flags;
    char fd;
    unsigned char hold;
    short bsize;
    unsigned char *buffer;
    unsigned ar *curp;
    unsigned istemp;
    short token;
}FILE;
```

如上述结构，使用 typedef 定义 FILE 类型的结构体，对以上结构体中的成员及其含义可不深究，只需知道其中存放文件的基本信息即可。

声明 FILE 结构体类型的信息包含在头文件“stdio.h”中，在程序中可以直接用 FILE 类型名来定义变量。每一个 FILE 类型变量存放该文件的基本信息。但一般文件操作不使用 FILE 类型变量名，而是设置一个指向 FILE 类型的指针，通过该指针实现对文件的操作，其定义如下所示。

```
FILE *fp;
```

上面的代码表示 fp 是指向 FILE 结构的指针变量，通过 fp 即可找到存放某个文件信息的结构变量，然后按结构变量提供的信息找到该文件，实施对文件的操作。该指针即为自定义的流指针，与上文中的 stdin、stdout 以及 stderr 属于同一类型，不同的是后者为系统定义。

? 释疑：

问：文件指针是不是指向文件内容的指针？

答：文件指针不是指向文件内容的指针。对于指针 FILE *p，p 指向了的是文件信息结构体，这个结构体对应的文件有可能是打开状态，也有可能是关闭状态，但无论如何，要想访问文件内容，必须通过相关文件操作函数从对应的文件中取得数据，而不能使用 p 作为文件内容的指针，试图从 p 中读取文件数据。

12.2.2 文件操作

文件操作的基本步骤如图 12-4 所示。

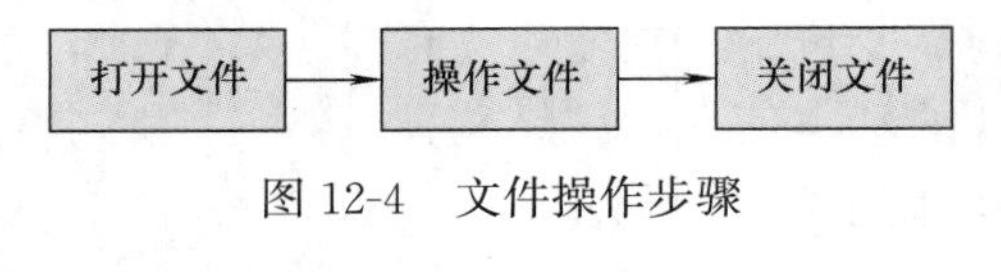

图 12-4 文件操作步骤

在处理文件之前，首先需要打开指定文件路径的文件名。不打开文件，程序无法操作该文件，无法向该文件写入和读取内容。使用 fopen() 函数打开文件后，程序会得到一个 FILE* 型指针，后续操作都将围绕该指针展开。程序应当使用 fread()、fwrite()、fgets()、fputs() 等文件操作函数从文件中将数据读出或写入文件。完成操作后，应及时使用 fclose() 函数将打开的文件关闭。关闭文件时，如果其相应的缓存区中有数据则会自动清空，并写入文件中。一般而言，一个程序能够同时打开的文件数量是有限的，使用文件后及时关闭文件是良好的编程习惯，节约系统资源。

12.2.3 打开文件

配套视频

C 标准库中使用 fopen() 函数打开文件，并得到对文件对应的文件指针，其原型如下所示。

```
FILE *fopen(const char *path,const char *mode);
```

如上述函数，参数 path 表示文件名，该文件名可包含文件路径，参数 mode 用来指定打开文件的方式，此方式表示的是当前程序对文件的操作权限，具体如表 12-1 所示。

表 12-1 mode 参数

mode	功　能
r 或 rb	以只读的方式打开文件,文件必须存在
r+或 r+b	以读写的方式打开文件,文件必须存在
w 或 wb	以只写的方式打开文件,如果文件不存在,则自动创建;如果文件存在,则截取文件的长度为0,即清空文件中的数据
w+或 w+b	以读写的方式打开文件,如果文件不存在,则自动创建;如果文件存在,则截取文件的长度为 0,即清空文件中的数据
a 或 ab	以只写的方式打开文件,如果文件不存在,则自动创建;如果文件存在,则追加到文件的末尾,即原有数据不清空,在数据末尾继续写入
a+或 a+b	以读写的方式打开文件,如果文件不存在,则自动创建;如果文件存在,则追加到文件的末尾,即原有数据不清空,在数据末尾继续写入或读取

注意，在每一个选项中加入 b 字符用来告诉函数库打开的文件为二进制文件，而非纯文本文件，但是在 Linux 系统中会忽略该符号。

综上所述，fopen () 函数的使用如下所示。

```
FILE *fp=fopen("test.txt","w");
```

如上述操作，fopen () 函数用来打开当前目录下的 test.txt（如果不在当前目录，需要指定路径名），mode 参数指定为 w，表示以写方式打开文件，程序对该文件只能写操作不能读操作，函数返回值为 FILE * 型指针，该指针与文件 test.txt 对应，使用库函数操作指针即可实现对文件的操作。

12.2.4 关闭文件

关闭文件使用 fclose () 函数，用来完成资源的释放，其原型如下所示。

```
int fclose(FILE *fp);
```

该函数将流的缓存区内的数据全部写入文件中，并释放相关资源。有时函数也可以被忽略，因为程序结束时会自动关闭所有打开的流指针。函数的参数为 FILE * 型指针，即 fopen () 函数的返回值。

12.2.5 读写文件

标准库中操作文件的函数有很多，主要可分为三大类，如下所示。

(1) 按字符的形式实现读写

字符输入/输出函数一次只能读写一个字符。

```
int fputc(int c,FILE *stream);
```

fputc () 用于向指定的文件中写入一个字符，该操作首先会操作缓存区，然后再执行写文件。参数 c 表示写入的字符，函数原型定义参数 c 为 int 型，而非 char 型。之所以这样是由于函数内部对该参数做了强制类型转换，stream 则是与文件相关的指针。具体使用如例 12-2 所示。

【例 12-2】 写字符。

```
1  #include< stdio. h>
2  #include< string. h>
3  #include< errno. h>
4
5  int main(int argc,const char * argv[])
6  {
7     FILE * fp;
8     if((fp= fopen("test. txt","w"))= = NULL){
9        perror("fopen error");
10       return -1;
11    }
12
13    if(fputc(' a ',fp)= = EOF){
14       perror("fputc error");
15    }
16    fclose(fp);
17    return 0;
18 }
```

输出：

```
无输出
```

分析：

上述示例中，第 8 行代码使用 fopen（）函数采用只写的方式打开文件 test. txt，函数返回 FILE * 型指针，该流指针与文件 test. txt 关联。第 9 行代码用来输出报错信息，perror（）函数同样为标准库函数，其默认操作标准错误输出流 stderr，用来输出信息。第 10 行代码表示如果打开失败，程序返回−1，异常退出。第 13 行代码用来向文件中写入一个字符，其第 2 个参数为 FILE * 型指针（流指针），通过操作该指针即可完成向文件中写字符。

与 fputc（）相对应，fgetc（）用于从指定的流中读取一个字符。

```
int fgetc(FILE * stream);
```

参数 stream 为已经打开的文件所对应的流指针。函数返回值为读取的字符，函数原型定义返回值的类型为 int 型，而非 char 型，同样也是内部做了强制类型转换，具体如例 12-3 所示。

【例 12-3】 读字符。

```
1  #include< stdio. h>
2
```

```
3  int main(int argc,const char * argv[])
4  {
5     FILE * fp;
6     int ch;
7     if((fp=fopen("test.txt","r"))==NULL){
8        perror("fopen error");
9        return -1;
10    }
11
12    if((ch=fgetc(fp))!=EOF){
13       printf("ch=%c\n",ch);
14    }
15    fclose(fp);
16    return 0;
17 }
```

输出：

```
ch=a
```

分析：

上述示例测试前，需要先运行例 12-2 中的程序，创建文件并写入数据，再运行例 12-3 中的程序，执行读字符操作。第 7 行代码使用 fopen () 函数采用只读的方式打开文件，并返回与文件相对应的流指针 fp。第 12、13 行代码使用 fgetc () 函数从文件中读取字符，使用变量 ch 接收读取的字符并输出字符。

> **注意：**
> 采用只读的形式读取文件，文件必须存在，否则打开文件报错。

(2) 按字符串的形式实现读写

字符串输入输出函数一次操作一个字符串。

```
int fputs(const char *s,FILE *stream);
```

fputs () 函数用于向指定的文件中写入字符串，不包含字符串的结束符“\0”。该操作与读写字符一样，都需要先操作缓存区。参数 s 指向需要写入的字符串，stream 为指定的流指针，写字符串操作如例 12-4 所示。

【例 12-4】 写字符串。

```
1  #include<stdio.h>
2  #include<string.h>
3
4  #define N 32
```

```
5
6 int main(int argc,const char * argv[])
7 {
8    FILE * fp;
9    char buf[N]= "hello world";
10
11    if((fp= fopen("test.txt","w"))= = NULL){
12       perror("fopen error");
13    }
14
15    if(fputs(buf,fp)= = EOF){
16       perror("fputs error");
17    }
18    fclose(fp);
19    return 0;
20 }
```

分析:

上述示例中，第 10～12 行代码使用 fopen（）函数采用只写的方式打开文件 test.txt。第 14 行代码将字符数组 buf 写入到文件中。执行示例操作后，文件将首先会清空原有的数据，然后接收写入的字符串。

fgets（）函数用来从指定的文件中读取字符串，其操作要比 fputs（）复杂，在 Linux 官方手册中，定义了该函数的使用，翻译为从指定的流中最多读取 size-1 个字符的字符串，并在读取的字符串末尾自动添加一个结束符“\0”，表示字符串结束。

```
char * fgets(char * s,int size,FILE * stream);
```

参数 s 用于存储读取到的字符串，size 为期望读取的字符，程序可以自行设置，stream 为指定的流指针，读字符串操作如例 12-5 所示。

【例 12-5】 读字符串。

```
1 #include< stdio.h>
2 #include< string.h>
3
4 #define N 32
5
6 int main(int argc,const char * argv[])
7 {
8    FILE * fp;
9    char buf[N]= "";
10
```

```
11      if((fp= fopen("test. txt","r"))= = NULL){
12          perror("fopen error");
13      }
14
15      if(fgets(buf,N,fp)! = NULL){
16          printf("buf:%s\n",buf);
17      }
18      fclose(fp);
19      return 0;
20  }
```

输出:

```
buf:hello world
```

分析:

上述示例测试前，需要先运行例 12-4 中的程序，创建文件并写入数据，再运行例 12-5 中的程序，执行读字符串操作。第 11～13 行代码使用 fopen () 函数采用只读的方式打开文件。第 15～17 行代码从指定文件中读取字符串并保存到 buf 数组中，然后输出数组中的数据。

上述输出结果并没有产生太多意外情况。程序设置参数 zise 的值为 32（即期望读取的字符个数为 32），远比文件中字符的个数多，因此可以将文件中的数据全部读取。如果对参数 size 的值进行修改，将其设置为 11，注意此时文件中的数据为 hello world，加上单词中间的空格符，同样为 11 个字符，再次运行示例，其结果如下所示。

输出:

```
buf:hello worl
```

根据运行结果可以看出，读取的字符串少了一个字符‘d’。此时，运行结果正如 Linux 官方手册中描述的一致，只能读取 size-1 个字符。究其原因，正是因为函数本身在读取字符串时，需要在文件的末尾自动添加一个结束符‘\0’，表示字符串读取到此结束。因此读取了 size-1 个字符，最后一位被结束符替换。当参数 size 设置的值小于等于文件中的数据长度时，则会出现上述读取不全的情况。因此，通常在设置 size 参数值时，尽可能保证其大于文件中数据的长度。

注意:

fgets () 函数读取字符串时，如遇到特殊字符“\n”，即换行符，则字符串读取结束，在“\n”后添加“\0”结束符。如文件中的数据为 abc’\n’def，fgets () 函数 size 的值为大于 7 的任意值，则执行读取操作一次，则读取的内容为 abc’\n’’\0’。

(3) 按数据大小的形式实现读写

上文介绍了采用字符的形式，以及字符串的形式实现对文件的读写。标准库函数还提供了按照数据大小的形式对文件进行读写，而不论数据的格式。

```
size_t fwrite(const void * ptr,size_t size,size_t nmemb,FILE * stream);
```

函数 fwrite () 被用来向指定的文件中输入数据，根据 Linux 官方手册的说明，函数功能译为向指定的流指针 stream 中，写入 nmemb 个单元数据，单元数据的大小为 size，参数 ptr 用来指向需要写入的数据。

需要注意的参数 nmemb 表示的是单元数据的个数，而非字符的个数，因此单元数据的格式完全由程序自行定义，可以是字符串、数组、结构体，甚至是共用体。

使用 fwrite () 函数向文件中写入结构体，首先定义头文件，定义结构体，如下所示。

```
#ifndef _SOURCE_H_
#define _SOURCE_H_

#define N 32

struct data{
   int a;
   char b;
   char buf[N];
};

#endif
```

编写代码将上述头文件中定义的结构体写入到文件中，如例 12-6 所示。

【例 12-6】 写文件。

```
1  #include< stdio. h>
2  #include< string. h>
3  #include "source. h"
4
5  struct data obj= {
6     . a= 10,
7     . b= 'q',
8     . buf= "test",
9  };
10 int main(int argc,const char * argv[])
11 {
12    FILE * fp;
13    if((fp= fopen("test. txt","w"))= = NULL){
```

```
14        perror("fopen error");
15    }
16
17    if(fwrite(&obj,sizeof(struct data),1,fp)< 0){
18        perror("fwrite error");
19    }
20    fclose(fp);
21    return 0;
22 }
```

分析:

上述示例中，第5～9行代码实现对结构体初始化。第13～15行代码打开文件，并返回与文件对应的FILE＊型指针。第17行代码通过fwrite（）函数将结构体写入到文件中，其第1个参数为写入文件的结构体。

fwrite（）函数的第1个参数为void型指针，该指针可以指向任意数据类型，因此写入文件的数据可以是字符，也可以是字符串。由此可知，fwrite函数可以不论数据的格式，而是按照数据大小的写入数据。

fread（）函数被用来从指定的流中读取数据，其参数与fwrite（）函数一致，不同的是数据传递的方向发生了变化。

```
size_t fread(void * ptr,size_t size,size_t nmemb,FILE * stream);
```

参数ptr用来保存读取的数据，nmemb表示读取的单元数据的个数，读取数据操作如例12-7所示。

【例12-7】 读文件。

```
1  #include< stdio.h>
2  #include< string.h>
3  #include "source.h"
4
5  int main(int argc,const char * argv[])
6  {
7    FILE * fp;
8    struct data obj;
9
10    if((fp= fopen("test.txt","r"))= = NULL){
11      perror("fopen error");
12    }
13
14    if(fread(&obj,sizeof(struct data),1,fp)> 0){
15      printf("a= %d b= %c buf= %s\n",obj.a,obj.b,obj.buf);
```

```
16     }
17     fclose(fp);
18     return 0;
19  }
```

输出:

```
a= 10 b= q buf= test
```

分析:

上述示例测试前，需要先运行例 12-6 中的程序，创建文件并写入数据，再运行例 12-7 中的程序，执行读数据操作。第 10～12 行代码使用 fopen（）函数采用只读的方式打开文件。第 14～16 行代码从指定文件中读取结构体并保存到 obj 变量中，然后通过 obj 引用结构体中的成员输出其中的数据。

> **注意:**
>
> 使用 fread（）函数读取数据时，用来接收读取数据的结构必须与 fwrite（）函数写入文件的数据结构相同，否则将会读取失败。

12.3 文件的高级操作

12.3.1 读写位置偏移

通常每个打开的文件内部都有一个当前读写位置，文件被打开时，当前读写位置为 0，表示在文件的开始位置进行读写。每当读写一次数据后，当前读写位置自动增加实际读写的大小。在读写操作之前可先进行定位，即移动到指定的位置再操作。

通过示例展示上述问题，如例 12-8 所示。

【例 12-8】 读写位置偏移。

```
1  #include<stdio.h>
2
3  int main(int argc,const char *argv[])
4  {
5     FILE *fp;
6     int ch;
7
8     if((fp=fopen("test.txt","w+"))==NULL){
9        perror("fopen error");
10    }
```

```
11
12      fputc('a',fp);
13      fputc('b',fp);
14      fputc('c',fp);
15      fputc('d',fp);
16
17      while((ch=fgetc(fp))!=EOF){
18          printf("ch=%c\n",ch);
19      }
20
21      fclose(fp);
22      return 0;
23  }
```

输出：

```
无输出
```

分析：

如上述示例中，第 8～10 行代码采用读写的方式打开文件。第 12～15 行代码依次向文件中写入字符 a、b、c、d。第 17 行代码采用循环的方式从文件依次读取字符。第 18 行代码输出读取的字符。

由输出结果可知，没有读取到任何内容，但是文件中的数据写入成功，其原因是文件中的读写位置发生了偏移。当向文件中写入字符后，当前的读写位置已经不处于文件的开始处。而是在写入字符的末尾，因此当从这一位置开始读时，将无法读取任何内容。如同在 Windows 系统中写文本文件时，每次通过键盘输入之后，光标都会偏移到文字的下一位。这样下一次写入，从该位置开始写入。相反如果光标不发生移动，每次写都在一个位置，那么每次写入的数据势必会将上一次写入的数据覆盖。而如果从数据的末尾位置读取，光标前的数据将不会被读取。因此在对文件进行操作时，读写位置将十分关键。

12.3.2 读写位置定位

fseek () 和 ftell () 函数被用来实现读写位置的定位以及位置的查询。

```
int fseek(FILE *stream,long offset,int whence);
long ftell(FILE *stream);
```

fseek () 函数参数 stream 为指定文件对应的流指针。whence 为需要定位的读写位置，可设置为 SEEK_SET、SEEK_CUR、SEEK_END，分别表示定位到文件的开始处、当前位置以及文件的末尾。offset 表示在第三个参数已经定位的基础上再发生偏移的量，其值类型为长整型。

ftell () 函数则用来获取读写位置，执行成功返回当前读写位置相对于文件开始处的偏移量。

使用上述函数对例 12-8 进行修改，保证读取数据正常，如例 12-9 所示。

【例 12-9】 读写位置定位。

```
1  #include<stdio.h>
2
3  int main(int argc,const char *argv[])
4  {
5    FILE *fp;
6    int ch;
7    long offset;
8
9    if((fp=fopen("test.txt","w+"))==NULL){
10       perror("fopen error");
11   }
12
13    fputc('a',fp);
14    fputc('b',fp);
15    fputc('c',fp);
16    fputc('d',fp);
17
18    fseek(fp,0,SEEK_SET);
19
20     offset=ftell(fp);
21    printf("offset=%ld\n",offset);
22
23     while((ch=fgetc(fp))!=EOF){
24          printf("ch=%c\n",ch);
25     }
26
27     offset=ftell(fp);
28     printf("offset=%ld\n",offset);
29
30     fclose(fp);
31    return 0;
32 }
```

输出：

```
offset=0
ch=a
ch=b
```

```
ch= c
ch= d
offset= 4
```

分析：

如上述示例中，第 13～16 行代码向文件中分别写入字符 a、b、c、d。第 18 行代码对读写位置重新定位，将读写位置定位到文件开始处。第 20、21 行代码获取当前文件的读写位置，由输出结果可知，偏移为 0，表示定位到文件的开始处。第 23～25 行代码读取文件中的内容。第 27、28 行代码再次获取当前文件的读写位置。

综上所述，上述示例依次向文件中写入 a、b、c、d 字符，当写入完成后，当前的读写位置处于字符的末尾，即字符 d 的末尾。从该位置读取数据，不会读取到任何数据。使用 fseek（）函数对读写位置重新定位后，读写位置定位到文件的开始处，此时执行读取数据，可以读取出数据。当数据读取完成后，读写位置再次发生偏移，偏移到数据的末尾。

对读写位置进行定位，可以按需对文件中的内容进行操作，如修改部分数据，获取文件大小等。

12.4　本章小结

本章主要介绍了通过标准库函数实现对文件的操作。标准库函数操作文件的核心为流指针，即 FILE 型指针。通过操作该指针即可实现对文件的访问。读写文件时，需要注意读写位置的问题。无论是读或写，都将产生读写位置的偏移。读者需要熟练掌握本章的标准库函数，对文件数据进行管理。

12.5　习题

1. 填空题

（1）计算机系统是以________为单位，来对数据进行管理的。

（2）C 语言中流可分为两大类，即________和________。

（3）C 语言中用函数________打开文件，并得到相应的文件指针。

（4）函数________用于得到文件位置指针当前位置相对于文件首的偏移字节数。

2. 选择题

（1）采用写的方式打开文本文件 my. dat 的正确写法是（　　）。

A. fopen（"my. dat"，"rb"）　　B. fp=fopen（"my. dat"，"r"）

C. fopen（"my. dat"，"wb"）　　D. fp=fopen（"my. dat"，"w"）

（2）当已经存在一个 file1. txt 文件，执行函数 fopen（“file1. txt”，” r+”）的功能是（　　）。

A. 打开 file1. txt 文件，清除原有的内容
B. 打开 file1. txt 文件，只能写入新的内容
C. 打开 file1. txt 文件，只能读取原有内容
D. 打开 file1. txt 文件，可以读取和写入新的内容
(3) 若执行 fopen 函数时发生错误，则函数的返回值是（　　）。
A. 地址值　　B. 0
C. 1　　D. NULL
(4) 下列哪种打开文件的方式不能修改文件已有的内容（　　）。
A. r＋　　B. r
C. w＋　　D. a＋
(5) 以读写的方式打开一个已经存在的文件时应指定哪个 mode 参数（　　）。
A. r　　B. w＋
C. r＋　　D. a＋

3. 思考题

(1) 简述文件的概念。
(2) 请简述文本文件与二进制文件的区别。
(3) 请简述流的概念。

4. 编程题

(1) 编写程序计算文本文件 test. txt 中数据的行数（提示：行结尾符“\ n”）。
(2) 编写程序实现，将文件 s_file. txt 中的数据复制到 d_file. txt 中。

第13章

综合案例

本章学习目标

- 了解本章项目的设计框架
- 掌握项目程序功能需求设计思路
- 掌握项目功能模块的代码设计

配套课件

本章将通过一个实际的项目案例讲解，帮助读者回忆和熟练前面各章节知识，并结合使用。其目的是为了帮助读者更好地理解理论知识点，并且将这些知识与实际相结合，从而对本书知识建立全新的认识，以及更加深入的理解。

13.1 图书管理系统

随着人类知识的不断进步，图书馆规模的不断扩大，图书数量也相应增加，但一些图书馆的工作还是手工完成，不便于动态地调整图书结构。为了更好地适应图书馆的管理需求，本章用C语言开发一款图书管理系统。本节将介绍图书管理系统的需求分析、程序设计及具体代码。

13.1.1 需求分析

配套视频

本图书管理系统是对图书信息进行集中管理，需要具备如下功能。

① 录入图书，可录入单本图书的编号、图书名、作者名等相关信息。

② 查询图书，按照输入选项进行相应的查询。

③ 图书列表，输出所有图书的编号、图书名、作者名、出版社、类别、出版时间、价格。

配套视频

④ 删除图书，输入图书编号删除该图书的所有信息。

⑤ 修改图书，输入图书编号修改除编号外的该图书的其他信息。

⑥ 图书排序，按照输入选项进行排序。

⑦ 退出系统，输入退出选项，退出登录界面。

13.1.2 数据结构设计

图书管理系统使用链表作为基本的存储结构。一本图书的属性包括图书编号（ID）、书名（bookname）、作者（author）、出版社（press）、图书类别（category）、出版日期（date）、价格（price）等信息，这些属性可以放在一个结构体中，具体实现代码如下所示。

```
/* 书籍信息 */
typedef struct BOOK
{
    int ID;                     /*图书编号*/
    char bookName[50];          /*图书名*/
    char author[20];            /*作者名*/
    char press[50];             /*出版社*/
    char category[50];          /*类别*/
    char date[12];              /*出版时间*/
    float price;                /*价格*/
    struct BOOK *next;          /*指向下个结点*/
} Book;
```

13.1.3 系统功能模块

首先，运行系统会输出一个登录界面，当用户输入的用户名与密码匹配时，进入主界面。用户根据主界面来选择菜单选项。当选择某项时，会转到子函数中去执行，服务结束后，会从子函数中返回到菜单选项，当选择退出系统时，程序结束，图书管理系统的各模块功能，如图 13-1 所示。

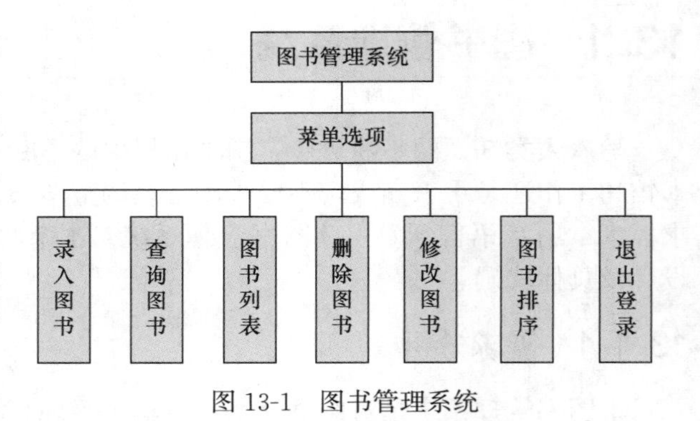

图 13-1 图书管理系统

查看流程图可知，系统共有 7 个大功能模块，只要分别实现这 7 个功能模块即可完成大部分的工作。

13.2 代码实现

13.2.1 登录界面与主界面

printIndexPage（）函数用来输出登录界面，具体实现代码如下所示。

```
1 /* 输出登录界面 */
2 void printIndexPage()
3 {
4   printf("-----------------------------------欢迎光临-----------------------------------\n");
5   printf("                                                                               \n");
6   printf("+ ---------------------------图书信息管理系统-------------------------+ \n");
7   printf("|                                                                    |\n");
8   printf("|                           1 -用户登录                              |\n");
9   printf("|                                                                    |\n");
10   printf("|                          0 -退出系统                              |\n");
11   printf("|                                                                   |\n");
12   printf("+ ------------------------------------------------------------------+ \n\n");
13 }
```

打印主界面在 printHeader () 函数中实现，具体实现代码如下所示。

```
1 /* 输出主界面 */
2 void printHeader()
3 {
4   printf("------------------------------图书信息管理系统--------------------------\n");
5   printf("                                                                        \n");
6   printf("+ ==================================================================+ \n");
7   printf("|                                                                   |\n");
8   printf("|             1 -录入图书             2 -删除图书                   |\n");
9   printf("|                                                                   |\n");
10   printf("|            3 -图书列表             4 -图书排序                   |\n");
11   printf("|                                                                  |\n");
12   printf("|            5 -查询图书             6 -修改图书                   |\n");
13   printf("|                                                                  |\n");
14   printf("|            0 -退出登录                                           |\n");
15   printf("|                                                                  |\n");
16   printf("+ =================================================================+ \n\n");
17 }
```

13.2.2 录入图书信息

insertBook () 函数实现录入单本图书信息的功能，具体实现代码如下所示。

```
1 /* 录入单本图书的信息,并向链表中插入新的图书 */
2 Book *insertBook(Book *head)
3 {
4   Book *ptr, *p1= NULL, *p2= NULL, *p= NULL;
```

```
5    char bookName[50],author[20],press[50],category[50],date[12];
6    int size= sizeof(Book);
7    int bookID,n= 1;
8    float price;
9    while(1)
10    {
11      printf("请输入图书编号:");
12       scanf("%d",&bookID);
13       getchar();
14       n= checkBookID(head,bookID);
15       if(n= = 0)
16       {
17              break;
18       }
19       else
20        {
21              printf("您输入的编号已存在,请重新输入! \n");
22          }
23    }
24    printf("请输入图书名:");
25    scanf("%s",bookName);
26    getchar();
27    printf("请输入作者名:");
28    scanf("%s",author);
29    getchar();
30    printf("请输入出版社:");
31   scanf("%s",press);
32    getchar();
33    printf("请输入类别:");
34    scanf("%s",category);
35    getchar();
36    printf("请输入出版时间:");
37    scanf("%s",date);
38    getchar();
39    printf("请输入价格:");
40    scanf("%f",&price);
41   getchar();
42    /* 创建新链表结点 */
43    p= (Book * )malloc(size);
44    p- > ID= bookID;
```

```
45      strcpy(p->bookName,bookName);
46      strcpy(p->author,author);
47      strcpy(p->press,press);
48      strcpy(p->category,category);
49      strcpy(p->date,date);
50      p->price=price;
51     p->next=NULL;
52      if(head==NULL)
53      {
54          head=p;
55          return head;
56      }
57      /* 链表操作 */
58      p2=head;
59      ptr=p;
60      /* 将结点插入链表,同时保持链表中的结点按照 ID 升序排列 */
61     /* 查找应当插入的位置,或链表的尾结点 */
62      while((ptr->ID > p2->ID)&&(p2->next != NULL))
63      {
64          p1=p2;
65          p2=p2->next;
66      }
67      if(ptr->ID<=p2->ID)
68      {
69          if(head==p2)
70          {
71              /* 插入链表开头的情况,需要让头结点指向新的结点 */
72              head=ptr;
73          }
74          else
75          {
76              /*插入链表中间的情况,需要让前一个结点 p1 的 next 域指向新的结点 */
77              p1->next=ptr;
78          }
79          /* 让新结点的 next 域指向 p2 */
80          p->next=p2;
81     }
82      else
83      {
```

```
84          /* 插入链表结尾的情况,让新结点的 next 域为 NULL */
85          p2->next=ptr;
86          p->next=NULL;
87      }
88      return head;
89  }
```

分析:

如上述示例中，第 9～23 行代码通过 while 循环输入图书编号，直到输入的编号不存在，结束循环。第 24～41 行代码输入相应的图书信息。第 44～51 行代码为相应的链表结点成员赋值。

在 insertBook () 函数中，checkBookID () 函数用来检查图书编号是否已经存在，具体实现代码如下所示。

```
1  /* 验证添加的图书编号是否已存在 */
2  int checkBookID(Book *head,int m)
3  {
4      Book *p;
5      p=head;
6      while(p!=NULL)
7      {
8          if(p->ID==m)
9          {
10             break;
11         }
12         p=p->next;
13     }
14     if(p==NULL)
15     {
16         return 0;
17     }
18     else
19     {
20         return 1;
21     }
22 }
```

分析:

如上述示例中，第 6～13 行代码中，如果 p 不为 NULL，执行循环，循环体中，当添加的编号存在时，结束循环，否则使 p 指向下一个结点。第 14～17 行代码中，如果 p 为

NULL，函数返回 0，表示添加的编号在链表中不存在。第 18～21 行代码中，如果 p 不为 NULL，函数返回 1，表示添加的编号在链表中存在。

13.2.3　图书信息查询

query（）函数用来进行图书信息的查询，本图书管理系统支持按照图书编号、名称、类别、作者以及出版时间进行查询。query（）函数的实现代码如下所示。

```
1  /* 图书查询 */
2  void query(Book * head)
3  {
4     int option;
5     printf("+ ================================= + \n");
6     printf("|                                               |\n");
7     printf("|          1 -按编号查询          2 -按书名查询          \n");
8     printf("|                                               |\n");
9     printf("|          3 -按类别查询          4 -按作者查询          \n");
10     printf("|                                              |\n");
11    printf("|          5 -按出版时间查询      0 -退出查询            \n");
12     printf("|                                              |\n");
13     printf("+ ================================= + \n\n ");
14     option= getUserOption(5);
15     switch(option)
16     {
17     case 0:
18          break;
19     case 1:
20           queryByBookID(head);
21          break;
22      case 2:
23           queryByName(head);
24           break;
25      case 3:
26           queryByCategory(head);
27           break;
28      case 4:
29           queryByAuthor(head);
30           break;
31     case 5:
32           queryByDate(head);
```

```
33            break;
34      default:
35            printf("您的输入有误! \n");
36            break;
37      }
38  }
```

分析:

上述示例中，第 5～13 行代码用来输出图书查询界面。第 15～37 行代码通过 switch 语句实现多分支选择。

在 query () 函数中，getUserOption () 函数用来获取用户输入的数字选项，具体实现代码如下所示。

```
1  /* 辅助函数,获取用户输入的选项 */
2  int getUserOption(int maxOption)
3  {
4     int option;
5     printf("请输入您的选项(0-%d):",maxOption);
6     scanf("%d",&option);
7     getchar();
8     while(option > maxOption || option< 0)
9     {
10          printf("选项无效,请重新输入:");
11          scanf("%d",&option);
12          getchar();
13     }
14     return option;
15  }
```

分析:

第 8～13 行代码通过 while 循环接受用户输入，直到用户输入的整数在 0 到 maxoption 之间退出循环。第 14 行代码表示函数返回用户输入的选项。

在此仅提供根据图书 ID 进行查询的 queryByBookID () 函数示例，queryByName () 函数、queryByCategory () 函数、queryByAuthor () 函数、queryByDate () 函数的实现可以参考 queryByBookID () 函数的代码。queryByBookID () 函数的具体实现代码如下所示。

```
1  /* 按图书编号查询图书信息 */
2  void queryByBookID(Book * head)
3  {
4     int id;
```

```
5     Book *p;
6     printf("请选择您要查询的图书编号:");
7     scanf("%d",&id);
8     getchar();
9     p=head;
10     while(p!=NULL)
11    {
12        if(p->ID==id)
13        {
14            break;
15        }
16        p=p->next;
17    }
18    if(p==NULL)
19    {
20        printf("没有找到编号为 %d 的图书。\n",id);
21    }
22    else
23    {
24        printf("                    查询的图书信息如下          \n");
25        printf("==============================\n");
26        printf(" 编号  图书名  作者名  出版社  类别  出版时间  价格\n");
27        printf(" %-4d  %-6s  %-6s  %-6s  %-4s  %-8s  %.02f\n",
p->ID,p->bookName,p->author,p->press,p->category,p->date,p->price);
28        printf("==============================\n");
29    }
30 }
```

分析:

第 10～17 行代码中，如果 p 不为 NULL，执行循环。循环体中，当输入的编号在链表中存在时，结束循环，否则使 p 指向下一个结点。第 18～21 行代码中，如果 p 为 NULL，表示没有找到要查找的图书编号。第 22～29 行代码中，如果 p 不为 NULL，表示找到要查找的图书编号并通过 printf () 函数打印到屏幕上。

13.2.4 图书信息列表

listBook () 函数通过遍历整张链表列出全部书目，具体实现代码如下所示。

```
1 /* 列出所有书目 */
2 void listBook(Book *head)
3 {
```

```
4     Book  * ptr;
5     if(head= = NULL)
6     {
7         printf("\n 没有信息! \n");
8         return;
9     }
10     printf("                          全部图书信息                    \n");
11    printf("= = = = = = = = = = = = = = = = = = = = = = = = = = = = = = = =\n ");
12     printf(" 编号图书名   作者名   出版社   类别   出版时间   价格\n");
13     /*  遍历整个链表,输出每一项的信息  */
14     for(ptr= head;ptr;ptr= ptr - > next)
15     {
16         printf(" %-4d  %-6s  %-6s  %-6s  %-4s  %-8s  %.02f\n",ptr - > ID,
ptr - > bookName,ptr - > author,ptr - > press,ptr - > category,ptr - > date,ptr - > price);
17     }
18     printf("= = = = = = = = = = = = = = = = = = = = = = = = = = = = = = = =\n");
19  }
```

分析:

第5～9行代码中，如果链表头结点为空，表示没有图书，通过return返回。第10～18行代码通过printf（）函数输出全部图书信息。

13.2.5 删除图书信息

removeBook（）可以实现从数据库中删除单本图书的功能。当数据库中只有一本图书信息时，会自动提示是否清空数据库，具体实现代码如下所示。

```
1  /*  删除图书信息  */
2  void removeBook(Book  * head)
3  {
4    int a;
5    char b;
6    Book  * p1, * p2= NULL;
7    FILE  * fp;
8    printf("请输入要删除的图书编号:");
9    scanf("%d",&a);
10    getchar();
11    p1= head;
12    if(p1 - > ID= = a && p1 - > next= = NULL)
13    {
14        printf("是否清空数据库?");
```

```
15          b= getUserChoice();
16          switch(b)
17          {
18          case 'y':
19              if((fp= fopen(DATA_FILE,"w"))= = NULL)
20              {
21                  printf("打开数据库文件 %s 时发生错误。\n",DATA_FILE);
22                  return;
23              }
24              fclose(fp);
25              printf("数据库已清空。\n");
26              break;
27          case 'n':
28              break;
29          }
30      }
31      else
32      {
33          while(p1- > ID ! = a&&p1- > next ! = NULL)
34          {
35              p2= p1;
36              p1= p1- > next;
37          }
38          if(p1- > next= = NULL)
39          {
40              if(p1- > ID= = a)
41              {
42                  p2- > next= NULL;
43                  printf("是否确定从数据库中彻底删除该图书?");
44                  b= getUserChoice();
45                  switch(b)
46                  {
47                  case 'y':
48                     writeToFile(head);
49                     printf("删除成功。\n");
50                     getchar();
51                     break;
```

```
52                  case 'n':
53                      break;
54                  }
55              }
56              else
57              {
58                  printf("没有找到要删除的数据! \n");
59                  getchar();
60              }
61          }
62          else if(p1= = head)
63          {
64              head= p1- > next;
65              printf("是否确定从文件中彻底删除该图书?");
66              b= getUserChoice();
67              switch(b)
68              {
69              case 'y':
70                  writeToFile(head);
71                  printf("删除成功。\n");
72                  getchar();
73                  break;
74              case 'n':
75                  break;
76              }
77          }
78          else
79          {
80              p2- > next= p1- > next;
81              printf("是否确定从文件中彻底删除该图书?");
82              b= getUserChoice();
83              switch(b)
84              {
85              case 'y':
86                  writeToFile(head);
87                  printf("删除成功。\n");
88                  getchar();
89                  break;
```

```
90              case 'n':
91                  break;
92              }
93          }
94      }
95  }
```

分析:

上述示例中，第12～30行代码中，if语句中的条件为链表中只有一个结点并且该结点为要删除的结点。第16～29行代码通过switch语句判断用户是否清空数据库。第33～37行代码遍历链表，直到查找到需要删除的图书编号或链表的最后一个结点为止。第40～55行代码处理链表的最后一个结点为需要删除图书的情况。第56～60行代码处理未查找到需要删除图书的情况。第62～77行代码处理链表中不止一个结点并且第一个结点为需要删除的结点。第78～93行代码处理需要删除的结点为链表除头尾外的其他结点。

在removeBook()函数中，getUserChoice()函数用来获取用户输入的"是/否"选项，具体实现代码如下所示。

```
1  /* 辅助函数,获取用户的选择(y/n) */
2  char getUserChoice()
3  {
4      char op;
5      printf("请输入您的选择(y/n):");
6      op= getchar();
7      getchar();
8      while(op !='y' && op ! ='n')
9      {
10             printf("您的选择无效,请重新输入(y/n):");
11            op= getchar();
12             getchar();
13      }
14      return op;
15  }
```

分析:

第8～13行代码通过while循环直到用户输入y或n退出循环，否则提示用户重新输入。

在removeBook()函数中，writeToFile()函数可以将整个图书信息链表转存到数据库中，本案例中用文件代替数据库，具体实现代码如下所示。

```
1  /* 将整个链表写入数据库中 */
```

```
2  void writeToFile(Book * head)
3  {
4     FILE * fp;
5     Book * p1;
6     if((fp= fopen(DATA_FILE,"w"))= = NULL)
7     {
8         printf("打开数据库文件 %s 时发生错误。\n",DATA_FILE);
9         return;
10     }
11     for(p1= head;p1;p1= p1- > next)
12     {
13         fprintf(fp,"%d %s %s %s %s %s %. 02f\n",p1- > ID,p1- > bookName,
p1- > author,p1- > press,p1- > category,p1- > date,p1- > price);
14     }
15     fclose(fp);
16  }
```

分析:

第 6～10 行代码处理打开或创建文件失败的情况。第 11～14 行代码通过 for 循环依次将链表中的图书信息通过 printf () 函数按照一定格式输出到文件中。

13.2.6 修改图书信息

modifyBook () 函数可以用来修改图书信息，输入要修改的图书编号，然后依次修改该编号图书的所有信息，具体实现代码如下所示。

```
1  /* 修改图书信息 */
2  void modifyBook(Book * head)
3  {
4     int id;
5     Book * p;
6     printf("请选择您要修改的图书编号:");
7     scanf("%d",&id);
8     getchar();
9     p= head;
10     while(p ! = NULL)
11     {
12         if(p- > ID= = id)
13             break;
14         p= p- > next;
```

```
15     }
16     if(p= = NULL)
17     {
18         printf("没有找到编号为 %d 的图书。\n",id);
19     }
20     else
21     {
22         printf("请输入图书编号:");
23         scanf("%d",&p－>ID);
24         getchar();
25         printf("请输入图书名:");
26         scanf("%s",p－>bookName);
27         getchar();
28         printf("请输入作者名:");
29         scanf("%s",p－>author);
30         getchar();
31         printf("请输入出版社:");
32         scanf("%s",p－>press);
33         getchar();
34         printf("请输入类别:");
35         scanf("%s",p－>category);
36         getchar();
37         printf("请输入出版时间:");
38         scanf("%s",p－>date);
39         getchar();
40         printf("请输入价格:");
41         scanf("%f",&p－>price);
42         getchar();
43         writeToFile(head);
44     }
45 }
```

分析:

第 10～15 行代码通过 while 循环遍历链表，直到查找到要修改的图书编号跳出循环。第 16～19 行代码处理未查找到需要修改图书的情况。第 20～44 行代码处理查找到需要修改图书的情况。

13.2.7 图书信息排序

sort () 函数用来进行图书信息的排序，本图书管理系统支持按照图书编号、名称、价格、作者以及出版时间进行排序，sort () 函数的具体实现代码如下所示。

```
1  /* 图书排序 */
2  void sort(Book * head)
3  {
4    int option;
5    printf("+ ================================+ \n");
6    printf("|                                                  |\n");
7    printf("|      1 -按图书编号排序          2 -按出版时间排序          |\n");
8    printf("|                                                  |\n");
9    printf("|      3 -按图书价格排序          4 -按图书名排序            |\n");
10    printf("|                                                 |\n");
11   printf("|      5 -按作者名排序            0 -取消排序操作            |\n");
12    printf("|                                                 |\n");
13    printf("=================================+ \n");
14    option= getUserOption(5);
15    switch(option)
16    {
17    case 0:
18         break;
19    case 1:
20          sortByID(head);
21         break;
22     case 2:
23          sortByDate(head);
24          break;
25     case 3:
26          sortByPrice(head);
27          break;
28     case 4:
29          sortByName(head);
30          break;
31    case 5:
32          sortByAuthor(head);
33          break;
34     default:
35          printf("您的输入有误! \n");
36          break;
37     }
38  }
```

分析：

第 5～13 行代码输出图书排序界面。第 15～37 行代码通过 switch 语句实现多分支选择。

在此提供根据图书 ID 进行排序的示例 sortByID（）函数，sortByName（）、sortByDate（）函数、sortByPrice（）函数、sortByAuthor（）函数的实现可以参考 sortByID（）函数的代码。sortByID（）函数的具体实现代码如下所示。

```
1  /* 按图书编号排序 */
2  void sortByID(Book * head)
3  {
4     Book * * books;
5     Book * p1, * temp;
6     int i,k,index,n= countBook(head);
7     char b;
8     books= malloc(sizeof(Book * ) * n);
9     p1= head;
10     for(i= 0;i< n;i+ + )
11     {
12          books[i]= p1;
13          p1= p1- > next;
14     }
15     for(k= 0;k< n -1;k+ + )
16     {
17          index= k;
18          for(i= k+ 1;i< n;i+ + )
19          {
20               if(books[i]- > ID< books[index]- > ID)
21               {
22                    index= i;
23               }
24          }
25          temp= books[index];
26          books[index]= books[k];
27          books[k]= temp;
28     }
29     printf("排序成功! \n");
30     printf("是否显示排序结果?");
31    b= getUserChoice();
32     switch(b)
```

```
33    {
34    case 'n':
35        break;
36    case 'y':
37        printf("================================\n");
38        printf(" 编号图书名  作者名  出版社  类别  出版时间  价格\n");
39        for(i=0;i<n;i++)
40        {
41            printf(" %-4d  %-6s  %-6s  %-6s  %-4s  %-8s  %.02f\n",
books[i]->ID,books[i]->bookName,books[i]->author,books[i]->press,
books[i]->category,books[i]->date,books[i]->price);
42        }
43        printf("================================\n");
44        break;
45    default:
46        printf("您的输入有误。\n");
47        break;
48    }
49    free(books);
50    books=NULL;
51 }
```

分析:

第 8 行代码通过 malloc () 函数在堆上分配一块 sizeof (Book *) * n 大小的内存。第 10～14 行代码通过 for 循环遍历链表，将链表中的所有结点拷贝到堆内存中。第 15～28 行代码通过选择排序法按照由小到大对图书编号进行排序。第 49 行代码释放堆内存上申请的空间。

在 sortByID () 函数中，countBook () 函数用来获取当前数据库中书目的数量，具体实现代码如下所示。

```
1  /* 统计图书数量 */
2  int countBook(Book *head)
3  {
4    int count=0;
5    Book *p=head;
6    while(p!=NULL)
7    {
8        ++count;
9        p=p->next;
```

```
10    }
11    return count;
12  }
```

分析:

第 6～10 行代码通过 while 循环遍历链表，每次循环使 count 加 1，再使指针指向下一个结点，直到链表尾部为止。第 11 行代码返回链表结点数，即图书数量。

配套视频

13.2.8 主函数

主函数主要实现登录界面，登录界面需要完成简单的身份认证机制。用户名和密码以常量的形式定义在程序中。图书管理系统中使用到的常量可以通过宏定义实现，具体实现代码如下所示。

```
1  #ifndef _FUNC_H_
2  #define _FUNC_H_
3  /* 预先设定好的用户名和密码 */
4  #define USERNAME "admin"
5  #define PASSWORD "admin"
6  /* 数据文件的文件名 */
7  #define DATA_FILE "bookinfo.db"
8  #define ACTION_EXIT   0
9  #define ACTION_LOGIN 1
10  #define ACTION_ADD_BOOK 1
11  #define ACTION_REMOVE_BOOK 2
12  #define ACTION_LIST_BOOK 3
13  #define ACTION_SORT_BOOK 4
14  #define ACTION_QUERY_BOOK 5
15  #define ACTION_MODIFY_BOOK 6
```

主函数中重要的功能是，用户登录时输入的密码不能以明文形式显示在屏幕上，而是要变成星号“*”显示出来，从而保证密码的安全，具体实现代码如下所示。

```
1  /* 主函数 */
2  int main()
3  {
4    /* 存储用户的选择 */
5    int choice;
6    int continueFlag=1;
7    while(continueFlag)
```

```
8    {
9        system("cls");
10       printIndexPage();
11       choice= getUserOption(1);
12       switch(choice)
13       {
14       case ACTION_EXIT:
15           continueFlag= 0;
16           break;
17       case ACTION_LOGIN:
18       {
19           char inputBufferUsername[100];
20           char inputBufferPassword[100];
21           char charInput= 0;
22           /* inputBufferPassword 的当前位置 */
23           int pos= 0;
24           printf("请输入您的用户名:");
25           gets(inputBufferUsername);
26           printf("请输入您的密码:");
27           /* 对于密码输入,不显示输入的字符 */
28           /* 使用 _getch()函数实现这个功能 */
29           charInput= _getch();
30           while(charInput ! ='\r')
31           {
32               if(charInput= ='\b')
33               {
34                   /* 退格键 */
35                   if(pos > 0)
36                   {
37                       /* 将当前位置后移一位,相当于删除一个字符 */
38                       --pos;
39                       /* 用空格覆盖刚才的星号,并退格 */
40                       printf("\b \b");
41                   }
42               }
43               else
44               {
45                   inputBufferPassword[pos]= charInput;
46                   /* 将当前位置前移一位 */
47                   ++pos;
```

```
48                  /* 输出一个星号 */
49                  printf(" * ");
50              }
51              charInput= _getch();
52          }
53          /* 使用空字符作为 inputBufferPassword 的字符串结束符 */
54          inputBufferPassword[pos]= 0;
55          /* 输出一个额外的换行 */
56          printf("\n");
57          /* 用户名不要求大小写完全一致,密码要求大小写一致 */
58          if(! _stricmp(inputBufferUsername,USERNAME)&&
59                  ! strcmp(inputBufferPassword,PASSWORD))
60          {
61              printf("验证通过! 按任意键进入系统。\n");
62              _getch();
63              enterManagementInterface();
64          }
65          else
66          {
67              printf("验证失败,请检查用户名和密码是否正确输入。\n");
68              _getch();
69          }
70          break;
71      }
72      }
73  }
74  return 0;
75 }
```

分析:

第 30～52 行代码表示如果按键为“\r”，则结束密码输入过程。第 32～42 行代码表示如果按键为退格键“\b”，则删除记录数组中的最后一个元素，同时使用 printf () 输出“\b \b”，意为先倒退一格，再输出一个空格覆盖之前的星号，最后再倒退一格。第 43～50 行代码表示如果按键为正常的字母、数字或符号，则记录到一个数组中，并输出一个星号。第 58～69 行代码判断用户输入的用户名与密码是否匹配，用户名不要求大小写完全一致，密码要求大小写一致。

在 main () 函数中，enterManagementInterface () 函数实现主菜单，具体实现代码如下所示。

```
1 /* 主菜单 */
```

```
2  void enterManagementInterface()
3  {
4     /* 链表 */
5     Book * bookList= NULL;
6     int continueFlag= 1;
7     int option;
8     int choice;
9     while(continueFlag)
10     {
11          system("cls");
12          printHeader();
13          option= getUserOption(7);
14          system("cls");
15          switch(option)
16          {
17          case ACTION_EXIT:
18                continueFlag= 0;
19                break;
20           case ACTION_ADD_BOOK:
21                bookList= loadFromFile();
22                if(bookList= = NULL)
23                {
24                      getchar();
25                      break;
26                }
27                if(bookList= = (void * )1)
28                {
29                      bookList= NULL;
30                }
31                bookList= insertBook(bookList);
32                printf("添加成功! \n");
33                printf("是否将新信息保存到文件?");
34                choice= getUserChoice();
35                if(choice= ='y')
36                {
37                      writeToFile(bookList);
38                      printf("保存成功! \n");
39                      getchar();
40                }
41               break;
```

```
42          case ACTION_REMOVE_BOOK:
43              bookList= loadFromFile();
44              if(bookList= = NULL || bookList= = (void * )1)
45              {
46                  getchar();
47                  break;
48              }
49              else
50              {
51                  removeBook(bookList);
52                  getchar();
53                  break;
54              }
55          case ACTION_LIST_BOOK:
56              bookList= loadFromFile();
57              if(bookList= = NULL || bookList= = (void * )1)
58              {
59                  getchar();
60                  break;
61              }
62              else
63              {
64                  listBook(bookList);
65                  getchar();
66                  break;
67              }
68          case ACTION_SORT_BOOK:
69              bookList= loadFromFile();
70              if(bookList= = NULL || bookList= = (void * )1)
71              {
72                  getchar();
73                  break;
74              }
75              else
76              {
77                  sort(bookList);
78                  getchar();
79                  break;
80              }
81          case ACTION_QUERY_BOOK:
```

```
82                bookList= loadFromFile();
83                if(bookList= = NULL || bookList= = (void * )1)
84                {
85                    getchar();
86                    break;
87                }
88                else
89                {
90                    query(bookList);
91                    getchar();
92                    break;
93                }
94          case ACTION_MODIFY_BOOK:
95              bookList= loadFromFile();
96              if(bookList= = NULL || bookList= = (void * )1)
97              {
98                    getchar();
99                    break;
100             }
101             else
102             {
103                   modifyBook(bookList);
104                   getchar();
105                   break;
106             }
107         default:
108               printf("输入有误,请重新输入! \n");
109               getchar();
110               break;
111         }
112     }
113     destroyBookList(bookList);
114 }
```

分析:

第 15～112 行代码通过 switch 语句实现多分支选择。第 17～19 行代码处理退出登录的情况。第 20～41 行代码处理录入图书的情况。第 42～54 行代码处理删除图书的情况。第 55～67 行代码处理图书列表的情况。第 68～80 行代码处理图书排序的情况。第 81～93 行代码处理图书查询的情况。第 94～106 行代码处理修改图书的情况。

在 enterManagementInterface () 函数中，loadFromFile () 函数实现了从数据库文

件中逐条读入图书信息并根据图书信息创建链表，具体实现代码如下所示。

```
1  /* 从数据库中读取图书信息 */
2  Book * loadFromFile()
3  {
4      FILE * fp;
5      int len;
6      Book * head, * tail, * p1;
7      head= tail= NULL;
8      if((fp= fopen(DATA_FILE,"r"))= = NULL)
9      {
10             printf("打开数据库文件 %s 时发生错误。\n",DATA_FILE);
11             return NULL;
12      }
13      fseek(fp,0,SEEK_END);
14      len= ftell(fp);
15      fseek(fp,0,SEEK_SET);
16      if(len ! =0)
17      {
18             while(! feof(fp))
19             {
20                    p1= (Book * )malloc(sizeof(Book));
21                    fscanf(fp,"%d%s%s%s%s%s%f\n",&p1- > ID,p1- > bookName,
p1- > author,p1- > press,p1- > category,p1- > date,&p1- > price);
22                    if(head= = NULL)
23                    {
24                           head= p1;
25                    }
26                    else
27                    {
28                           tail- > next= p1;
29                    }
30                    tail= p1;
31             }
32             tail- > next= NULL;
33             fclose(fp);
34             return head;
35      }
36      else
37      {
38             printf("数据库文件为空! \n");
39             fclose(fp);
40             return(void * )1;
```

```
41     }
42  }
```

分析：

第 8～12 行代码处理文件打开失败的情况。第 13～14 行代码获取文件长度。第 16～35 行代码表示文件不为空，通过 while 循环依次将文件的内容通过 fscanf () 函数以指定格式读取到指定变量中。第 36～41 行代码表示文件为空，关闭文件并返回。

在 enterManagementInterface () 函数中，destroyBookList () 函数用来释放在 loadFromFile () 函数中创建链表时分配的内存空间，具体实现代码如下所示。

```
1  /* 释放链表 */
2  void destroyBookList(Book * head)
3  {
4     if(head= = NULL)
5     {
6         return;
7     }
8     Book * p= head- > next;
9     while(p)
10     {
11         head- > next= p- > next;
12         free(p);
13         p= head- > next;
14     }
15     free(head);
16     head = NULL;
17  }
```

分析：

第 9～14 行代码通过 while 循环依次释放除头结点外的其他结点所占用的堆空间。第 15 行代码释放头结点占用的堆空间。

至此，一个简单图书管理系统的基本功能已实现，未实现的函数，读者可以仿照给出的代码自己动手实现。此外，学有余力的读者可以结合自己认识图书馆的特点进一步优化代码，提高解决问题的能力。

13.3 本章小结

通过本章的学习，能够掌握 C 语言的开发流程和技巧，重点要了解的是程序开发的流程及设计思想，熟练运用 C 语言基础知识，可提高运用 C 语言解决实际问题的能力。

13.4　习题

思考题

（1）简述本章中的图书管理系统的功能。

（2）简述程序中使用 getch（）函数实现用户登录的整体思路。

（3）简述本系统中用于对图书进行排序的函数。

（4）简述程序中的辅助函数。

参考文献

1. 何晓龙．完美应用 Ubuntu［M］．4 版．北京：电子工业出版社，2021.

2. 布莱恩・W．克尼汉，丹尼斯・M．里奇．C 程序设计语言：第 2 版［M］．徐宝文，李志，译．北京：机械工业出版社，2019.

3. 史蒂芬・普拉达．C Primer Plus：第 6 版［M］．姜佑，译．北京：人民邮电出版社，2019.

4. K. N. 金．C 语言程序设计 现代方法：第 2 版［M］．吕秀锋，黄倩，译．人民邮电出版社，2021.

5. 马克・艾伦・维斯．数据结构与算法分析 C 语言描述：第 2 版［M］．冯舜玺，译．北京：机械工业出版社，2019.

6. K. C・王．Unix/Linux 系统编程［M］．肖堃，译．机械工业出版社，2020.